城乡规划变革
美好环境与和谐社会共同缔造

Urban and Rural Planning Reform: Jointly Create A Better
Environment and A Harmonious Society

王蒙徽　李郇　著

中国建筑工业出版社

图书在版编目（CIP）数据

城乡规划变革　美好环境与和谐社会共同缔造／王蒙徽，
李郇著．—北京：中国建筑工业出版社，2016.6（2022.10重印）
　ISBN 978-7-112-19494-0

　Ⅰ.①城…　Ⅱ.①王…②李…　Ⅲ.①城乡规划—研究—
中国　Ⅳ.①TU982.29

　中国版本图书馆CIP数据核字（2016）第129042号

责任编辑：率　琦　张惠珍
责任校对：王宇枢　姜小莲

城乡规划变革

美好环境与和谐社会共同缔造

Urban and Rural Planning Reform: Jointly Create A Better
Environment and A Harmonious Society

王蒙徽　李郇　著

＊

中国建筑工业出版社出版、发行（北京海淀三里河路9号）
各地新华书店、建筑书店经销
北京京点图文设计有限公司制版
北京市密东印刷有限公司印刷
＊
开本：787×1092毫米　1/16　印张：15¼　字数：379千字
2016年7月第一版　2022年10月第七次印刷
定价：**69.00**元
ISBN 978-7-112-19494-0
　　（28810）

目　录

第 1 章

城乡规划的反思：发展方式的转型与规划的困惑

1.1 城乡规划促进经济发展

改革开放以前，我国实施的是计划经济体制，城市规划被作为"国民经济计划的延伸和具体化"，附属于经济计划，成为执行和落实国民经济计划的技术手段（邹德慈等，2014）。在新中国成立初期，城乡规划在推进城市建设、产业发展与居民保障等方面发挥了重要作用。1978年以后，国家由计划经济体制向市场经济体制转型，改革开放带来技术革新、资本投入以及生产要素市场化的过程，城市发展面临新一轮的机遇与挑战。在此背景下，城市规划调节社会经济发展的重要价值和作用逐渐显现。特区规划、开发区规划、战略规划等一系列为适应城市发展需求而开展的工作，有效地促进了国家社会经济的发展与国民生产生活水平的提高。

1.1.1 城乡规划为发展创造空间

1. 特区规划的实践

20世纪80年代，为满足经济体制改革与对外开放的发展需求，构筑国内外开放交流的"窗口"与改革发展的"先导"，国家进行统一的空间部署，先后设立5个经济特区、14个沿海开放城市与3个经济开放区。这些特殊经济区实际上是改革开放政策实施的空间。以深圳为代表的特区规划与建设，充分体现了这一时期我国的城乡规划实践。

深圳位于珠江三角洲东岸，毗邻"千年商都"广州及世界重要的金融贸易区香港，拥有良好的港口资源，是香港溢出的跨界资本最易着床，也是最易获取外来资本投入的区域，具有得天独厚的对外开放的优势。1982～1986年，国家连续编制和修订《深圳经济特区总体规划》，建立国家改革开放以来第一个以社会主义市场经济为前提的城市总体规划，对商品经济条件下的城市规划新方法从理论和实践上作出了有益的探索。从曾经参与当时深圳总体规划的周干峙先生的回忆文章中，可以看出当时深圳总体规划的三个重要创新。首先是分散的空间结构，根据港资小规模投资加工制造业的特点，规划以城市基础设施建设为引导，因地制宜地坚持"规划一片、开发一片、收效获益一片"的方针，采取小地块、带状分散组团式的城市布局，大大增强城市空间对未来发展不确定性的应对。其次是城市发展的弹性，规划突破常规思维，大胆创新，超越当时国务院所规定的远期86万人的城市人口规模，实际按照120万人与200万人的人口规模进行城市基础设施配套与交通道路系统的预留处理，为深圳应对随后而来的城市高速发展奠定了良好的基础。再次是区域的视角，在机场选址方面，规划依据对城市发展趋势的合理分析，超前组织城市空间，更改选址，将深圳机场置于深圳、东莞与广州之间，使其从服务于深圳市的机场，逐渐发展为区域性机场，对深圳作为区域中心城市的聚集力与辐射力提高产生积极的支撑作用（杨保军，2010）。这些富有远见的规划内容，在改革开放与经济发展前景未知重重的情况下，实现了对城市发展的有序控制。

深圳特区的规划以为特区经济发展服务为规划的指导思想，以从特区实际出发为基本原则，以动态的、滚动式的规划，根据不同时期的发展需要，对规划布局与控制指标进行及时的调整与修改。这种依据深圳实际特点确定规划定额与建设标准的规划创新实践，为深圳创造举世瞩目的"深圳速度"，发展成为具有影响力的国际化城市提供了支撑与保障。同时，深圳特区规划的成功，为国家开辟了对外交流、与世界接轨，融入全球化发展浪潮的"窗口"，有效促进了国家经济发展与竞争力的提升。

2. 开发区规划的实践

经济特区快速发展的示范作用推动了各地区划定相对集中的区域，发展中外合资、合作、外商投资经营等各类外向型经济，形成了规模空前的开发区规划与建设浪潮。开发区成为继"经济特区"建立后，对外实行开放的又一重大的空间举措（武廷海、杨保军、张城国，2011），成为国家开放政策的重要内容。

广州，作为我国自古以来对外通商的重要城市，具有发展外向型经济的良好基础。1984年12月，国务院批准建立广州经济技术开发区，成为首批国家级经济技术开发区之一。规划明确将开发区建成以广州为母城的花园式卫星城，充分依托母城的经济、技术、人才力量与基础设施，按照市场走向进行发展；同时结合开发区自身环境条件及战略目标，规划开发区的发展（王媛，2001）。同时，规划要求开发区建设将规划和开发模式相结合，外引内联并举，实行分层开发、分化开发，采取"全面规划，逐步实施，开发一片，收获一片"的规划原则和土地需求预测。此外，规划加入有效的土地利用控制方案与举措，确保合理有效的土地开发与建设密度。广州经济技术开发区规划模式，逐渐成为全国开发区规划的典型模式之一。

另一个具有代表性的是苏州工业园区规划。苏州工业园区是由中国和新加坡两国政府合作开发的现代工业园区，其规划有效借鉴了新加坡在规划管理上的成功经验，通过建立健全的目标体系、严格的控制系统、良好的外部环境与配套的行动计划，推进城市规划管理的制度创新（陈启宁，1998）。规划通过科学的规划布局，合理配置各种生产要素和资源，形成资源节约效应，构筑完善的空间结构，并通过"规划共绘、资源共享"，有效避免分散、重复、低水平开发，为园区长期发展奠定基础。同时，园区规划着眼于园区"既是先进产业聚集区、又是现代化新城区"的定位，采取"先规划后建设、先地下后地上"的方式，使规划的具体内容与"先发展产业聚集区，建设基础设施，随后开发居住用地以及商业区"的土地开发模式相结合，推进规划有序实施。此外，苏州工业园区规划与建设工作坚持"规划先行、规划即法"，强调对于规划内容"行政管理层不能干预、技术管理层无权更改"，园区建设完全依照图纸施行。在严格的规划管理体系下，苏州工业园区实现"一次规划、20年不变"，逐渐成为世界知名的高新技术产业基地。

开发区作为政府主导的产业发展目标的直接产物，在市场经济发展的进程中，逐渐成为国民经济发展中"新的经济增长点"。在发挥窗口、辐射、示范和带动作用等方面取得明显成效，有力地促进了区域经济的快速稳定发展和整体素质的提高，成为新一轮城乡规划推进城市与区域经济发展的有效实践。

3. 控制性详细规划的发展

20 世纪 80 年代中期后，伴随经济形态由单一向多元化转变、住房制度改革与城市土地有偿使用的推进，土地开发利用需求倍增。不同群体基于土地有不同的价值取向与利益诉求，导致城市用地建设与管理的矛盾加剧。实际用地脱离规划控制的现象屡见不鲜，城市建设秩序与风貌趋于混乱。市场经济条件下城市建设对规划编制与管理提出新的要求，即需要更具实施性和操作性的规划成果、更多元的管理手段和宽严有度的控制措施。在此背景下，我国借鉴国外区划法的相关经验，进行控制性详细规划的探索。

1982 年，上海虹桥开发区率先进行详细规划的探索实践，对规划片区进行分区和土地细分限制，拟定车辆出入口方位及小汽车停车库位等 8 项控制指标，对园区建设进行引导，成为中国控制性详细规划的"初次尝试"（张京祥、罗震东，2013）。1989 年，清华大学编制桂林中心区控制性详细规划，首次正式提出"控制性详细规划"的名称，初步形成较为系统的规划编制方法。规划从基础研究与规划研究入手，对城市和中心区现状功能、城市景观和城市历史文化等内容进行深入分析，并依据城市发展问题的根源与未来趋势的判断，确定规划原则和土地使用调整意向，初步确定控制引导的内容和原则。此后，按照先分区、尔后分片、再划分若干基本规划地块的"区—片—块"三级划分方法，进行土地细分。基于对用地现状情况与土地使用调整意向的考虑，结合建设控制与引导原则的指引，根据城市用地的实际情况确定基本地块的大小。以此为基础，规划通过确定综合指标赋值实现对基本地块建设活动的控制和引导。桂林中心区控制性详细规划，从桂林市发展实际出发，设立包括用地面积、用地性质、建筑密度、建筑高度、容积率、建筑后退等 12 个指标的体系，并逐一赋值。这是控制性详细规划编制最重要的工作内容，也成为其有别于总体规划等传统规划的核心内容。此次规划实践对城市建设予以有效的控制引导，妥善地协调了规划师与建筑师的工作关系，在为建筑设计提出规划条件之余，也为建筑师留下较大的创作余地。同时，综合指标体系的确定和赋值，为城市土地有偿使用与房地产开发行为提供依据（赵大壮，1989），对提高城市规划和城市管理水平发挥了重要作用。

1991 年，建设部将控制性详细规划正式列入《城市规划编制办法》，并进一步明确其编制要求，控制性详细规划自此成为各地城市日常规划建设管理的直接工具与核心手段。1995 年，建设部制定的《城市规划编制办法实施细则》进一步明确控制性详细规划的地位、内容与要求，其逐步走上规范化轨道。1998 年，深圳市人大通过《深圳市城市规划条例》，把城市控制性详细规划的内容转化为法定图则，在为规划立法提供有益探索之余，通过对群众参与机制的引进，对控制性详细规划应对市场经济条件进行积极尝试（张京祥、罗震东，2013）。

控制性详细规划以科学理性的指标强化城市的规划管理，改变城乡规划编制与管理过去单一计划式、注重形体设计的刚性思维，而尝试建立一种将刚性规划控制与弹性事项应变相结合的新规划模式，依靠经济、法律、技术并用的调节手段来实现城乡规划意图，中国城乡规划的总体思维自此向市场经济转向（邹德慈等，2014），为市场经济下城市进一步建设与发展奠定了良好的基础。

1.1.2 战略规划成为引领发展的重要手段

1.2000 年广州战略规划的提出

经过 10 余年的发展，在市场经济体制的驱动下，我国城市化进程快速推进，社会经济快速增长，城市发展中的诸多矛盾亦日渐凸显。利益驱使下城市范围的无序扩张、土地开发利用的不合理、城市各组成部分功能的不协调与生态环境的日益恶化等问题，阻碍了城市的进一步建设与发展，同时也为指引城市发展重要纲领的城乡规划提出了更高的要求。然而，以总体规划为代表的传统规划体系，因受法规限制、审批约束等多方面原因，已无法应对因经济体制改革不断推进与深化带来的新的挑战。因此，基于城市重要问题的研究分析，拟定适应城市全面、协调和可持续发展的规划诉求尤为迫切。2000 年，在借鉴国内外有关城市规划的成功经验，总结改革开放以来对城市规划方面探索的基础上，以国内现有规划体系为基础，广州在全国率先开展了城市总体发展战略规划研究，并在此基础上形成《广州市城市建设总体战略概念规划纲要》（简称广州战略规划），掀起编制城市发展战略规划的全国性风潮（王蒙徽，2006）。

2000 年，广州在改革开放政策指导下迅速发展，城市人口规模由 1989 年的 365 万增加到 976 万，建成区面积从 54km^2 增加到 485km^2。进入新世纪，广州城市发展何去何从？基于对广州城市发展现状问题的反思，为广州未来发展新蓝图提供科学依据的考虑，广州以城市空间拓展为核心，确立其"国际性区域中心城市"和"适宜创业发展、适宜居住生活的山水型生态城市"的长远总体战略目标，明确城市定位、发展方向、发展重点等重大战略问题，以土地利用、交通网络与生态环境三大要点为主要内容，拟定广州战略规划。

城市的一切建筑工程，无论其内涵功能与空间利用如何，必然要落实到土地上，考虑城市发展的基本架构首先应该考虑市域内每一块土地的使用功能（林树森，2011）。首先，广州战略规划从城市人口规模快速增长的需求出发，建立新型城市空间结构。即以新区为重点发展方向，采取有机疏散、开辟新区、拉开建设的措施；提出"南拓、北优、东进、西联"的空间发展战略；构筑以山、城、田、海的自然格局为基础，沿珠江水系发展的多中心组团式网络型城市结构。其次，规划在充分重视城市交通作为串联城市各组成部分的基础上，拟定交通战略。提出生态交通、高效和多元交通的理念，建设多元化的综合交通体系，形成对城市空间拓展、区域间联系、客货运输效率的重要支持。更为重要的是，广州战略规划将生态文明融入规划之中，着力于生态环境建设。如建立"三纵四横"的区域生态廊道，加强自然保护区建设，培育必要的城市组团间生态隔离带，加强生态恢复，建立和完善有效的生态环境建设政策体系等。通过构建可持续的生态空间结构，为广州的建设和发展提供科学依据与长远规划。

广州战略规划是面对市场经济大潮和城市快速发展冲击，所探索的一种强调前瞻性、战略性、整体性、长期性与时效性的宏观层面的"新规划"，在巩固与提升广州作为区域中心城市的地位、促进经济快速增长与城市功能布局优化之余，还发挥了对城市规划体系的统领作用。在战略规划的指导下，广州先后编制了城市总体规划、近期建设规划、控制导则一张图、重点地区城市设计等一系列规划成果，初步建立起以战略规划为核心的规划编制体系（王蒙徽、段险峰、田莉，2001）。为保障战略规划的科学性和有效性，2003 年与 2006 年，根据战略规划的实施成效，广州先后启动两轮战略规划的实施跟踪评估研究工作。通过实施检讨，战略规划有效地指导了城市管理与建设，增强了广州城市建设与发展的科学性，较好地发挥了规划对广州市国民经济和社会发展的促进与调控作用。

广州战略规划的成功，激发了各地规划探索的热情。2003 年年初，北京市围绕空间建设与发展的问题，编制了北京空间发展行动计划，致力于将城市发展目标与可能的实施途径相结合，促进城市社会经济发展。以战略规划为始的规划探索，在丰富的实践过程中，逐渐打破传统以"总体规划—详细规划"为框架的城市规划体制，形成"战略结构规划—行动计划—规划设计"构成的规划新体系。战略结构规划着力于解决城市发展的区域生态环境保护与建设、基础设施协调、资源共享等问题，尽可能利用各种优势条件，形成一个高瞻远瞩的战略结构规划。行动计划则是在战略结构规划指导下制订的若干具体行动，包括规划、环境、经济、生态、交通、社会等多个方面，保障规划的可实施性。在战略结构规划与行动计划的指导下，结合地方条件进行建筑、园林等城市总体设计，作为前两者走向具体实施的重要环节（吴良镛、武廷海，2003）。以战略规划为代表的规划新体系，深刻体现出城市规划从"被动式"转向"主动式"的演化趋势，在切实、有效地指导城市建设与发展，加快经济发展速度与水平方面，较传统规划发挥越来越重要的作用，因而为学界与市场推崇。

2. 各类新城与新区的建设规划

2000 年以来，伴随全球化程度的不断加深，城市经济与空间发展不断融合，对更广阔的城市空间建设提出了新的要求；单一工业园区性质的开发区，已无法满足当前城市发展的新需要；开发区规划逐渐向综合新城区转变，"综合区"、"大学城"、"新区"、"新城"等新型城区的规划建设兴起。

郑州市，作为全国人口第一大省河南省的省会城市，是全国重要的交通与电信枢纽城市。然而，较其他省会城市，郑州市城市首位度与辐射力却明显偏低，老城区发展用地匮乏，无法支撑城市依托中原城市群崛起战略发展成为区域性经济中心的目标。2003 年，郑州市邀请日本著名建筑师黑川纪章做郑东新区建设规划，带动新城规划国际化。黑川纪章将其生态城市、共生城市与新陈代谢城市的规划理论思想融入具体规划内容中，以改善人居环境为导向，推进郑东新区建设。其改变传统城市建设模式，采取组团式开发的方法，以商务、办公、产业、居住与教育的五大组团建设新城有机体，兼顾生产与生活功能。同时，强调以环形道路、河渠、湖泊的绿化建设构建生态回廊与生物圈，促进城市发展与自然生态保护相协调；依托生物学指导下良好生态系统的构建，实现新区与老城、传统与现代、城市与自然、人与环境的和谐共生与历史延续和可持续地发展。郑东新区规划的编制与建设，体现了城市扩展性规划对生态保护与可持续发展的回归。

2009 年，国务院批复同意原南汇区行政区域划入浦东新区，继 1990 年之后进行浦东新区二次开发。新区规划确定国际机场、洋山港、外高桥港等重要交通设施落户浦东，以生态环境整治与建设改善新区风貌，促进新区生活环境品质的提升。浦东新区成长为带动上海和长江三角洲地区现代化建设的重要增长极，也成为向世界展示中国城市现代化的重要窗口和改革开放成功的重要标志。伴随新区规划的大规模实施建设，新区规划逐渐成为政府通过拓展城市空间获取土地收益的重要渠道。

伴随国家转型发展，知识与创新作为城市发展的核心要素，受到更广泛的重视。规划以产业转型为导向进行新区规划与建设，从生产型规划逐渐转向生活型规划。在高校扩招浪潮下，作为新的教育组织形式和体制在城市空间的有机组合，大学城规划与建设兴起。2003年，广州大学城规划建设启动，作为城市空间"南拓"的重要建设项目，大学城的规划综合了咨询方案及研讨会达成的共识，在近远期结合引入高校的基础上，联合发展与教育产业相关的新技术、文化、房地产、综合服务等产业类型。同时，依托率先建成的交通线路构建商业服务中心和其他共享设施，构筑广州城市空间"南拓"的重要建设节点。依托"城—组团—校区"的空间结构层次，将大学城打造为既具有大学集中地特质，同时又具备"城"之特性的建成空间。其建设为广州城市发展集聚了更多的人才，推进了广州产业的转型发展。

新城区建设带来的城市空间结构拓展与社会经济发展，还体现在大事件下巨型工程的建设方面，这在中国各大城市均有普遍显现。2007年，广州亚运会亚运村规划建设启动，其选址于广州新城。亚运村的建设为新城的开发提供"触媒"，推动了新城交通和市政基础设施的完善；同时刺激市场力量，实现社会资金的汇集；在拉开广州城市框架之余，为新城开发的启动带来众多力量。

1.2　中国经济发展面临的转型

改革开放后，在城乡规划与建设等诸多发展行动的共同推动下，我国创造了举世瞩目的增长奇迹，取得了国家综合实力提升、国家经济飞速发展、国民生活水平日益提高等诸多成就。然而，经过30多年的快速增长，经济发展中存在的问题与矛盾不断积累，开始阻碍国家的可持续发展，我国经济发展面临转型。

1.2.1　粗放式的经济发展模式不可持续

改革开放与社会主义市场经济的确立，使中国创造了世界上少有的经济增长奇迹。到2008年，中国仅仅用五年时间，就实现了人均GDP由1000美元到3000美元的突破，步入中等发达国家行列。到2011年，中国则用四年时间，实现了从世界第三大经济体到第二大经济体的发展。

然而，支撑中国经济快速增长的条件正在变化。首先是人口红利的消失，从农村人口的存量来看，改革开放以后，农村大量劳动力向城市转移首先得益于农村体制的改革，即20世纪70年代末实行农业家庭承包制（蔡昉，2008）。承包制度激励了农村生产效率的提高，大量隐性的劳动力转化成剩余劳动力，为城市人口的快速增长提供了大量的后备力量。1984年提出的劳动力转移"离土不离乡"模式，鼓励农民从农业生产向非农产业转移，随后数亿的人口从中西部向东部转移。但是，进入21世纪，中国人口再生产类型逐步进入低生育阶段，15～64岁的劳动年龄人口的增长率，20世纪90年代以来开始放慢。目前正呈现递减速度日益加快的局面，而且全部来自农村的贡献（蔡昉，2010）。

其次，资源环境问题正制约经济的持续发展。长期以来，我国经济高增长主要由基础设施和房地产建设的高投资拉动，促发城市建设用地以高于人口增长率的速度快速增长，1981～2012 年，我国城市建设用地从 6720km² 增加到 45750.7km²，人均建设用地从 46.7m² 增加到 123.7m²。"摊大饼"式的城市建设行为导致土地利用效率的整体偏低，工业和基础设施用地"低效利用"的格局至今仍未变化（刘世锦等，2014）。基础设施和房地产开发拉动的制造业，特别是重化工业，成为推动经济发展的主力。2011 年，我国 GDP 总量占世界总量的 10.48%，消耗的水泥、钢铁与能源则占世界总量的 60%、49% 与 20.3%，重化工业成为我国产业集中发展的重要领域。

高资源投入、高排放的重化工业，在基础设施和房地产投资增速下降的情况下，面临产能过剩的问题；与此同时，也造成低资源利用率下的高污染问题。2013 年，雾霾在我国中东部地区大范围、高频度出现，全国近 2/3 的城市空气未达二级标准。国务院为此拟定《大气污染防治行动计划》，明确提出 2017 年中国地级及以上城市可吸入颗粒物浓度比 2012 年下降 10% 以上，京津冀、长三角、珠三角等区域细颗粒浓度分别下降 25%、20% 和 10%，表明我国污染问题已达到环境容量的上限（刘世锦等，2014）。

工业的快速发展带动了城市化进程的加快。2011 年，我国城市化率首次超过 50%，城市超越农村成为我国最主要的聚落形态，其形成的城市社会，也成为人们生活最主要的组织方式。以血缘关系为基础，以土地或水利为核心的集体主义维系的乡村社会，在以个人为主体、以生产需要决定社会关系的城市社会发展过程中，逐渐被剥离、稀释甚至碎化。这种社会变化一定程度上削弱了经济建设与发展的集体行动力量，弱化了集体行为创造潜在经济收益的能力，不利于城市社会经济的可持续发展。

可见，"以增长代替发展"的"GDP 至上"的单一经济增长方式，以牺牲生存环境与社会发展为代价换来经济高速增长的行为，以重化工业为代表的扭曲要素投入与产出的产业，所构成的"高投入、高消耗、高排放、低效率"的发展模式，在作为支撑的劳动力、土地、环境与社会条件发生变化时，已无法适应甚至阻碍新时期社会经济的发展，我国社会经济发展方式面临转型。

1.2.2　经济发展与社会发展相互嵌套

约瑟夫·斯蒂格利茨在谈及转型的本质时，引用波兰尼"嵌入"概念，指出转型不仅仅是经济的转型，更是社会的转型。这体现出波兰尼思想逻辑最为关键的"嵌入"概念和"双向运动"思想，即"经济并非像经济理论中说的那样自给自足，而是从属于政治、宗教和社会关系"，"不当的经济政策会造成社会关系的崩溃，而这种崩溃的本身也会产生非常不利的经济效应"。因而，"经济应当嵌入在社会关系中"（卡尔·波兰尼，1944），经济与社会关系的变化，将对城市经济转型发展带来直接影响。当经济与社会脱钩带来一系列社会问题时，应当充分发挥群众与政府的力量抵制与扭转这种局面，使经济与社会发展趋于平衡。

从计划经济到市场经济时期，中国社会主要经历了三个重要的发展阶段。新中国成立后，在赶超战略的指引下，为保证资本向重工业流动以维持工业化过程中的资本高度积累，我国实施计划经济，即以政府为中心，以分配作为资源配置和社会整合的主要形式，统筹国家政治、经济、文化、社会等多方面发展。严格的户籍制度与土地制度在形成计划性流动，保证各种稳定剪刀差的同时，形成低成本的计划配置和空间计划安排（李郇，2012）。社队与单位作为这一时期兼具经济与社会两种职能的机构，为被广泛划归于机构内的人们提供生产与生活的基本保障，并维持相互间的基本平等。企业与政府、人与单位之间除经济关系外，还拥有密切的社会联系。这一时期，国家处于生产高度积累阶段，经济政策同时也是社会政策，经济被深深嵌套在当时当地的社会、政治与伦理关系中（王绍光，2012），为居民提供最基本的社会保障。

改革开放后，社会主义市场经济体制确立，国家优先关注效率与增长。这一时期，国家以GDP为发展导向，推行相对宽松的户籍政策，推进土地制度改革，促发农村劳动力流动，在低水平社会保障的基础上为生产要素市场提供大量低成本劳动力；并通过土地二元产权结构下，政府征收集体土地将其转化为城市国有土地进行交易的过程，促发土地在城乡和政府与居民之间进行二次分配。在此过程中，国家实现经济快速增长，却也使经济发展逐渐"脱嵌"于社会发展，导致社会分异出现。市场原则逐渐成为整合社会的机制，干预范围甚至涉及医疗卫生、教育等公共领域。个人福祉取决于各自的支付能力，经济体追求各自利益最大化，我国各群体社会收入、财富、卫生服务、教育质量等差距不断扩大（王绍光，2012）。1998～2007年，我国收入最高与最低的10%群体间收入差距比由7.3倍上升到23倍；2005年，全国居民基尼系数达到0.485，远高于0.4的国际公认警戒线。这些差距带来巨大的社会冲击，使区域、阶层、组织与观念等层面的社会分化加速，导致地方感与归属感瓦解、群体隔离与冲突频发、社会整合力弱化等诸多问题（刘燕、万欣荣，2011）。

同时，中国快速城市化进程在迅速瓦解乡村社会的同时，未能建立完整的城市社会体系，导致更深层的社会问题的出现。伴随一两代人短时间由乡村到城市的大规模迁移，传统乡村的集体性社会网络逐渐割裂，乡村内典型的集体性空间符号逐渐淡化。城市则被片面地视为无社会主体、无历史文化积淀的经济资源，作为迎合政府及资本对空间、土地、人力资源及规模效应等经济开发需求的"空间"、"土地"而被不断开发与更新。其上面的人、家庭、邻里社区被推土机快速铲平，其所蕴涵的社会主体、历史传承、有机社会及其生活、文化等，则遭到粗暴的排斥（陈映芳、水内俊雄等，2011）。同时，随着单位制解体与住房改革的推进，维系社区紧密关系网络的单位主体逐渐退出社区；社区居民频繁流动，逐渐演化为"生人社区"。城市从乡土社会转变为城市社会之间，缺少良性过渡。城市社会在薄弱的社会基础上被快速"催熟"，形成破碎化的社会关系网络，导致人与人产生隔离，社会经济发展所依赖的社会关系与社会资本难以广泛积累，经济发展受到来自社会的制约。

过于强大的市场力量，导致社会秩序遭受威胁。2008年起，政府试图通过再分配机制，用国家强制力打断市场链条，将经济与社会发展重新挂钩，让全体人民分享市场运作的成果，让社会各阶层分担市场运作成本，从而把市场重新嵌入到社会伦理关系中，形成社会市场。2008～2010年，国家出台的社会政策表明，国家财政支出从单纯重视经济建设逐渐向扶持"三农"、发展教育、保障医疗等民生方面靠拢。2014年，国家投资的近80%投向中西部地区则表明，国家财政投入也逐渐向困难地区和群体倾斜。

在国家层面将经济与社会重新挂钩的努力，尚未解决社会发展积累已久的社会矛盾。同时，日益繁杂的社会事务，让本已分身乏术的政府陷入困顿。公众自我意识的形成则使人们对公共服务提出更高要求。在经济与社会发展关系发生变化的新时期，国家转变政府职能进一步推进经济与社会共同发展的同时，依托社会创新发挥群众力量、凝聚社会共识、进一步平衡经济与社会发展显得尤为重要。

1.3 城乡规划面临的瓶颈

改革开放以来城乡规划的探索与实践，引导城市发展实现从计划经济到市场经济的良好转型，加快了城市化进程，有效地促进了社会经济发展。然而，面临新时期中国经济社会发展的新形势，城乡规划面临着新的瓶颈。城乡规划体系、管理与监督等方面存在的问题逐渐暴露出来。

1.3.1 城乡规划的体系

在转型过程中，城乡规划体系存在的问题，主要体现在其编制过程与内容之中。从管理角度看，城乡规划作为指导城市建设与发展的重要依据，是政府控制与把握城市发展脉搏的重要手段，因而具有一定的政治属性与行政意涵。从时间角度看，规划具有动态性，这要求规划依据不同时期城乡发展呈现的现状、问题与诉求作出相应调整，同时应在一定时期内保持其稳定，以确保建设事项的落实与政策的连续。但是，在市场经济不断深化与活跃的今天，城乡发展突飞猛进，规划难以对此有长期性的预测与把握；另一方面，受行政体系调整与政府各部门职能变化的直接影响，城乡规划存在频繁变动的问题。在这种背景下，规划的不稳定性，导致真正具有指导意义的规划内容难以明确，城市建设的诸多事项处于举棋不定的状态，多项规划项目难以得到及时审批与反馈，成为阻碍城市发展的因素。此外，规划的编制过程，往往需要耗费较多的人力、物力与财力，并且具有一定的行政成本。因此，规划编制过于频繁，也带来较高的财政负担。

当前，城乡总体规划、土地利用总体规划与国民经济发展规划被视为指导城市发展最重要的三个规划。然而，此三类规划编制主体不同，编制年限与有效期的起始时间各不相同，难以实现有效对接。以城乡总体规划为例，其作为指导城市建设与发展的法定规划，按当前编制的标准要求，由住建部主导编制，在实际编制过程中需要和国土资源部主导编制的土地规划相衔接。《城乡规划法》规定城乡总体规划年限为 20 年，但在实践中需要与编制年限为 10 年的土地利用总体规划衔接，只能在其给定的土地规模指标内进行空间布局，但二者的衔接协调机制却没有法律的规定。同时，国家发改委编制的国民经济与社会发展规划是一个城市进行宏观调控和指导的"准则"，但却不理会建设用地指标和空间的布局。这导致城乡总体规划在"三规"中居于尴尬地位，也反映出对接不畅对规划编制过程及其实施成效带来的负面影响。此外，主管专业规划的各部门主体，出于对部门利益的保护，通常反对其他职能部门涉足所分工管辖的领域。这一方面导致规划整体性与一致性的缺失，另一方面也反映出各部门对总体规划理解的不同。部分职能部门，特别是掌握铁路、港口、公路、能源等核心要素项目立项与资金控制权的部门，其所拟定的专业规划有时会与城乡总体规划相冲突。这些矛盾和问题肢解了城市空间发展布局的战略性和整体性，导致了城乡总体规划的刚性内容无法有效地传递到相应的控制性规划中，核心规划由于对接不畅而被实际"架空"。

城乡规划面对市场经济的发展，由于缺乏弹性，仍存在计划和市场的矛盾。城市建设是资本运作的过程，且有动态、灵活的特点，但同时又需要预见性的引导。城乡规划应当着力于拟定措施与方法，解决城市未来发展不可避免遇到的问题；对绝对不能出现的现象，要进行坚决的制止与防范；对与城市未来建设息息相关的事项，如就业岗位的创造等作出预见性的讨论，并拟定灵活的应对方案。然而，当前我国城乡规划更多地将落脚点放在对规模的控制与计划方面，如控制人口、控制城市建设面积、计划流动、计划投资等。政府通过规划对市场行为的过多干预，非但无法促进城市良性发展，反而适得其反。这种规划的控制行为，忽视了地方特色，一定程度上导致城市建设的"千城一面"。

由于我国长期以来实行计划经济，将城市规划看做是国民经济计划的延续和具体化，城市规划重视形式上的完美无缺，追求理想的终极目标（王蒙徽，2006）。改革开放以来，规划对推动城市经济增长与发展的显著成效，使其成为政府、社会与老百姓眼中可解决城市发展所有问题的"灵丹妙药"；加之现行规划编制与审批体系的要求，规划逐渐成为"无所不包"的内容。以城市总体规划为代表的规划内容过于翔实，"汇总"特征明显，从战略性到策略性甚至到操作层面的所有问题均被要求囊括于总体规划中，使其最为核心的指导框架被冲淡，其编制与审批时间也一定程度因此而延长。同时，基于市域层面的城镇体系规划由于历史原因仍依附在总体规划内，部分控制性详细规划与专项规划层面的内容，也被融入总体规划中。因而，从实际意义上讲，规划越做越厚，并未能发挥解决问题的效用，反而造成规划的重复、低效和不知所云。

城乡规划对城市发展的瓶颈，还反映在对城市物质空间建设的影响上。改革开放以来很长一段时间，规划单纯强调与关注物质空间的建设，甚至成为一个城市展示"雄厚实力"的载体。大量大尺度的广场、建筑群等仪式性空间的规划建设，带来沉重的财政负担，且未能发挥切实的功能效用，成为"物中无人"的城市空间。同时，"穿衣戴帽"等城市美化运动的开展，表明规划过分关注对表面的物质空间的改造，实际上却忽视了解决人的生产和再生产等社会问题、忽视了提高人的生活环境与公民素质的核心意涵，导致规划备受指责与批判。

城市与乡村是人类居住最重要的两种聚落类型，而作为中国自古以来发展基础的乡村，却屡受规划冷遇。规划以城市为核心，缺乏对乡村建设的必要关注。多数规划或是缺乏对乡村建设行为的指导与管理，或是遵循城市规划的路径与方法进行，很少有规划能系统地指引乡村如何科学、合理地发展。乡村本质特色被忽视，在公共服务、资源要素分配等诸多方面处于劣势地位，其更多地被视为城市的附庸，是城市不断"吞噬"的对象。由此造成的城乡发展不协调、生态环境破坏、非建设用地开发等问题，反过来又成为规划的新挑战。

1.3.2 城乡规划的体制

城乡规划体制层面的问题主要体现在规划管理与审批等方面。以城乡总体规划为代表的法定规划，除规划管理层面受到强制的法律限制外，在规划内容等诸多方面也备受约束，一定程度上导致规划的"循规蹈矩"。如规划法将总体规划与控制性详细规划相互关联，要求后者不可超过前者，但总体规划审批环节复杂、审批时间长，导致规划体系内该环节施行不畅。法定规划被"虚化"，少有实在的内容；而一些为弥补法定规划的不足而编制的非法定规划，可切实发挥指引城市建设与发展的作用，却因居于法定范围之外而难以得到广泛的认可。

过多的法律约束与限制，使规划一定程度上与灵活多变的发展实际"脱轨"，并阻碍规划体系的上下贯通与通畅运行，从侧面反映出规划管理存在的问题。当前的规划管理强调科学管理，属于结果性管理，要求规划的每一个细节点都落实到具体空间与事项上；这使得规划内容复杂化，并加大了规划的实施难度。在规划落实层面，规划、规划的实施主体与项目相互脱节，也并未实现贯通，导致为"落实"而专注细节的规划反而未能有效实施，表明当前规划舍本逐末的管理方式的不妥。

改革开放伴随行政体制的变化，中央与地方事权发生调整，需要国家层面宏观调控与统筹发展的事项不断上移，而具体实施与操作的事项则逐渐下移至地方层面。事权的变化与规划相关内容的审批与实施主体息息相关，越来越多的规划内容被纳入地方事权范围内。然而，当前规划审批内容与事权不对应，多数属于地方政府事权范围内的规划内容，也被要求交由上级政府审批，导致审批时间过长，规划内容无法充分表达城市政府的发展期望。以城乡总体规划为例，政府通过对总体规划审批权的掌握和实施督查，维持对全国具有战略作用的城市空间发展布局的控制力，这个审查和审批的时间很长，且地方政府难以掌握。城市总体规划审查中对于"中央政府（省政府）/城市政府"审查的内容没有清晰界定，对于各部门的审查内容也没有明确规定，实际属于城市政府事权范围内的内容，也被上级审批，一定程度上限制了地方发展的自由。同一份规划成果需要走完所有程序，耗时、耗力、增加行政成本之余，也未能产生实际的价值与作用。

1.3.3 城乡规划的监督与维护

城乡规划监督与维护层面的问题，主要体现于其权威性与群众性的缺乏。规划内涉及基本农田、生态保护等的刚性内容，虽有专业部门对其进行监控与管理，但由于缺乏有力的法律保护、群众对相关违法建设行为抱有"侥幸"心态等原因而实施效果欠佳。在政府层面，部分工程与项目在缺乏手续或手续不全的情况下，即付诸实施与建设。这体现出在相关法律缺位或约束力不够的情况下，规划切实需要被强制落实的刚性内容，遭到社会的"漠视"；占据大量城市土地和城市重要公共空间的违章建筑，未得到有效遏制，引发更深层的关乎社会公平与群众利益的社会问题。这都反映出当前与规划相关的法律建设存在问题，即将强制约束力过多地放于本应适度放宽的规划细节方面，却未能有效覆盖规划应掌控的可持续发展命脉的刚性内容，其结果是部分规划，特别是法定规划权威性的缺失，一定程度上使规划内容留于"纸上"。

城乡规划，作为指导城市建设与发展的纲领性文件，面向于社会大众。群众是规划建设项目直接的承受者与使用者，因而有权参与到规划的编制与实施过程中。规划具有群众性，这种群众性对规划编制与实施提出要求，如规划成果能较好地为群众所理解，规划内容能较好地反馈居民意见与诉求，规划决策能较好地维护群众利益，规划拟定与实施过程能有效地融入群众参与过程等。为保障群众权益，诚如达维多夫在谈及倡导性规划时所言："规划人员不能凭自己的喜好接受或拒绝接受群众的目标，公共决策和行动应当反映群众的意志"（Davidoff、Reiner，1973），规划应以公平和公正为终极准则进行社会资源的配置（孙施文，2006）。然而，当前规划的群众性却不断削弱。在成果的表达形式上，规划文本过于技术性，群众难以理解，其公共政策性弱化。此外，规划成果作为公共政策的表达也不足，缺乏向群众的诠释和宣传，导致群众对规划的参与度与支持度降低，也削弱了群众对规划的社会监督作用。同时，规划作为集体行为，因种种原因群众参与始终流于表面，未能切实将群众诉求与群众利益良好地反馈到规划成果与实施过程中。

城乡发展条件的多变、规划实施时效的长期性、规划编制与实施公正性的要求，使规划管理层面的动态维护和实施监督显得尤为重要。然而，当前相关部门与规划师对规划实施成效的跟踪分析尚不到位，未能有效保障规划动态实施的可持续推进。同时，规划编制的公开透明度不高，规划实施的监督制约机制不完善，导致监督渠道不畅，群众和社会监督机制的缺乏，为群众参与规划带来诸多阻碍。规划仍以"自上而下"为主，成为政府或少数经济体的发展工具，甚至存在部分规划为少数群体利用以谋取私利的现象。

1.4　城乡规划发展的困惑

经济发展转型下城乡规划发展存在的诸多瓶颈，体现出现行城乡规划体系与新时期发展方向之间的矛盾，引发社会各界对城乡规划发展的广泛讨论。由矛盾促生的规划发展的困惑，成为寻找新时期下城乡规划发展的结合点与着手处。

1. 规划的价值观与发展转型的价值观不符

城乡规划作为地方政府促进经济增长的工具，对经济发展效率的考虑多于对社会公平的考量，难以满足新型城镇化"以人为本"的要求。在分税体制下，土地融资成为当地政府主要的财政来源，城市规划成为财政手段。而由土地财政延伸出来的土地问题，是决定城市发展门槛的关键，却备受忽视。在"土地财政"模式下，城乡规划的重要任务是为地方政府主导的新城、新区开发服务，城乡规划以设计为主导，规划的价值观是效率优先的；无论理论研究、规划体系还是规划实践，均较少涉及直接关乎城乡居民生活福祉的内容。当规划希望通过经济增长来解决社会问题的道路走到极致时，规划中"人"的核心逐渐被遗忘。

在当前经济发展转型、推进新型城镇化的背景下，城市发展的价值观已经回归到"以人为本"的理念上来，从强调效率回归到关注社会公平、公正。从转型的趋势来看，由于劳动力、征地成本上升，大规模的新城、新区开发将逐渐减少，而对以城乡居民社会福利设施的供给将逐渐增加；也就是说，规划的需求将从增量空间转为存量空间，譬如旧城更新、棚户区改造、社区规划、公共服务设施规划等，这些对当前的城乡规划提出了新的挑战。

2. 城乡规划"自上而下"的工作方式与实施的脱节

传统城乡规划往往是"自上而下"地由规划技术人员提供技术支持，由地方政府管理者最终决定，规划真正影响的群众没有参与或仅仅是"象征性参与"（阿恩斯坦，1969）规划的过程。领导的价值观、规划师的价值观取代了规划主体——群众的价值观，建设项目趋向形象工程，而不是真正服务于群众需求。群众参与流于表面，导致规划不能实施，甚至成为引发社会冲突的根源。

随着国民收入的增长，城乡空间的利益主体日趋多元；尤其是群众作为土地、物业的产权主体，参与规划决策的愿望越来越强烈。地方政府的管理者与规划师再也不能唯意志、唯技术而论，需要与社区的居民进行充分的交流沟通，并在规划过程与成果中，充分反映其利益诉求。

3. 城乡规划的目标与实施脱节

由于城乡规划编制环节没有明确的投资主体与项目对接规划目标，诸多规划难以实际落地与实施。传统城乡规划的制定，几乎从未考虑规划实施主体——包括城市各级政府、各部门管理者的管理工作，以及市场投资主体投资开发的实际需求。城乡规划仅凭技术理想，对城乡用地类型、规模、布局进行安排；却从未提出现实中土地如何开发、再开发，或者人们应该通过怎样的行动来改变土地利用以及改善环境。规划仅仅是在形成理想的空间安排后，再要求各级政府、各部门管理者据此作出管理决策，或者要求市场投资主体按照具体的空间方案进行投资开发。但对于各级政府和各部门的管理者来说，要么规划的蓝图及文本过于专业而难以理解，要么他们根本就无法将这些内容转化为本部门能够执行的措施。规划目标与实施的相互脱节，导致规划得出的"漂亮的计划"难以"漂亮地实现"。

当前规划的实施不畅促发人们对规划可操作性的重视与强调。有关城市发展的战略构想必须通过现实的可操作的措施或行动落到实处，如此方能体现规划对增强城市应变能力的作用，提升城市的品质，改善人民的生活。能够实施的规划才是真正"漂亮的规划"，否则，再好的构想或设想也只会落得"纸上画画，墙上挂挂"的结局（吴良镛、武廷海，2003）。

4. 城乡规划工作的思维与发展转型的主题脱节

就当前的发展阶段来说，实现经济增长仍然是最重要的目标。党中央十七大报告提出"科学发展观，第一要义是发展"，党中央十八大提出经济、政治、文化、社会与生态文明全面建设的"五位一体"总布局，以及当前倡导的经济转型、社会转型与城市转型表明，并不是不再发展经济，而是转变发展的方式，在发展中更加兼顾社会福利、生态环境的目标。换言之，是实现经济增长的路径不一样。但在此背景下，传统城乡规划工作却一直存在限制发展的思维，或者说，不能积极地围绕发展的主题进行思考、提出合理的规划方案。这表现在非此即彼地对土地开发功能的类型进行划分，导致用地功能单一、缺乏弹性；或者将农地、林地等不加区分地划分为禁止开发区等。

因而，城乡规划应当从用地开发与建设的适宜性出发，拟定用地功能区划，实现用地功能混合化，提升土地的利用效率与质量。同时，城乡规划应采取更加积极的思维，通过与市场合作的方式、而非与市场对立的方式来达到保障公共利益的目的。事实证明这一做法完全可以实现，较好的例子是四川大自然保护基金在生态公益项目上的探索，有别于政府投资设立保护区的方式，它采用市场出资、政府监督模式运营，取得了较好的保护、科研、发展的效果。

5. 城市本位、部门本位的规划视野与统筹发展的需要脱节

城乡规划是一项复杂的系统工程，涵盖区域、城市、居住区多维尺度，兼顾城市与广大乡村地区，同时涉及规划、国土、市政、交通、环保、水务水利等多个职能部门的不同事务。但是由于管理体制的原因，当前城乡规划工作往往就城市论城市，缺乏统筹区域与城市、城市与乡村的战略性视野，城市的发展以牺牲农村、牺牲环境为代价；或者存在部门本位的立场，仅在规划部门内部研究问题，"条条"之间的协调并不畅顺，编制的城乡规划成为"一家之言"，不具有包容性，难以与国土、交通、市政、环保等其他部门的相关规划衔接，为开展后续的规划管理工作带来问题。当然，要解决上述问题，仅靠规划单部门的力量难以成功。规划部门作为城市开发建设管理的"龙头"，应该率先探索在不同管理尺度、不同职能部门之间达成协调与衔接的机制。

城市规划的变革，决不能单谈城市规划，而要讨论城乡规划。只有将城与乡切实结合起来，才能解决城市发展中的门槛问题，因而应当重视乡村发展与乡村规划。乡村不应是完全城市化的区域，而是跟城市的发展相协调的区域。

1.5　城乡规划转型的探索

城乡建设与发展的新形势，促发了城乡规划转型的新一轮探索。2004年北京市首先建立开放式的编制工作框架，以国内外多领域专家专题研究为基础，综合探讨城市发展新路径，修编城市总体规划。2011年广东省云浮市编制《云浮统筹发展规划》，从云浮发展定位与理想空间结构的建设愿景出发，通过市域城乡统筹发展策略与县域主体功能扩展规划的编制，以及美好环境与和谐社会共同缔造行动计划的拟定，统筹发展与人居环境建设，形成独有的云浮发展模式。2012年以《珠江三角洲绿道网总体规划纲要》、《北京城市总体规划实施评估》等"非法定规划"获得城乡规划项目一等奖，引发规划咨询活动更广泛地延伸与发展，促进规划编制工作的创新与改革。新的探索赋予城乡规划新的发展动力，在人口、环境与资源矛盾成为我国发展核心问题的背景下，规划新理念与新实践的提出，有效推动了城乡规划的发展转型。

1.5.1　城乡规划新理念的提出

1. 走规划的"第三条道路"

当前，提及城乡规划的理论基础与指导思想，我国规划研究与实践领域更多地奉西方城乡规划发展成果为经典，以此作为推进我国城乡建设与发展的核心思想与行动纲领。这使大众产生了一个思想误区，即中国没有属于自己的规划思想。实际上，中国规划思想由来已久。早在春秋时期，法家先驱管仲便提出"地者政之本也，辨于土而民可富"，表明土地规划对政治、经济发展的重要意义。诚如道家始祖老子之所言"人法地、地法天，天

法道、道法自然"，中国传统规划思想注重"天人合一"，认为自然是万物和谐的整体，人作为其特殊组成部分，应尊重自然规律、合理利用自然，实现人与自然的相互融合与统一。这种理念孕育并催生了潜藏于民族品质内的规划意识，造就了能够在规划意识基础上进行规划实践与管理的"匠人"。其遵循自然之"天道"，联系天、地、人之重要资源，"匠人营国"由此而来。

可见，中国传统规划思想与西方有诸多不同，其根源在于中西方文化的差异。以中西医差异为例，西医起源于解剖学，惯于从实验观察到微观具象的事物入手，逐步解析病理，是一种"就事论事"的实验室科学。而中医则从整个人体系统入手，讲究阴阳平衡，通过几千年来直接面对病人的实践而积累的临床经验的传承，是对人体患病的内在规律进行系统而深入的总结。中医文化因而延绵千年而不绝，西药在数十年的寿命后则需通过不断更新换代延续发展。与此相同，中国传统规划思想是"天人合一"理念的指导下，依托千年来对城乡发展内在规律与实践经验的总结与传承，时至今日仍可对城乡建设与发展进行深入其本质的指导。西方规划理论则更强调短期建设行为，而难以破解社会的根本问题。

城乡规划发展追求西方文化而忽视中国传统文化，一定程度上是对技术方法和思想本源的分离。城乡规划实践追求技巧的方法，而忽视其背后的"道理"，会导致诸多社会矛盾激化。基于此，吴良镛先生提出，规划转型既不能单纯走中国传统文化的第一条道路，也不能走西方科学文明的第二条道路，而应当走第三条道路。即"在学习吸取先进的科学技术，创造全球优秀文化的同时，对本土文化更要有一种文化自觉的意识，文化自尊的态度，文化自强的精神"（吴良镛，1989），规划转型应在融合中国传统规划思想核心的基础上，变化性地吸收西方文化之精华（吴良镛，2008），促生扎根于本土文化，符合发展实际，同时集合众长的规划体系。

2. 复杂问题有限求解

城市建设与发展涉及经济、社会、政治、文化与生态等诸多方面，人居环境更是一个包罗万象的"复杂巨系统"，城乡规划往往"牵一发而动全身"。这些客观事实决定城乡规划无法对城乡发展进行面面俱到的解析。众多规划实践表明，规划的核心在于解决城乡发展问题，创造宜人的人居环境。"以问题为导向"是规划的合理方向，是对城市发展主要矛盾的解析。

一般而言，不认识矛盾的普遍性，就无从发现事物发展的普遍原因或根据，认识问题就缺乏高度。但矛盾的普遍性实际上寓于特殊性之中，不研究矛盾的特殊性，也将无从确定事物的特殊本质，无从发现事物发展的特殊原因或根据，无从真正解决问题（吴良镛，2014）。面对当前规划看似无所不包实而"无所包"的困境，吴良镛先生提出"复杂问题有限求解"的新思路，并在《人居环境科学的探索》、《从战略规划到行动规划——中国城市规划体制初论》、《人居环境科学导论》、《中国人居史》等论文与著述中对此进行论述与解析，指出规划应将重点放在对全局具有决定意义的问题上，即抓住核心的、关键的问题或区域，基于有限的关键问题进行"融贯的综合研究"，运用相关学科对相关问题提出的解决办法进行综合集成，破解城乡发展难题。

"复杂问题有限求解"基于城市作为复杂有机体的前提，认为城市本身具有一定自组织功能的特性，强调城乡规划不应当也不可能消除所有的矛盾，只需抓住发展的主要脉络与关键环节，解决其中最主要、最突出的矛盾。其允许小的冲突和矛盾保留下来，认为随着城市的发展，这些矛盾将不断发生变化，有的也会自行解决，从而在不失规划原则的同时，保持城市发展的活力。同时，"复杂问题有限求解"也突显出规划的战略性，即强调从战略高度谋划城市发展，通过战略性思维，敏锐把握城市问题的本质走向，在其初露端倪之际便作出正确的判断和应对，防患于未然（吴良镛、武廷海，2003）。可见，"复杂问题有限求解"在新时期城乡转型发展的探索过程中，将发挥重要的指引作用。

3. 规划的群众参与

城乡规划的发展致力于不断探索建设"好的城市"的方法，对于"好的城市"的追求一开始就要回答是"谁的城市"的问题。"天生万物，唯人为贵"、"民唯邦本，本固邦宁"，自古以来，我国城乡建设强调以"人"为核心。亨利·丘吉尔在《城市即人民》一书中强调，"人是城市的核心，没有人城市就无从存在"（吴良镛，2011）。"好的城市"从本质上讲，就是"人的城市"。随着社会经济的发展与群众意识的崛起，城乡规划逐渐从以促进经济增长为核心目标的一种工具，转变为协调各方利益、统筹各种问题的一项公共政策，这决定了群众利益是城乡规划最主要的价值导向，也决定了群众参与规划的必然趋势。

"人民城市人民建，人民城市为人民"。当前，城乡规划需要通过群众参与的过程，实现最广泛的群众利益，切实满足不同社会群体生存与发展的实际需求。这一观点已逐渐成为规划领域的共识。在城市更新实践中，规划者已逐渐意识到群众参与的重要意义，倡导借鉴协作式、参与式、渐进式规划的经验，以群众参与推动城市有机更新，以平衡相关主体利益，聚焦公共领域，保障与落实群众利益。新时期群众参与规划的提出，强调城乡规划依托群众参与，构筑多方平等对话的平台，寻找多元主体利益的平衡点，为谋求城乡发展的共同利益提供保障；以人居环境为空间载体，通过群众参与下的美好环境建设，创造满足生活需求、凝聚共同记忆的生活空间，促进社会关系网络的重构；在促发不同主体广泛交流，引导其意见不断接近的过程中，促成社会共识，激发群众才智，形成推动社会发展的不竭动力。

群众参与，敦促规划从关注物质空间形象转向提供优质公共服务和人居环境，从围绕生产提供场地转向围绕生活塑造场所，从自上而下政府主导转向上下双向互动协作，推动城乡规划从规划理念、规划内容、编制办法到实施过程的重要变革。

1.5.2 城乡规划新实践的探索

改革开放以来，我国通过特区、沿海开放城市等特殊经济区规划与建设行动，实现经济的快速增长。然而，伴随"先富"地区的不断发展，我国出现了区域和城乡发展不平衡，资源高消耗及环境压力大等问题。为适应新的发展要求，党中央立足社会主义初级阶段基本国情，总结我国发展实践，借鉴国外发展经验，提出科学发展观。党的十七大对科学发展观进行系统总结，指出"科学发展观的第一要义是发展，核心是以人为本，基本要求是全面协调可持续，根本方法是统筹兼顾"。统筹兼顾与以人为本，作为科学发展观的核心意涵，成为城乡规划探索与实践的新航标。

1. 统筹发展规划的探索

2003 年，时任中共中央总书记胡锦涛在讲话中指出，要通过"统筹城乡发展、统筹区域发展、统筹经济社会发展、统筹人与自然和谐发展、统筹国内发展和对外开放"践行科学发展观，推进各项事业改革与发展。五个统筹实际上是对国家发展突出问题的反映，作为扭转效率优先的单一经济发展模式的五个着手点，成为当前推进城乡规划变革探索与实践的五个重要的落脚点。

坚持科学发展，就是坚持统筹兼顾的方法，促进"五个统筹"协调并进，实现各领域全面发展。空间是实现统筹发展、科学发展的有效载体。规划作为联系城乡空间与发展目标的主要媒介，在新时期肩负新的任务。2008 年，广东省提出"三规合一"的要求，并确立河源、云浮、广州三个试点城市进行规划创新实践。云浮市通过成立审批委员会，对规划进行集中决策；集合规划相关部门成立规编委，统筹"三规"编制与审批工作；设立信息中心，统一信息平台等规划体制创新实践，以多部门规划对接推进统筹发展。

2009 年，为落实省委省政府对云浮发展"建设广东富庶文明大西关，争当全省农村改革发展试验区"的指示，云浮市多方面梳理发展现状与现实社会要求的矛盾，立足发展实际，编制《云浮市资源环境城乡区域统筹发展规划》。规划针对如何将"五个统筹"落实到空间，进一步对云浮规划进行新的探索。2010 年，云浮进一步制定《云浮市改革发展规划纲要（2009—2020 年)》，通过破解发展难题、探索发展新路、凝聚发展力量、明确发展方向，进一步促进资源与环境、城乡与区域、经济与社会、人与自然协调发展。在推进统筹发展的云浮实验中，云浮市以科学发展观为指导思想，以人居环境科学为理论基础，确定市域城乡统筹发展策略，以区域一体化战略统筹区域城乡发展，以轴向拓展战略塑造城镇发展廊道，以美好环境战略保护和合理利用自然资源，以空间优化战略营造优质生活空间；同时，通过县域主体功能扩展规划及配套政策实践、完整社区建设指引、美好环境与和谐社会共同缔造行动纲要的编制，从文化基础再认识和再挖掘的"务虚"与通过各个方面技术或人文措施的一一落实，因地制宜地发挥地域特色的"务实"两方面入手（吴良镛，2009），促进云浮多方面的协调发展。

规划的实践体现出统筹发展规划的可行性与有效性，同时表明统筹发展规划的核心，即在空间上实现"该干什么的地方干什么"，在实施的主体上让"能干什么的人干什么"，以此落实城市发展的资源、发展项目、开发活动等社会经济行为，有效推进城乡、区域、经济和社会、人与自然、国内发展和对外开放的平衡、协调与可持续发展。

2. "以人为本"的规划探索

科学发展观以"以人为本"为核心，指明我国城乡规划建设目标的根本转变，即从单纯促进经济增长与发展，回归到以人为中心，依托经济、社会等多方面建设与发展，构筑美好人居环境。在"以人为本，促进人全面发展"的目标指引下，提升城乡品质成为城乡发展必然的路径，成为城乡规划实践开展的核心目标。

在"以人为本"理念的引导下，规划不再单纯以经济绩效考量城市规划战略与价值判断，而从提升城乡品质，改善人居环境角度出发，致力于通过高质量的开发和保护，建设具有高品质公共服务价值的战略性空间。绿道建设即为个中典例。2009 年，广东省首次提出在珠三角建设区域绿道网的构想，编制与实施《珠三角建设区域绿道网纲要》规划，成为国内第一个建成上规模成网络的区域性绿道网的省份，掀起国内绿道建设的浪潮。2009年10月，在首轮编制中，云浮市在串联五个县（市、区）绿道网建设方案的基础上，对市区南山森林公园现有环境设施进行改造升级，建设自行车道和人行道等慢行绿道。2010年2月，依照广东省绿道建设规划思想与具体方案要求，云浮市规划位列全省首位、长达265km的自行车休闲慢行绿道首段建设完成并开放使用。绿道作为联结城乡、联系人与自然的空间媒介，成为市民与游客漫步、骑行、晨练与举办各类康体活动的"热门地带"。2012年，云浮市编制新一轮绿道网建设总体规划，进一步推进辖内绿道网建设，实现与省内绿道系统的良好衔接。绿道建设以人的尺度设计与建设的城乡交替的网络性绿色生态廊道，将休闲、娱乐、工作与居住等不同功能空间串联起来，以此改变人的交流渠道、出行方式、行为模式与消费理念，赋予市民公平享有良好的康体游憩空间的选择与权利的同时，构筑安全的城市生态体系，有效平衡人地关系（刘晓明，2012）。珠江三角洲的绿道建设，作为"以人为本"的规划实践，掀起全国范围内绿道建设的浪潮。

快速城市化发展与粗放式经济增长，激化新增建设用地对自然生态空间的肆意侵占，导致经济发展与生态保护的矛盾日益尖锐。十八届三中全会指出："建设生态文明，必须建立系统完整的生态文明制度体系。划定生态保护红线，改革生态环境保护管理体制。"2005年，深圳市以城市土地与空间、能源与水资源、环境承载力难以为继等发展问题为导向，在尊重城市自然生态系统和合理环境承载力下，根据有关法律法规率先划定"基本生态控制线"，将全市一半面积划入线内为生态控制区，并配套颁布《深圳市基本生态控制线管理规定》，力求实际保障城市基本生态安全，维护生态系统科学性、完整性和连续性，防止城市建设无序蔓延。生态控制线作为一条城市建设的"高压线"，有效地统筹协调经济发展与生态资源保护的关系，体现出规划对空间资源管制的统筹性（徐源、秦元，2008），并从宏观角度保障生态环境质量，为群众创造建设美好人居的条件。

3. 扩张性规划的终结，存量规划的推进

改革开放以来，快速城市化进程在短时间内为城市集聚了大量人口。为满足其就业、出行、居住等诸多需求，我国城市普遍采取增量土地换取发展的方式，实现城市规模的扩张。近年来，城市土地有限资源与无序扩张的矛盾，带来人口、资源、环境之间的压力与冲突，征地拆迁成本的急剧上升、房地产供给过剩等现实约束，均决定城市增量发展方式的难以为继。在国家层面对资源约束不断趋紧，而追求城镇化高级阶段城市发展品质提升的背景下（张京祥、罗震东，2013），深圳、上海、北京等城市逐渐将土地开发与建设的目光聚焦于存量土地，纷纷提出"优化建设用地存量，实现建设用地减量"，将"存量与减量"的思路纳入城市新一轮总体编制中，进行存量规划的探索（施卫良，2014）。

20世纪80年代，深圳自下而上的工业化与城市化过程，推进了城市的快速发展，却也导致城市空间的无秩序、低效率蔓延，城市资源紧缺的矛盾日益凸显。在此背景下，国家对深圳提出新要求，即率先走出一条不以空间扩张和资源消耗为条件的科学发展道路。2010年，深圳市编制《深圳市城市总体规划（2010～2020年）》，通过改变"以人定地"的方法，基于城市土地资源潜力和环境承载力确定人口规模，提高新增用地开发强度，加强存量用地的二次开发和功能调整，将更新改造用地规模作为与新增建设用地同等重要的

规划控制标准，探索以地上地下立体化综合发展模式取代平面扩张型的用地模式的合理路径；在空间策略上提出"外协内连、预控重组、改点增心、加密提升"的十六字方针，优化用地结构等规划创新，将城市更新等存量开发举措作为实现空间优化、产业升级、社会和谐、低碳生态发展的综合性目标的重要途径（邹兵，2013）。至 2012 年，深圳首次实现从计划到实际供应的存量用地均超过新增用地的标志性转变，并在城市产业转型、生态环境提升等方面取得显著成效。

城乡规划从"增量规划"转向"存量规划"的探索实践表明，扩张性规划的时代将一去不返。《国家新型城镇化规划（2014 ~ 2020 年）》提出："深化土地管理制度改革，实行最严格的耕地保护制度和集约节约用地制度，按照关注总量、严控增量、盘活存量的原则，创新土地管理制度。"进一步明确城乡规划从开发扩张转向紧凑集约，规划实践从扩张规划转向存量规划的转型发展趋势，以促进城市以生态文明建设为核心，实现"五位一体"全面发展。

4. 国家提出新的发展目标与战略思想

面对我国当前经济、社会、城市发展现状问题与转型需求，国家相继提出一系列发展目标与战略思想，指引转型发展。国家提出了经济发展的"新常态"，应以改革释放社会活力，调整经济结构，转变发展方式，增加公共产品供给，以此稳增长、促民生。应当坚持"以人为本"的原则，以关心与尊重每个人的权利、利益要求、生活质量与发展需求等为发展要义，建设美丽中国。据此，国家提出"五位一体"总布局，强调以生态文明为核心，融入经济、政治、社会、文化发展的方方面面，以此为发展保障与动力源泉，进一步深化各项发展之间的紧密联系，实现经济、政治、社会、文化、生态的全面协调可持续发展。

"五位一体"总布局的提出，对城乡规划转型具有重要的指导作用，为规划改进指明了方向。其表明，规划所面临的问题实际上是政治、经济、社会、文化、生态文明等综合问题，因而，过去规划中尚未解决的问题应通过"五位一体"来解决。城乡规划应包括物质层面与精神层面的规划，特别是生态文明建设，不仅是对自然的保护，也包含人文生态、人类社会和谐等内涵。美好环境共同缔造正是以"五位一体"为大框架，对规划变革的探索，不仅体现出人与自然和谐共处的关系，更着力于建立人与人之间的和谐关系，通过人创造美好环境，美好环境进一步影响到人的行为，形成美好环境与和谐社会的良好互动与共同发展。

十八届三中全会提出，全面深化改革的总目标是完善和发展中国特色社会主义制度，推进国家治理体系和治理能力现代化。国家治理体系和治理能力现代化的建设着眼于解决社会治理过程中管理主体单一化、管理机制行政化、社区自治浅层化、社区参与初级化等问题，强调提高社会治理的效率，从普通的社会治理变为"善治"，即政府与公民通过公共生活的合作管理，达到两者在社会发展中的最佳状态。社区作为社会的构成单元和缩影，对国家与社会的关系问题有最现实、最直接、最全面、最具体的体现，是国家与社会实现"五位一体"总体布局与治理体系和治理能力现代化的基本单元。

第 2 章

美好环境与和谐社会共同缔造的实践：从云浮到厦门

国家发展转型与城乡规划变革表明，城乡规划建设的新时期已然到来，在机遇与挑战并存的情况下，城乡规划和发展应回归到城市发展的本源，就是回归到"以人为本"的城市，回归到"以人为本"的城乡规划。正如吴良镛先生指出的"规划以关怀人为出发点，解决人与环境的问题"。2008 年以来，为探索转型的道路，我们以科学发展观为指导，以"五位一体"总体布局为目标，以人居环境科学思想为基础，先后在广东省云浮市和福建省厦门市开展了一系列的人居环境实践探索。云浮地处广东省西部山区，发展相对落后，厦门则是我国沿海经济特区之一，发展相对较快，尽管两地发展特征、发展路径、发展阶段完全不同，但同处于当前中国经济发展转型、城市化转型的宏观背景之下，如何实现"以人为本"的发展转型是它们共同面对的问题。

"美好环境与和谐社会共同缔造"是以吴良镛先生的人居环境科学为基础的，在实践中逐步深化和探索，也是人居环境科学研究的延伸。早在 1989 年出版的《广义建筑学》中，吴良镛先生便基于美好建筑环境与美好社会理想的关系，对美好环境共同缔造作出初步解析："美好建筑环境是与美好的社会理想共同缔造的，它是种种社会理想和社会建设的结合点"（吴良镛，1989）。1999 年，吴良镛先生在国际建筑协会第 20 次世界建筑师大会上，再次发出"美好的建筑环境与美好的社会同时缔造"的倡议，提出"人类美好的世界不能脱离美好的建筑环境而存在，美好的环境秩序是良好的社会秩序的反映"（武廷海，2008）。2001 年，吴良镛先生在著作《人居环境科学导论》中进一步指出，"人居环境建设不仅是建立人与自然和谐关系的过程，也是建立人与人和谐关系的过程，人创造人居环境，人居环境又对人的行为产生影响"（吴良镛，2001）。表明人居环境建设的核心是以人为本，没有人与人之间的和谐共处，人居环境的美好将无从谈起，美好人居环境与社会理想应共同发展。

2.1 云浮实验

2.1.1 云浮实验的背景与内容

云浮市是广东省最年轻的地级市，位于广东省中西部，紧邻西江，面积为 7779.1km^2，呈现"八山一水一田"的生态格局，是典型的山区农业地区。下辖云城区、云安县、新兴县、郁南县，代管罗定市。

时任广东省委书记汪洋同志将云浮特点概括为"主业突出、生活富足、生态优良、民风淳朴"。云浮主业突出，工业依托地方资源，已形成以石材、水泥、硫化工、电力、不锈钢制品为主导的工业体系；农业以国家农业产业化龙头企业温氏集团为核心，通过"公司＋农户"的组织模式，有效推动农业产业化进程。云浮生活富足，石材产业集群、"公司＋农户"农业产业化组织模式以及禅宗六祖文化氛围塑造了云浮人"和睦共享"的企业家精神，城乡居民走向共同富裕。云浮生态优良，生态资源丰富，环境优越，是广东省重要的自然生态保护地区，市域森林覆盖率达到 66.5%，境内西江流域水质常年在 II 类以上水平。云浮民风淳朴，作为禅宗六祖慧能的故乡，云浮受"平等、包容、和谐"的禅宗文化熏陶，积淀了"开拓进取、和睦共享、平等包容"的文化传统。

依托良好的资源条件，经过多年发展，云浮形成了良好的发展基础，但发展不充分仍然是当前最突出的问题。无论是总量还是人均，云浮的 GDP 和地方财政一般预算收入都居全省靠后的位置；五个县（市、区）仍有两个未通高速公路；中心城区规模小，常住人口仅 20 余万。云浮欲改变这种状况，只有加快发展，实现跨越发展，以解决面临的各种问题和困难，即发展为当务之急。科学发展是云浮探索跨越发展、实现发展方式转变的必然选择。要落实科学发展观，转变发展方式，就要把云浮放在全国、全省发展的大局中来谋划，明确云浮的定位，找准发展路径。2008 年以来，为探索转型的道路，云浮市以科学发展观为指导，以人居环境科学思想为基础，开展一系列的人居环境建设的探索与实践，成为规划变革的"云浮实验"。

1. 市域统筹发展策略

科学发展观的核心意涵在于统筹发展。"不谋全局者，不足以谋一域，不谋万世者，不足以谋一时"，在探索合理有效的统筹发展路径的过程中，云浮在市域层面，采用整体论的理念，兼顾良好组合与美好表达形式，将城乡区域资源环境的各组成部分有机结合，使各要素各得其所，达到环境空间与形体的和谐统一。

市域统筹发展策略从区域一体化战略入手，统筹城乡发展（图 2-1）。结合云浮的区位特征，通过东西联融入珠三角，构建南北通道跨江入海，通过构建以高速公路、高速铁路、城际轻轨组成的"双快"交通系统为骨架，普通主干线公路为支撑的网络化综合交通系统等手段，实施区域交通一体化战略，建立区域快速联系。按照"云浮资源—珠三角市场"的关系，发展特色农业；发挥资源优势，以园区为载体，发展新型工业；同

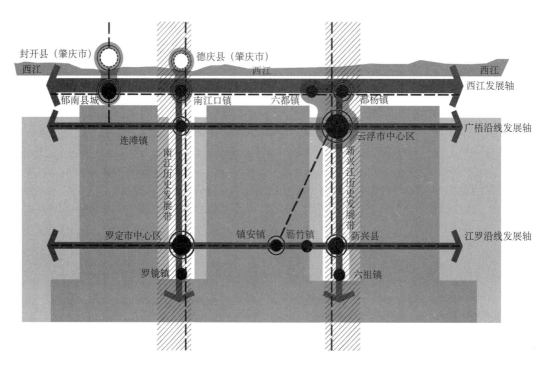

图 2-1　云浮城乡理想空间结构图

时依托交通节点，提升服务型经济，以此落实产业一体化战略，建设以县域经济为发展主体的经济发展模式。

规划通过构建中心城区（云城—六都—都杨）、郁南都城以及南江口镇区三大重点发展地区，强化西江南岸城市发展走廊。根据区域高速公路、轻轨站点的布局，结合沿线矿产资源的分布现状，依托深罗高速建设罗定—华石、镇安—石城、新兴—簕竹三大重点发展地区，建设深罗沿线城镇发展走廊。以此实现轴向拓展，塑造城镇发展廊道。

基于此，规划进一步推进美好环境战略，从统筹资源环境的角度，保护和合理利用自然资源。规划将全市划分为 300m×300m 的地块，以地质灾害情况、用地坡度、水体保护、土地建设相容性四个方面的用地适宜性影响要素的资源承载力评估，确定地块的用地适宜性；以市内道路通达性、对外交通通达性、现状建设区分布影响、工业园区分布影响四个方面的经济发展潜力要素的评估，通过对交通通廊、重大设施分布、城镇点区位、产业区进行距离缓冲分析及权重叠加，判断未来云浮的经济发展空间趋势。依据综合评定，规划将市域空间划分为重点建设区、一般建设区、限制建设区、禁止建设区四种类型用地，划定城乡统筹发展空间分区（图 2-2）。

图 2-2 云浮市城乡空间发展布局规划图

在实现生态环境保护与社会经济发展的和谐统一的基础上，规划进一步推进空间优化战略。其强调传承历史文化，提升空间品质，强化区域本土文化特色，增强居民的地方认同感，打造六祖禅宗文化旅游生态镇。同时，在尊重历史上形成的公共服务中心的基础上，对此类公共服务中心分布进行部分调整，形成完善的、覆盖面广的、均等化的县—镇公共服务设施体系，以此营造优质的生活空间。

云浮市域统筹发展策略的探索，实际是寻找本地人居环境建设理想模式的规划实践。这一模式建立在人与自然长期相互作用的基础上，是历史人居环境与现代人居环境的综合，体现了人们对本地美好人居环境的愿景。探索人居环境的愿景，一方面有利于进一步理解城市的本质、功能与构成要求，形成市域空间发展规划，进而成为市域重点项目布局，协调城乡空间，指导部门与部门空间规划协调和县与县之间项目协调的依据；另一方面，人居环境的愿景，是人们对市域空间发展的共识，是人居环境建设的目标，是政府、市民、发展商和投资商建设行为的指导，是市域人居环境科学实验的空间形态。因而，即使这个愿景可能永远不能够完全实现，但这种愿景所表达的希望，成为人们推进人居环境过程中始终坚持的志向目标，将有效促进群众在规划拟定与实施过程中从被动接受转向主动地参与和创造。

2. 主体功能区扩展

县是中国社会基层的行政单位，且长期保持相对稳定的建制和经济发展，是一个经济系统，也是一个社会系统、文化系统，是可以对国土、区域和城乡建设进行综合协调的基本单元。壮大县域经济，加强基础设施和社会服务设施建设，促进城乡协调发展，是地方应对全球化发展形势，最基本、最安全的对策之一。从多方面促进县城、重点镇、集镇体系发展，则逐渐成为重构农村基层社会与推进城镇化的基点与源头，以及一种寻求城乡均衡发展的途径。此外，县作为统筹国家政策与资金的基本单位，镇作为具体的实施单位，两者是推进科学发展重要的统筹主体与实施主体。因而，云浮实验将县域作为人居环境科学实践的基本单位，推进主体功能区扩展实践。

县域主体功能拓展以工业化、农业现代化和城镇化"三化"融合为核心，将主体功能分为重点城市化地区、工业化促进地区、特色农业地区、生态与林业协调发展区，各分区主要功能与发展方向各有侧重（图2-3）。在此基础上，结合各区域发展条件与现状，明确各区域发展的主体功能定位，实现空间和主体功能的最优匹配。同时，规划以县为单位，确定各级政府主导职能，明确与主体功能区相匹配的配套政策。如规划从统筹发展与激励建设的需要出发，拟定财税保障机制，通过县镇财税共享、激励和保障，增强镇级政权运转的保障能力；拟定组织保障机制，根据各镇街的主体功能定位，按照精简、统一、效能的原则，进行机构设置与相应的职权改革，通过明晰乡镇功能职责，保障乡镇功能发挥，明确乡镇履职导向，把政府事权改革与县域主体功能区建设有机结合起来，构建乡镇功能履职体系等。

云浮根据县域功能发展的实际情况，兼顾统筹与差异化发展的需求，准确定位五个县（市、区）的未来发展方向：云城区以城市综合服务为主导，以国际化石材商贸为特色，是具有很强集聚能力的高品质城市化地区；新兴县以规模化农业为基础，以产业集群为特色，是具有国际地位的以六祖禅宗文化为特色的旅游地区；云安县为以循环经济为主导，以港口物流为支撑，以生态农业为特色的农村综合改造示范县；罗定市为以产业集群为核心，以现代农产品加工业和现代农业为基础，以南江文化为特色的历史文化名

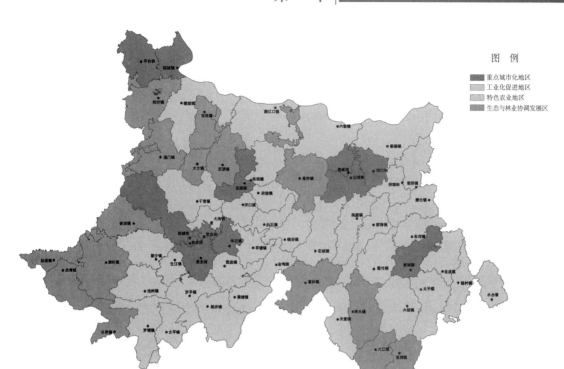

图 2-3 云浮市县域主体功能扩展规划图

城；郁南县为以现代农业、现代农业服务业和特色工业为主导的区域商贸中心和滨江宜居绿城。

县域主体功能扩展是实现市域空间发展的规划，也是探索理想城市模式的政策机制，其促进县、镇级区域的分工与合作，优化资源空间配置，有助于形成良性区域关系，推动区域整合协调发展。同时，其有效促进人与自然，城市与乡村和谐共处，形成良好的人居环境。从实质上看，县域主体功能扩展将规划的实施主体引入规划，通过对镇一级的发展主体功能的确定，以及从政府的考核机制、财政机制等方面进行保障，使空间主体功能和实施主体有机匹配，在空间上实现"让该干什么的地方干什么"，在实施的主体上实现"让能干什么的人干什么"，在空间发展战略和行动计划之间建立起政策保障机制。

3. 美好环境与和谐社会共同缔造行动

在市域统筹发展与主体功能区扩展的基础上，云浮实验以完整社区建设为指引，开展美好环境与和谐社会共同缔造行动。建设完整社区是人居环境建设"自下而上"的实验，完整社区的核心是"以人为本"。完整社区的建设不仅包括了住房问题，还包括服务、治安、卫生、教育、对内对外交通、娱乐、文化公园等多方面因素，是从微观角度出发，通过市民直接参与到公共空间建设、社会管理建设、公共服务设施建设，体现对人的基本关怀，维护社会公平与团结，最终实现和谐社会。随着经济的增长，人类将更多地关注自身发展和自我选择，重视对个人生活质量的关怀，完整社区建设把人作为环境的主人，致力于塑造场所精神和场所意境，提升普通民众的生活质量和社会凝聚力。

基于此，云浮实验从建立完整的社区服务体系、创造宜人的公共空间、塑造兼容的社区管理系统、建设完善的基础设施和营造持久的地方感五个方面入手，开展完整社区的建设实践。

以完整社区建设为指引，从人居环境科学的实践出发，云浮实验提出"美好环境与和谐社会共同缔造"的发展理念，明确美好环境建设与和谐社会构建是一个共同缔造的过程。通过推进美好环境与和谐社会共同缔造行动，把环境建设上升为社会建设，把物质文明建设上升为精神文明建设，推动人居环境与社会建设相互促进、相辅相成，实现美好环境与和谐社会的共同建设与发展。由此提出的美好环境与和谐社会共同缔造纲要，将人居环境科学实验政策化、常规化，指导和激励各级政府和群众参与到人居环境的实践中，并以美好环境的各项项目建设为抓手，重构基层组织，完善社会管理，改善社会关系。纲要的一系列实践逐渐形成一个完整的行动框架体系，通过政府的政策制定在各县辅助实施与执行。

首先，美好环境与和谐社会共同缔造要求达到以下四个工作目标：①让发展惠及群众。通过开展宜居城市建设，改善城乡公共服务状况，推进城市户外活动空间建设，完善城市基础设施，让群众真正享受到发展带来的实惠。②让生态促进经济。在保护生态环境的基础上，推进经济发展方式的转变，着力发展循环经济和生态低碳经济，通过良好生态推动现代产业体系的建立。③让服务覆盖城乡。着力推进生态文明村建设、学校和医院改造，统筹推进教育、医疗卫生体制改革，加强饮水安全等基本公共服务设施建设，积极发展小额贷款等农村金融服务，逐步实现城乡公共服务均等化。④让参与铸就和谐。通过建立市筹划、县统筹、镇组织、村主体的组织体系和相应的激励政策，激发群众对公共事务的参与热情，更好地凝聚民智，树立云浮人新风貌，不断提升群众的综合素质，努力实现文明市民与文明城市的共同成长，促进人与人的和谐共处。

其次，顺利推进美好环境与和谐社会共同缔造实践，需坚持以下工作原则：①群众参与为核心。将群众参与作为美好环境与和谐社会共同缔造行动的核心，发挥人民群众的主观能动作用，增强社会互动，让群众在参与中营造良好的社会氛围，用自己的勤劳和智慧，建设幸福家园。②培育精神为根本。通过发动群众广泛参与美好环境与和谐社会建设活动，体现其主体地位，培育"自律自强、互信互助、共建共管"的精神和社会价值体系，激发地方发展的内生动力。③奖励优秀为动力。建立"以奖代补"激励机制，科学合理地确定奖励标准，对人民群众通过自身努力，参与"共谋、共建、共管、共享"程度较高的自然村（社区居民小组），"以奖代补"项目资金优先支持，以调动群众参与和自发推进的积极性。④项目带动为载体。借助"以奖代补"项目这一载体，统筹整合各种资源，通过农村基础设施、居住环境、公共服务等具体项目的实施，提高资源的利用效率，发挥部门单位规划、协调、服务的职能作用和群众自发推进的主体精神。⑤统筹推进为方法。强调统筹城乡发展，统筹区域发展，统筹经济社会发展，以美好环境与和谐社会共同缔造行动为抓手，与农村改革发展试验区建设相结合，与推进新型工业化、新型城镇化、农业农村现代化融合发展相结合，统筹兼顾，全面推进。

最后，是建立工作措施，形成美好环境与和谐社会共同缔造可持续推进的工作框架。①结合自身山水特色，营造宜居城乡环境：依托云浮亚热带气候优势，运用传统亚热带建筑物的设计手法建设亚热带特色风貌示范区；启动"显山露水"工程、绿地系统规划建设等营造宜居的城乡环境。②均等配置优质的公共服务，形成和谐的社会氛围：以市教育园区、市人民医院新院建设为重点，加快图书馆等公共文化设施建设，加快完善城市供水、供电、排污等基础设施，完善公共交通网络建设，均等配置优质的公共服务。③发挥生态环境优势，促进循环生态低碳经济发展：通过发挥生态环境优势，吸引高素质人才进入，推动产业高端化发展；加快建设清洁能源基地和低碳化城市公共服务系统；加快发展低能耗、低污染和高附加值的新兴产业。④借助和谐宜居示范村（社区）建设，强化基层组织建设：以和谐宜居示范村（社区）为抓手，建立"以奖代拨"的资源配置机制，发挥群众积极性和创造性，引导村（居）民自治，增强村（居）委的凝聚力，推进基层组织建设。

美好环境与和谐社会共同缔造是对城市作为复杂系统（吴良镛，2001）进行建设的整体论的认识，是把以物质为主的环境建设和以组织为主的社会建设紧密联系起来的方法。人是美好环境与和谐社会建设的核心，美好环境与和谐社会两者的互动需要通过人的行动实现共同缔造。人居环境建设已经不是一个单纯的投资与建设的问题，而是一个面对社会、环境变化的政治、经济、文化的管理过程。美好环境与和谐社会共同缔造正是这样的一个过程：通过"共谋、共建、共管、共享"，建立市筹划、县统筹、镇组织、村主体的组织体系和相应的激励政策，通过政府发动、市民参与，把城市规划建设工作由"要群众做"变成了"群众要做"，在工作内容上，实现了从急于求成的政绩工程到实事求是的民心工程的转变，从主观的、命令式的方法回归到细致的群众工作方法的转变，从盲目追求所谓"现代化"到充分发扬优秀传统文化优势的转变，以达到公共利益和个人利益的平衡，解决社会与环境的空间矛盾。

2.1.2　云浮共识

云浮实验，作为美好环境与和谐社会共同缔造的初步实践，在规划编制的理念与思想、办法与体系等规划变革方面进行有效探索，取得诸多成绩。为基于云浮实验的探索经验，对人居环境建设与规划变革进行更为广泛的讨论与总结，云浮市委市政府与中国城市规划协会、住房和城乡建设部规划司、清华大学人居环境研究中心等多部门与机构合作，分别于 2010 年 6 月、2011 年 8 月先后召开"转变发展方式，建设人居环境"研讨会及"统筹城乡发展，建设人居环境"研讨会。与会领导、专家学者对云浮落实科学发展观，转变发展方式，统筹城乡发展，建设人居环境的理论和实践进行深入探讨。

吴良镛先生从人居环境科学探索历程和发展趋势、发展模式转型与人居环境科学发展入手，基于对人居环境科学发展与云浮实验经验的总结与提升，对"美好环境与和谐社会共同缔造"进行综合而全面的概括。吴良镛先生谈到，"人居环境"的观念拓宽了城乡规划建设研究的视野，人居并非单纯建设建筑环境的问题，而是以人为本的民生问题，是事关中国经济发展格局的发展问题，是涉及社会和谐稳定的政治问题，是综合研究城市发展的科学问题。在中国城市步入新的发展阶段，世界层面与全球层面错综复杂的社会、经济、政治、文化与生态问题激化，推促城市发展模式转型的背景下，营造美好的人居环境成为城市规划和建设领域落实城乡统筹与科学发展的有效方法。共建美好的人居环境符合广大人民群众的意愿，是加快经济发展方式转变的现实需要，是顺应社会发展、促进城市建设模式转变与社会和谐发展的重要举措。"美好环境与和谐社会共同缔造"主张美好人居环境与和谐社会共同缔造，是对人居环境多层次内涵的继承与发扬，也是对城市转型与发展的探索与实践，作为"城市，让生活更美好"时代呼声的回应，对于人居环境科学发展以及中国城市建设均有重要意义。

吴良镛先生指出，云浮的美好环境与和谐社会共同缔造从四个方面对于城市规划与建设活动提出要求，故应从以下四点做起：

（1）回归社区，加强社区建设。社区是提供基本服务，培育社会凝聚力的场所。立足社区，推进城市权利，促进城市平等，为促进城市和谐发展提供启示。

（2）以人为本，关注民生。结合当前社区不同群体的不同价值观、不同利益、不同物质和精神需求的实际，以"政府引导、群众主体、多方参与、共建共享"为原则，以建设美好家园为载体，构建和谐社会，统筹推进经济、社会、文化的发展。

（3）积极推进县域城镇化研究，整体解决"三农"问题。在促进县域经济壮大的基础上，对国土资源、经济社会发展和城乡建设进行综合协调，以此作为经济发展方式转变和社会管理制度改革的重要突破口，实现大中小城市的协调发展。

（4）将"人居环境战略"作为重大的战略规划内容列入"十二五"规划。制定国家人居发展战略，在国家层面统筹相关职能部门的规划与战略思想，为城市化的有序进行提供空间保证。

周干峙先生从规划思想入手，指出城市发展已经面临新的历史考验，城乡规划的学科思想需要由人居环境科学来统筹。而人居环境科学发展到目前，学术规模不断扩大，队伍建设不断扩大，必须由系统的概念和方法来组织与领导。因而，应当将系统思想与人居环境科学相结合，构筑规划学科的新框架，这与科学发展观的本质一脉相承。科学发展观是一项系统工程，要求将自然科学、人文科学、社会科学等方方面面的知识、方法、手段协调和集成起来，不断认识和把握社会发展的客观规律，对科学发展观进行周密的科学解释，为科学发展提供坚实的科学理论和基础。云浮实验正是在以科学发展观为指导规划的科学系统的基础上，用人居环境科学概念开展、组织各个分支系统，从而实现全局的统筹与协调发展。

武廷海则谈到在城乡发展矛盾激化的新时期，云浮实验对于规划变革的重要意义。其指出中国城镇化进程中，人居环境面临的各种问题越来越尖锐，对中国社会经济发展的影响越来越重大。面对新的挑战，城乡规划需要从空间上整合多方面的发展需求。规划已超越社会、经济、环境等单方面的影响，具有全局性甚至是决定全局的战略意义。然而，当前中国城乡空间规划发展尚处于初级阶段，还没有形成规范的、综合协调的区域空间规划体系，最明显的表现之一就是与编制城乡空间规划相关的部门之间尚缺乏明确的职责分工，引发了对城乡规划空间的争夺。云浮实验正是准确意识到此症结所在，在规划层面上，积极探索建立以主体功能区规划理念为基础的"三规合一"机制，进而制定出台《云浮市实施"三规合一"工作方案》，以"合一"统筹"三规"，以"三规"来落实"合一"，切实落实统筹发展的科学发展观。

石楠先生则指出云浮实验中对城乡统筹发展、各项规划统筹，以及对城与乡规划各有侧重的强调，表明当前规划理念与实践的创新，体现规划学科发展的新方向。云浮规划将城乡统筹发展的理念落实到具体的地方及具体的行业内，明确推动相关工作的抓手与具体负责的主体。同时，敢于面对现有体制问题，通过机制体制创新打破政府部门之间的鸿沟，将各部门之间的规划进行统一，保障统筹发展各项举措的顺利推进。其所呈现的将统筹发展规划置于国家大发展和整个社会经济转型时期大的框架来认识，对规划层次或操作层面进行划分，提出明确目标与操作方法，将社会发展需求作为规划制定的指引等规划思考，为规划学科发展的探讨提供了丰富的借鉴与参考。

各专家学者基于不同角度对云浮实验及由此延伸的规划变革议题的广泛讨论，为推动新时期规划变革与发展奠定了良好的基础。在广泛讨论与意见融合的过程中，各方就规划发展的未来方向达成共识，并将其拟定成文，作为城乡规划探索与实践的阶段性成果，即"云浮共识"。

● **"云浮共识"**

2010 年 6 月 5 日我们集中在广东云浮，讨论人居环境科学理论与实践。我们认识到：

（1）营造美好的人居环境，符合科学发展观的要求，是推动城乡规划建设指导思想转变和实践新型城镇化的现实需要，也是促进经济发展方式转变的必然选择；

（2）实现美好人居环境的共建，符合构建和谐社会的要求，是顺应民主社会发展，真正满足广大人民群众日益提升的物质和精神需要的重要举措；

（3）人居环境科学理论提倡以人为本，为人民群众营造健康、生态、和谐的生活环境与社会氛围，提倡环境、经济、社会、科技、文化统筹考虑，相互促进，协同集成，实现可持续发展，这是人居环境建设的基本目标和方向；

（4）人居环境科学理论是人居环境建设的理论基础，推动美好环境与和谐社会共同缔造是人居环境科学理论的具体实践。

云浮实验与云浮共识表明，美好环境与和谐社会共同缔造作为人居环境的科学实践，在城乡转型与发展，建设宜居宜业的美好家园等方面，有着重要的指导意义与实践价值。

为了共同推进美好人居环境建设，我们倡议：

一、坚持经济、社会、政治、文化与生态文明建设的统筹推进。让发展惠及群众，让生态促进经济，让服务覆盖城乡，让参与铸就和谐。

二、坚持"人民城市人民建"。按照政府引导、群众主体、多方参与、共建共享的原则，努力创造有利于广大人民群众真正拥护和参与的氛围。

三、坚持实践探索与理论创新相互促进。通过多层次、多系统的实践推动理论创新，逐步建立、完善与营造和美好人居环境相适应的体制和机制，不断拓展完善人居环境科学理论体系。

四、坚持新型城镇化方向，一切从实际出发，满足广大人民群众的基本需求。植根本土文化，从战略到行动。

"不积跬步，无以至千里"，"千里之行始于足下"，我们必须从今天做起，从当地做起。这是时代赋予我们的责任。

2.2　厦门实践

2.2.1　美丽厦门战略规划

1.《美丽厦门战略规划》的提出背景

厦门市位于福建省西南部，台湾海峡西岸，南接漳州，北邻泉州，东南与金门岛隔海相望。受独特的地理环境和历史背景影响，厦门拥有众多的归侨、侨眷及厦门籍侨胞和港、澳、台同胞。厦门市属温带亚热带气候，温和多雨，夏无酷暑，冬无严寒。宜人的气候特征与鼓浪屿、厦门大学等著名旅游景点，使厦门成为著名的旅游城市。厦门市属副省级城市、计划单列市、新一线城市，是我国最早实行对外开放政策的四个经济特区之一，十个国家综合配套改革试验区之一。2013 年，全市面积为 1699.4km^2，户籍人口为 196.78 万人。

2002 年，时任福建省省长的习近平同志在厦门调研时提出，"厦门要加快从海岛向海湾城市转型"的要求。贯彻转型思路，厦门市在过去的十几年间，获得"国际花园城市"桂冠，城市空间布局拉开框架，岛外新城建设格局初显，城乡一体化初见成效，产业园区格局初步整合，城市交通设施大力推进，基本公共服务加快延伸，生态文明建设进一步加强，跨岛发展、转型发展成绩斐然。然而，厦门发展现状与转型目标之间仍有差距。

首先，城市转型尚未完成，岛内外发展不平衡。高等级服务功能与市场投资项目多在厦门岛内建设，厦门单中心的城市结构在推进跨岛发展的过程中，并没有根本改变；城市快速交通体系没有建成，重大交通基础设施建设滞后；优质资源与人口仍集中在厦门岛内。其次，产业发展尚未完成，发展有待转型。改革开放以来，厦门充分利用港口优势，形成外向型经济结构，然而，延续 30 年的产业结构和经济发展战略已难以适应发生变化的国内外市场；厦门加大力度发展先进制造业和现代服务业，但产业基础不牢，抗风险能力较弱。再者，经济发展遭遇瓶颈，区域地位下降。近年来，厦门发展经济总量偏小，行政区域面积小、土地资源匮乏，"小"的制约导致厦门经济发展下行压力较大，外贸出口一度出现负增长，在国家对台战略中的地位有下降趋势。此外，交通压力巨大，生态环境脆弱等问题也日渐凸显，阻碍了厦门的可持续发展。究其根本，发展的症结在于传统的发展模式难以为继，而发展方式转变尚未到位。这要求厦门发展必须走"新路"。

新的发展形势为厦门发展带来新的挑战之余，也带来新的机遇。十八大提出"五位一体"总体布局，将生态文明建设放在突出地位，融入经济建设、政治建设、文化建设、社会建设各方面和全过程，中国梦与美丽中国的愿景，为厦门发展提供了最大的机遇。两岸关系和平发展的不断深入，使厦门可以更好地发挥独特的"五缘"优势，即地缘、血缘、文缘、商缘、法缘，充分发挥两岸交往的"窗口"、"试验田"作用。新型城镇化战略，则为厦门向创新推动的集约化发展道路迈进提供了有效的指引。此外，岛内外一体化和厦漳泉同城化的加快推进，为推动城市转型和产业升级创造了十分有利的条件，厦门人民对幸福生活的追求及参与城市建设的热情，为厦门突破当前发展瓶颈提供了巨大的动力，推进了厦门发展新的探索与实践。

面对新的发展形势，厦门需要在加快转型中求发展、在改革创新中找出路。即在发展理念上，坚持营造优势促进差异发展、整合资源促进统筹发展、以人为本促进包容性发展。而新路子、新思路必须有新战略。2013 年 5 月起，在吴良镛先生等 20 余位国内知名专家的指导下，结合 70 多万份市民征求意见稿反馈的超过 32000 余条修改意见，厦门市完成了《美丽厦门战略规划》的编制工作。

2.《美丽厦门战略规划》的核心内容

《美丽厦门战略规划》立足于厦门发展过去与现在的演变特征，以及现状发展的实际需要，明确厦门"两个百年愿景"：一为中国共产党建党 100 周年之际，建成美丽中国典范城市。实现厦门人均 GDP 在 2012 年基础上翻一番以上，达到或超过台湾同期水平，城乡居民收入、单位 GDP 能耗、空气质量优良率、市民平均预期寿命等指标全国领先。二为新中国成立 100 周年之际，建成展现中国梦的样板城市，实现人均 GDP、城乡居民收入和单位 GDP 能耗等主要经济社会发展指标达到发达国家同期水平。基于此，规划根据厦门发展实情，提出国际知名的花园城市、美丽中国的典范城市、两岸交流的窗口城市、闽南地区的中心城市、温馨包容的幸福城市五大战略目标，从国际、国家、两岸、地区和城市五个层面确定了厦门的发展定位。

为实现美丽厦门建设的愿景与目标，战略规划提出三大发展战略。

1）实施"山海一体、江海连城"的大海湾城市战略

厦门湾、泉州湾、东山湾等沿海地区北枕戴云山脉，面对台湾海峡，山海之间由多条水系贯通形成山海通廊，山海江城浑然一体。基于此，美丽厦门建设实施大海湾城市战略，即从厦漳泉区域层面，以国家的海西发展战略为契机，发挥经济特区制度创新的优势，扮演其他任何地区都无可替代的国家对台战略角色，促进海峡两岸共同发展；打破行政壁垒，通过区域基础设施一体化，加快厦漳泉的同城化进程，建设大湾区都市区；通过"小三通"和旅游发展，深化厦漳泉与金门的协同发展；以厦漳泉为核心，促进沿海发达地区和西部山区的区域协调发展（图 2-4）。

大海湾城市战略具体从以下方面着手实施：①落实海西发展战略，建设两岸人民交流合作的先行区。即构建厦漳泉大都市区，和福州大都市区共同成为与台湾经济区相对接，与长三角、珠三角经济区相衔接，辐射带动海西地区发展的两大增长极。推动厦漳泉大都市区建设，联动金门区域，实现共同协调发展。②推进厦漳泉同城化，打造大湾区都市区。即以港口、机场、流域和区域交通的整合推进厦漳泉同城化，将金门纳入厦漳泉大都市区发展框架中。发挥厦门的活力和创新特色，做强泉州产业之都，构建漳州"生态之城"，提升金门旅游功能与城市地位，发挥国际化和区域枢纽作用，引领海西发展、促进对台交流合作。③以厦漳泉为框架，推动山海协作。即将龙岩、三明、武夷山等西部山区纳入到大海湾的发展腹地之中，通过沿海发达的市场和技术促进山区的绿色资源转化，实现互补；建立更紧密的山海区域合作机制，支持符合产业政策的产业向内陆有序转移，推进山海共建产业园区。④推进区域基础设施一体化，构筑区域交通枢纽。即建设城际轨道交通串接厦漳泉各中心城区、主要副中心、人口密集区和重要客运枢纽，覆盖大都市区的主要城镇走廊；在沿海带状的密集城镇区域，构建复合交通网络和综合交通枢纽，形成大都市区的

图 2-4　大海湾城市格局图

交通发展走廊；通过高速铁路、高速公路、城际轨道、区域快速路等区域快速通道的对接，打造"一小时交通圈"；将集中于厦门岛内的重大交通设施跨岛转移，东渡港西移海沧港区，航空港东移翔安机场，铁路客货运站北移集美（北站和前场物流园区），在岛外区域构建"大三角"的大交通格局，形成大都市区沿海交通走廊的主要节点；依托标准统一的光纤信息网络建设，率先建立信息交换与共享平台，打造区域"信息高速公路"枢纽，以信息化带动区域经济合作。⑤发展海洋经济，打造国家级海洋生态文明示范区。即围绕"海峡、海湾、海岛"资源优势，集约和节约利用海洋资源，提高海洋资源综合开发能力；打造东南国际航运中心、邮轮母港，推进闽台中心渔港综合开发利用，建设游艇帆船港及产业基地、游艇帆船国际展销中心；推进海洋科技创新，大力培育海洋生物与新医药等海洋新兴产业；走海洋经济与海洋生态保护相协调的统筹发展道路，建设国家级海洋生态文明示范区。⑥健全流域协同整治，构建区域生态安全格局。即统筹协调九龙江、漳江、晋江、洛阳江等流域，建立流域水环境整治的政策调控及利益协调机制；依托背山面海的自然格局，打造内陆山区"绿色"森林生态屏障和近海海域"蓝色"海洋生态屏障；加大水质、大气、固废污染联防联控力度，建立海陆一体化的污染防治机制。

　　2）实施"城在海上、海在城中"的大山海城市战略

　　厦门岛、鼓浪屿、金门岛等诸多岛屿处海湾之中，同时，厦门湾又被大陆和岛屿所围合，形成独特的"城在海上、海在城中"的大山海城市。基于此，美丽厦门建设实施大山海城市战略，以厦门湾的空间为载体，通过制度创新，探索以人为本的新型城镇化道路，提高城市化质量，统筹城乡发展；通过构建以"山、海、城"相融为特点的"一岛一带多中心"

格局，打造理想空间结构；通过构筑湾区导向的、贯通组团的城市交通系统，拉开城市骨架；实施严格的生态保护策略，构建"山海相护、林海相通"的生态安全格局（图 2-5）。

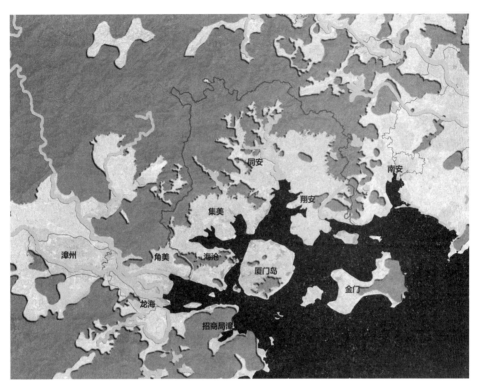

图 2-5　大山海城市格局图

大山海城市战略具体从以下方面着手实施：①统筹城乡发展，推进"以人为本"的新型城镇化。即推进城乡制度创新和公共服务设施均等化，改善农村地区的生态环境，促进城乡统筹发展；建立"以城带村、城乡互动"的长效机制，促进城乡共同发展；推进农业现代化，激发农村发展活力；加快城郊城市化建设，成为提高城镇化质量的典范；通过制度创新推进以人为核心的新型城镇化，逐步实现教育、医疗等基本公共服务由户籍人口向常住人口全面覆盖。②拓展形成"一岛一带多中心"的空间格局。即以跨岛发展战略为核心，拓展形成"一岛一带多中心"的空间格局；加快岛外公共服务设施建设，推进岛内外一体化。"一岛"即厦门本岛；"一带"即环湾城市带，串联漳州开发区、角美、龙海、海沧、集美、同安、翔安、金门、南安等区域；"多中心"即厦门岛市级中心，东部市级中心，海沧、集美、同安、翔安四个区级中心。③构筑湾区导向、贯通组团的城市骨架交通。规划建设 4 条骨干轨道交通线路，串联岛内外各组团，连接各重要交通设施，覆盖城市客流走廊；组织换乘和多方式联运衔接系统，构建"一体化"分级交通枢纽体系，协调交通枢纽与土地利用布局，依托枢纽引导新城发展，形成"组团式、串珠状"空间结构；构筑集国铁、城际轨道、地铁、旅游轻轨、城市航站楼等多种交通功能于一体的综合交通枢纽，实现各种交通方式的"无缝衔接"；在市域范围内，结合"一岛一带多中心"的城市空间结构，由海岸往内陆形成三条交通主轴，加强厦门岛、岛外新核心区、铁路厦门北站之间的衔接道路，完善海沧港区、翔安机场、铁路客运站和物流园区的集疏运系统。④保育格局优美的山海通廊，控制蜿蜒的海岸线。即保育十大山海通廊，构建"山、海、城"相融共生的空间格局，避免城市空间蔓延；建立严格的基本生态控制线，划定 800km² 的生态保护区；划分城市生态功能分区，维护高水平城市生态安全格局；强化海洋生态系统保护和修复，控制 177km 的海岸线。

3）实施"青山碧海、红花白鹭"的大花园城市战略

厦门青山绿水、碧海蓝天，三角梅、凤凰木花团锦簇，白鹭自由飞翔，处处体现大花园城市的勃勃生机。构建大花园城市，从市民身边的"衣食住行"做起，以人性化的尺度，建设多样化、多层级的花园；以绿色发展的理念促进经济发展和环境优化，完善城市功能布局；以美好环境建设为载体，加快健全均衡发展、覆盖城乡的基本公共服务体系；以完整社区为理念，建设温馨包容的幸福城市。

大花园城市战略具体从以下方面着手实施：①提升城市品质，发展文化、旅游产业。即利用厦门丰富的景观生态资源与生物资源，发展生态休闲观光旅游；发挥区域中心城市优势，大力发展会展、商务、购物、运动、休闲、疗养等高附加值旅游产业；发挥海洋资源优势，大力发展邮轮、游艇、海岛游等新型旅游产业；加强与周边城市的旅游合作，并提升现有旅游景点环境景观品质，完善旅游交通服务系统和配套设施。②优化城市功能布局。结合优美环境，形成产城一体、分工明确的城市功能布局（图 2-6）。③建设多层次、全覆盖的绿道系统。即深入组织实施绿道系统建设，沿着山体和海岸线构筑环山环海绿道，并依托溪流水系形成山海连通、全长 848km 的绿道网络。④构筑多样化、多层级的花园体系。即大力建设森林公园、郊野山地公园、溪流公园、湿地公园、环湖带状公园、滨海休闲公园、海

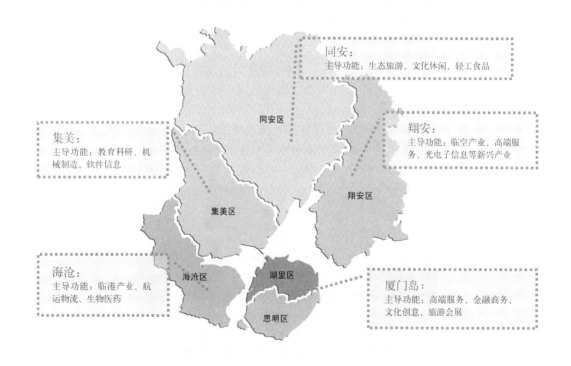

图 2-6　城市功能分区示意图

岛公园等多样化的花园，形成市、区、街道、社区直至房前屋后、街头巷尾、厂角库边的多层级的花园体系。⑤打造"公交＋慢行"主导的绿色交通体系。即构建以"地铁＋旅游轻轨＋BRT"为骨架、以常规公交为网络、以出租车和水上公交为补充的大公交体系，推行"走廊＋枢纽型"的运输组织方式，打造"公交都市"；建设高品质慢行专用道，结合轨道交通、公共交通站点建设公共自行车系统，积极发展水上交通，发展集约型旅游交通方式，营造"人性化"街道空间，发展多元交通模式。⑥塑造文明家园，建设完整社区。以花园城市建设为契机，发扬厦门良好的城市文明精神与社会风尚；加快文化建设，塑造和谐文明的共同家园；美化社区环境，建设完整社区；塑造花园式的城乡社区空间环境，加强社区基层民主建设，建设完整社区。⑦完善公共服务设施，提升公共管理水平。完善教育、医疗卫生、文化体育等基本公共服务配套设施，实现基本公共服务一体化；转变城市管理理念，改进政府提供公共服务的方式，建设服务型政府；创新社会治理方式，充分发挥企事业单位、人民团体和社会组织的社会治理和服务职能。倡导精细化、人性化社会治理，提高城市管理科学化水平。

为保障规划各项内容的实施，切实将战略构想落实于行动中。战略规划基于愿景、目标与战略内容，编制"美丽厦门"十大战略规划。即①产业升级行动计划。着力于通过千亿元产业链（群）培育工程、主体功能和产业布局优化工程、创新驱动发展工程、绿色低碳发展工程、都市现代农业提升工程的实施建设，围绕主体功能拓展，优化产业布局，营造优势促进差异发展。②机制创新行动。着力于通过考核评价机制创新工程、招商和财税机制创新工程、行政运行机制创新工程、社会治理机制创新工程、开放机制创新工程的实施建设，围绕建设"美丽厦门"目标，推动重点领域和关键环节先行先试，实现改革开放新突破。③收入倍增行动。着力于通过就业创业工程、增收增效工程、社保提升工程的实施建设，建立健全适应产业发展、城乡一体化的就业创业服务体系，拓展城乡居民增收渠道。④健康生活行动。着力于通过教育提升工程、医疗康体工程、住房安居工程、便捷交通工程、城市配套功能完善工程的实施建设，实现岛内外"规划一体化、基础设施建设一体化、基本公共服务配置一体化"，完善城市功能、提升城市品位。⑤平安和谐行动。着力于通过城市公共安全工程、社区治理提升工程、社区服务优化工程、社区活动拓展工程、美丽村居创建工程、法治城市创建工程的实施建设，将厦门建设成为发案少、秩序好、社会和谐稳定、群众最具安全感的平安城市。⑥智慧名城行动。着力于通过宽带厦门工程、信息惠民工程、智慧产业工程的实施建设，建立信息化引领促进新型工业化、新型城镇化和农村农业现代化"三化"融合发展机制，以信息化引领城市发展空间拓展、产业结构调整和发展方式转变。⑦生态优美行动。着力于通过生态功能区建设工程、生态廊道建设工程、蓝色海洋建设工程、绿色城乡建设工程的实施建设，切实保障生态安全，提升环境质量，全面推进资源节约型和环境友好型社会建设。⑧文化提升行动。着力于通过城乡居民精神塑造工程、文化活动拓展工程、文化实力提升工程、文明创建深化工程的实施建设，提升市民的道德和文明素质，不断丰富群众的精神和文化生活，加快推动文化事业全面繁荣和文化产业快速发展、创新与多元文化融合。⑨同胞融合行动。着力于通过打造两岸经贸合作大平台工程、打造两岸交流交往大舞台工程、打造两岸直接往来大枢纽工程、打造两岸温馨包容大家园工程的实施建设，深化两岸经济、文化、科技等各领域交流合作，建设两岸经贸合作最紧密区域、两岸交流交往最活跃平台、两岸直接往来最便捷通道、两岸同胞融合最温馨家园。⑩党建保障行动。着力于通过固本强基工程、队伍提升工程、人才特区工程、鹭岛清风工程的实施建设，为全面深化改革、推进实施"美丽厦门战略规划"、实现"两个百年"

奋斗目标提供有力保障。

《美丽厦门战略规划》从厦门过去与现在的发展演变入手，明确美丽厦门发展的愿景与目标，制定切合发展实情与需求的发展战略，并通过行动计划内目标与策略的拟定，保障规划的推进与落实。其兼顾城市空间建设发展与机制体制创新，从本质上讲，不是一张简单的规划图，而是全市的统筹规划；不是一次简单的规划，而是完整的社会工程建设；不是一本简单的图册，而是指导各部门工作的行动纲领。

3. 美丽厦门发展转型的新机制与新动力

在《美丽厦门战略规划》的指导下，厦门积极探索转型发展的新机制与新动力。《美丽厦门战略规划》明确保护好生态环境，集约和节约利用资源，是厦门发展的必由之路。面对多项规划内容矛盾，地块功能不明确而导致的环境破坏、资源浪费的问题，厦门通过一系列对可持续发展新机制的探索与实践，确保厦门生态保护和资源节约落到实处，实现遵循自然规律可持续发展。如①多规合一，让生态红线真正落地。即进行"多规合一"的探索，建立"四个一"模式。一是形成一张图，即使经济社会发展规划、城乡建设规划、土地利用规划等多个规划的重要空间参数一致，在此基础上形成"多规合一"的一张图；二是搭建一个平台，建立全市统一的"多规合一"空间信息管理服务平台，实现国土、规划、建设、发改等各部门的业务协同管理；三是合成一张表，利用协同平台，实行一表式受理审批，项目审批时长大幅缩短；四是完善一套机制，建立部门业务联动制度、监控考核制度、优化建设项目审批制度、动态更新维护制度等，使"一张图"的动态管理真正运行起来。②实施主体功能区规划，让该干什么的地方干什么。综合考虑自然生态状况、水土资源承载能力、区位特征、环境容量、现有开发密度、经济结构特征、人口集聚状况等多种因素，按照生态区、产业集聚区、城市生活区三类主体功能区，对全市空间进行主体功能划分，细化到各区、镇街。对各主体功能区，按优化提升、重点发展、协调发展、生态保护四种开发方式，明确各主体功能区开发策略。③创新考核和财税激励机制，让能干什么的人干什么。探索建立与主体功能区相一致的政绩和干部综合考核评价机制，按照各区主体功能定位，实行差异化的考核指标体系。实行税收共享和财政保障激励机制，对市级园区和跨区域投建园区收入分配，实行属地化分成办法，从而既调动各区、镇街积极性，又避免各区、镇街间无序竞争。探索"百姓富、生态美"途径，让生态红线真正落实。一方面加大力度推进城乡基本公共服务一体化，另一方面通过发展现代都市休闲农业、完善土地流转收益分配制度、帮助农民拓展就业创业渠道等，努力在保护生态的同时实现百姓富裕。

在明确厦门转型发展新机制的同时，基于对城乡、工农业与城镇化发展矛盾统一的认识，厦门市按照十八大提出的"促进工业化、信息化、城镇化、农业现代化同步发展"的要求，提出以工业化为动力、以新型城镇化为载体、以农业现代化为基础、以信息化为手段，统筹发展，以此协调、平衡发展，从而把城市建得更像城市、农村建得更像农村，把工业做得更强、农业做得更优的科学发展的路径与目标。为形成科学发展新动力，厦门发展着力从以下几点入手：①加快农业现代化。即从以发展都市型现代农业为重点推进生产方式现代化；推广设施农业；培育休闲观光农业，发展一批集生产、生活、生态于一体的休闲、旅游和观光农业；实施龙头带动，培育影响力强的农业产业化龙头企业等方面入手，推进农业现代化进程。②大力推进工业化。即大力发展先进制造业、现代服务业和战略性新兴产业，以抓龙头、建园区、优环境、促创新，推动产业集群化、高端化发展。③积极推进新城镇化。即坚持以人为核心，按照主体功能区规划，合理规划城市和农村，通过完善基础设施、提升服务配套、加快美丽乡村建设等，加快新型城镇化建设。④大力发展信息化。即以创建国家信息消费示范城市为载体，通过信息化与工业化的深度融合、信息化与人民生活的紧密结合，依托高标准信息基础设施建设，大力发展软件信息服务、电子商务与现代物流等行动，加快产业升级，提高人民生活质量。

《美丽厦门战略规划》以及美丽厦门发展转型新机制与新动力的探索，为厦门美好环境与和谐社会共同缔造的推进与发展奠定了良好的基础，进一步实现了对美好环境与和谐社会共同缔造内涵的挖掘与深化。

2.2.2 "美丽厦门共同缔造"行动

在美丽厦门发展的新战略、新机制与新动力探索的基础上，厦门市开展"美丽厦门共同缔造"行动，对美好环境与和谐社会共同缔造的发展理念进行深化推进与创新实践，秉承国家治理能力与治理体系现代化的要求，探索社区治理创新路径，凝聚包容性发展新合力。

"美丽厦门共同缔造"基于对十八大重大战略部署和习近平总书记系列重要讲话精神，坚持以人为本的发展理念，以《美丽厦门战略规划》为引领，以群众参与为核心，以培育精神为根本，以奖励优秀为动力，以项目活动为载体，以分类统筹为手段，着力共谋共建共管共评共享，统筹推进经济、政治、文化、社会、生态文明建设，实现让发展惠及群众、让生态促进经济、让服务覆盖城乡、让参与铸就和谐、让城市更加美丽。在此基础上，通过如下工作重点，实现共同缔造目标：①机构设置。即组建市、区、镇（街）、村（居）各级牵头协调机构，建立市筹划、区统筹、镇（街）组织、村（居）为主负责实施的工作体系。②建立群众参与机制。即搭建群众参与的信息化平台，拓展市民评审团、市民调查、群众论坛等群众参与形式，广泛听取、充分吸纳各方面建议和意见，充分调动全社会智慧和力量。③创新党群工作模式。以深入开展群众路线教育实践活动为契机，着力转变干部作风，密切联系群众，提升工作效能，夯实基层基础，为建设"美丽厦门"提供坚强的组织保障和干部、人才支持。④统筹各类资源。发扬特区解放思想、改革创新精神，着力先行先试，以转变发展方式、理顺政府职能、创新社会治理、改善公共服务为重点，创新工作的理念思路、工作机制和手段举措，统筹发挥群众主体作用与部门规划、协调、服务职能，整合并有效利用各种资源。⑤培训示范。以市、区委党校为主阵地，以培训干部、社区工作者为重点，分级开展专题培训，保障工作顺利推进。⑥评比考核。制定分类评级标准，实施主体自评、镇（街）助评、区审核、市核定的评审机制，进行动态管理，建立有效激励机制。⑦以奖代补。统筹确定"以奖代补"项目，建立"以奖代补"机制，鼓励广泛的群众参与。

对美丽厦门共同缔造的深入认识，是美丽厦门共同缔造推进的重要保障。美丽厦门共同缔造是践行党的群众路线的具体行动，是实现城市治理体系和治理能力现代化的现实基础，也是推进"五位一体"发展的统筹平台。开展美丽厦门共同缔造，实质就是坚持一切为了群众，一切依靠群众，从群众中来，到群众中去。政府部门应了解群众的实际需要，突出群众的主体地位，真正把群众对美好生活的向往作为政府工作的基本出发点和落脚点。

发动群众参与是美丽厦门共同缔造的关键和重点。在共同缔造的实践中，广泛推动了社区与村居的共同缔造，实现了由试点探索、典型培育向全面推进的转化。通过创新活动载体，完善激励机制，建立典型示范，有效地发动和吸引群众的参与。

机制体制的创新和完善，是美丽厦门共同缔造工作的重点。首先，通过加强顶层设计，不断完善试点方案，指导实践工作。其次，加强基层创新，根据各自实际大胆探索，加大信息化技术应用，形成可学习、可复制、可推广的体制机制体系。最后，进一步简政放权，为群众提供精准有效的服务和管理，同时大力培育社会组织，壮大志愿者队伍，为创新社会治理奠定坚实基础。

美丽厦门共同缔造是社会治理体系与治理能力现代化的厦门模式，以参与促进居民融入、以服务满足群众需要。即把群众对社区的关心转化为参与社会治理的热情，使群众在参与社区建设的过程中融洽融入。并通过资源下放到基层与社区，为社区组织提供人、物、权，以此管理社区、服务居民，形成以创新社会治理、促进包容性发展为主要目的的社会实践，发动群众从身边的小事、房前屋后的实事、兴趣相投的活动等做起，共同缔造美好人居环境与融洽邻里关系，使社区成为温馨家园、居民融为一家亲人，互帮互助，实现让参与铸就和谐。美丽厦门共同缔造与社会治理的关系表现在：

（1）新的政府治理，形成纵向到底的服务管理机制。政府改变"包打天下"的思维定式，将工作重点集中到以科学合理的方式提供优质公共服务上来，通过简政放权、厘清各层级职责边界、改进公共服务提供方式、健全服务网络，建立纵向到底的服务管理机制，使服务进家入户。对市区镇（街）村（居）纵向各层级的关系和横向各类组织的关系及其职能定位进行梳理，理出"社区协助政府事项清单"和"社区自治清单"，梳理各级各部门职能，并实行"以奖代补"、政府购买服务等机制，对社区建设和服务项目予以激励和支持。

（2）激发各方参与，形成横向到边的协同治理机制。充分发挥群众参与治理的基础作用，激发社会组织活力，统筹各方资源，形成横向到边的协同治理机制。通过搭建载体平台吸引群众参与，培育社会组织发动群众参与，统筹各方资源拓展群众参与，完善制度机制保障群众参与，促发居民主动参与到共同缔造中。

（3）塑造公共精神，把社会主义核心价值观落细落小落实。从群众身边的小事、实事做起，促进党群干群、新老居民、两岸同胞的融合，使群众和政府关系从"你和我"变为"我们"，居民行动从"要我做"变为"我要做"，社区建设从"靠政府"变为"靠大家"，社区居民从"陌生人"变为"一家人"，在厦台胞从"台湾人"变为"厦门人"，形成"勤勉自律、互信互助、开放包容、共建共享"的精神。

为持之以恒地纵深推进共同缔造工作，保护、延续与创新群众的缔造成果，则要进一步完善共同缔造工作的组织领导机制和工作推进机制。要把美丽厦门共同缔造与干部作风建设紧密结合起来，与改善群众生活条件、提升群众生活质量紧密结合起来，让群众真正感受共同缔造的成果，持续激发群众的参与热情，不断丰富推进社会治理体系和治理能力现代化的实践内涵，加快把厦门建成美丽中国典范城市。

"美丽厦门共同缔造"行动将"美好环境共同缔造"以人为本、关注民生，强调群众参与与群众利益的内涵，渗透在社区建设与发展的方方面面。从云浮到厦门，是"美好环境共同缔造"理念深化与提升的过程，也是其不断推进城市转型与发展的过程，"美好环境与和谐社会共同缔造"成为城乡规划变革的突破，为城市科学合理、可持续发展指明了方向。

第3章

美好环境与和谐社会共同缔造的思考：认识论和方法论

创造良好的人居环境，是人类自古以来的梦想，也是人类生存的基本需求。建设美好环境，本质是建设人居的美好环境，是面向大众、面向社会居住环境的改善与提高。吴良镛先生认为，美好环境建设的出发点是关心人，其目标是"建设可持续的宜人的居住环境"，是"为人民创造良好、健康、有文化的居住环境"（武廷海，2003）。美好环境的建设并非追求单纯的物质空间建设，而是抛却浮于表面的奢华，追求人类实实在在的幸福。人居环境建设与社会生活息息相关，美好环境建设必须通过生产与生活的实践来实现，在此过程中社会关系得以形成与完善。因而，创建和谐社会必须从美好环境建设做起，美好环境成为凝聚社会共识、促发共同参与、重构社会关系，进而推进社会进步与和谐发展的重要载体，是创建和谐社会的前提与手段。

美好环境与和谐社会共同缔造，与传统城市开发建设行为不同。其目的是摆脱传统单纯以投资与建设为目的的城市发展，把城市建设视为一个面对社会、环境变化的政治、经济、文化的管理过程。正如吴良镛先生所说："人居环境的核心是人，是最大多数的人民群众，人居环境与每个人的利益密切相关，创造有序空间与宜居环境是治国安邦的重要手段。在城镇化进程中，住房、特别是社会住房，并不单纯是一个盖房子的问题，而是与城市的全面、整体和持续发展紧密相关的安居工程，涉及经济、社会等多个领域的体制改革"（吴良镛，2014）。美好环境是自然与人文和谐共融的空间，也是个人与多领域发展并重的空间。因而，美好环境早已突破单纯物质空间的概念，而成为涉及经济、政治、社会、文化与生态等多方面学科研究及建设发展的"整体"。这要求美好环境建设秉承中国视万物为整体，整体内部息息相关的哲学思想，坚持整体论与还原论辩证统一的方法论，切实落实科学发展与"五位一体"全面发展中"统筹兼顾"的核心理念。

3.1　认识论

美好环境共同缔造以建设以人为本的城市为目标，不仅体现了马克思的人与自然、社会与自然的关系，还体现了以人的尺度和人的需求为导向的城市建设，是以人居环境科学为基础对理想城市进行追求的具体行为。

3.1.1　人类的追求与探索

从某种意义上说，一部人类发展史就是人类不断认识自然规律、追求与探索建设美好环境的过程，是人类不断探索与描绘理想家园蓝图，并付诸实施的过程。自古以来，伴随社会经济发展的不断演变，中西方国家对美好环境的追求与探索从未停止。由于发展路径与背景的差异，中西方国家对美好环境的认识不尽相同。然而，以"人"为人居环境建设之核心，对人与社会、自然和谐统一，共同发展的重视，却成为中西方对美好环境贯穿古今，一脉相承的理解与认识。

1. 城乡规划的乌托邦源泉

一个世纪以来，西方城乡规划的诸多设计构想与规划思考，不仅是技术层面的构思，也同样是基于社会理想而试图寻找的人类社会的理想城市蓝图，是社会变革思想在物质环境上的表达（刘宛，2004）。在工业革命带来的城市问题与社会矛盾激发的背景下，乌托邦思想承载人们基于发展现实的批判与对未来发展的美好愿景应运而生。

乌托邦将城市视为生动的社会空间而非机械的物质空间，强调城市的社会属性以及城市与自然的结合，以没有纠纷，人与人、人与自然和谐共存的理想国度为目标，期望人类从对道德价值与公正的感知出发，通过实际行动克服问题，不断接近共同期望的理想世界。乌托邦思想是对空间形态美学的研究，更是城市借助空间建设重构社会的实践，是社会空间的变革，其作为人们对理想城市的最初想象，促发以此为社会理想的规划理念的发展。

城乡规划的出现直接源于乌托邦的社会变革浪潮。19世纪，在工业革命推动下的英国，进入史无前例的快速城市化时期。由于大量农村劳动力涌入城市，城市人口与用地规模急剧膨胀，城市市政设施、住房建设与交通条件难承重压，导致大量贫民窟产生，公共卫生脏乱、空气与水源污染、就业与贫困等问题突显。严酷的居住条件与严重的社会问题激发社会变革，人们在对城市的不满与批判中，寻求真正美好的社会空间，乌托邦思想由此萌生与发展。为改善工人阶级的工作、生活条件，罗伯特·欧文带头进行田园运动实践，缔造著名的新兰纳克模式，成为乌托邦思想为现代社会寻找新兴城市模式的社会实践（尼格尔·泰勒，1995）。

人类运用自己与生俱来的想象力，在对乌托邦的思考过程中，将人类最珍贵的价值观进行具象化表述，一定程度上避免世界向令人厌恶的方向发展。正如乌托邦思想的奠基人托马斯·莫尔所言，乌托邦是人类思想意识中最美好的社会，是"理想世界"。城市的社会属性以及城市与自然的结合，是这个"理想世界"的核心所在（托马斯·莫尔，1516）。乌托邦思想认为城市并非机械的物质空间，而是生动的社会空间。社会与空间的强制分离，破坏了良好的社会关系与社会秩序，导致各项社会制度的建设脱离实际而缺乏合理性与持续性，复杂的社会问题由此积累与爆发（叶超，2009）。而良好的社会空间则是与自然相融合的城市。

"自然指示我们过舒适的、快乐的生活，是我们全部行为的目标"，莫尔在著作《乌托邦》中的阐述，表明自然于城市的重要意涵：自然指引城市构建宜居宜业的美好环境，同时暗含和谐融洽的社会环境（金莉、熊宇，2009）。乌托邦虽非真实的国家，却是虚构中的理想国度。这个理想国度以城市的社会属性以及城市与自然的结合为核心，因而拥有至美的一切：没有纠纷，人与人、人与自然和谐共存。因此，乌托邦思想是空间形态美学，更是城市借助空间建设重构社会的实践。

乌托邦从批判与建设的视角出发，是基于现实批判而对未来发展的美好展望和设想，具有对现实的批判性和对未来的指向性。在这种视角的背后，是乌托邦对人类价值的尊重与解放：对现实的批判是人类表达道德价值与公正感知的媒介；对未来的思考则鼓励人类在社会范围内行使自己的权力，不断接近共同期望的世界。乌托邦是人类立足现实所描绘的美好生活愿景，激励人们通过实际行动清除障碍、解决问题，实现所望。基于产生的特定背景，乌托邦重视健康和卫生，重视生活质量，重视城市社会制度的建设。其将批判的矛头和城市问题的根源直指当时的社会制度，并设想一种基于公有制的城市和城乡关系模式，以期实现城乡一体化的平等发展（叶超，2009）。因而，从更深层面来看，乌托邦超越空间的形态美学与基本的社会实践，成为一个社会空间的变革。

乌托邦思想所表达的对美好人居环境理想蓝图的描绘，以及借助空间建设重构社会实践的意涵，成为城乡规划进步与发展的重要基石，也成为其发展至今被广泛视为仍需秉承与发展的本质内容。乌托邦思想作为城乡规划发展重要的源泉之一，也成为规划思想，特别是西方城乡规划思想不断进步与发展的指导思想。

2. 霍华德的田园城市

19 世纪末、20 世纪初，现代城市规划先驱霍华德先生提出的田园城市，成为现代城市理想空间的代表。其所谓的田园城市，所表达的不仅仅是孤立的田园城市，更是区域协调、城市结构形态完美，同时"无贫民窟无烟尘"的社会城市。在霍华德的理想空间中，几何式的自然景观和都市景观保持了相互的平衡与和谐，生活集聚于城市但趋于保持农村景观。霍华德按照田园城市模式，推动莱切沃斯和韦林的建设，成为城乡规划的理论家与实践家。

1）田园城市的社会变革内涵

尽管作为现代城乡规划理论的创始人，霍华德的"田园城市"理念，是对 19 世纪乌托邦主义最完整和核心的体现（马万利、梅雪芹，2003），但提及田园城市，人们的讨论大多集中在其空间形态上。霍华德认为，城市环境混乱而无序，却为大量人口提供了丰富的经济和社会生活、机遇与方向。乡村可提供新鲜空气和自然环境，但因受到农业衰退的影响，无力提供足够的工作、薪酬以及社会生活。因此，应通过城乡一体化发展，以乡村作为自然的具象物，实现乌托邦思想中城市与自然的结合，这是"三磁铁模型"的基本意涵。基于此，霍华德提出田园城市模型，即通过城市人口、面积、设施与用地的规模与布局的界定、设计，建设兼具城乡优势的田园城市。同时，通过快速交通线路的建设，串联中心城市与周边新城，建设由田园城市组成的"社会城市"城市群。

但长久以来，人们误读了霍华德的思想意涵。人们一直将霍华德视为致力于物质性规划的规划师，田园城市理论被作为指导城市物质空间建设的思想而被广泛讨论与应用。事实上，如金经元所说，霍华德的田园城市是"针对当时英国大城市的弊端，倡导的是一次重大的社会改革"。如今，人们更熟悉其著作《明日的田园城市》，殊不知其原名为《明天：一条通往改革的和平之路》，所表达的意涵与乌托邦思想一致，即田园城市不是对形象美学的单一讨论，而是借助物质空间建设，解决社会问题，重构社会结构的社会变革（金经元，1996）。

霍华德强调城乡一体化发展，指出城市的社会文化生活与其经济功能同样重要，其所表达的对乡村生活的怀念，不仅是出于对乡村美好环境的追求，更是对乡村的社会关系及自由生活的依恋，是对乡村传统社会结构的向往。彼得·霍尔谈到，人们将田园城市与汉普斯特的田园郊区及众多模仿者相混淆，指责其企图将人民视为棋盘上的棋子一样移来移去，然而"霍华德所梦想的是一种自愿的自治社区"（彼得·霍尔，1987）。田园城市模型中描绘的 2 万～3 万人规模的小城镇，实际上是独立、稳定、相对自给的共同社区。这个社区的建设与发展基于集体所有的土地制度，依托于"广大劳动人民"的共同努力，是"一些将资本主义社会改造成为无数个合作公社这一持续过程的载体"（引自彼得·霍尔的《明日之城：一部关于 20 世纪城市规划与设计的思想史》），是在城市空间内构筑乡村社会固有的紧密、融洽的社会关系及集体精神的创新。

霍华德的"田园城市"并不是他所倡导建设的城市的全部，而是他的"社会城市"的一个局部。社会城市实际上强调的是"社会—空间"的"二元"总体，是倡导用城乡一体的新社会结构形态取代城乡分离的旧社会结构形态的社会改革思想。

2）田园城市的"万能钥匙"

霍华德田园城市的社会改革思想，在其于著作之初所绘制的，用以解决城市难题、开启美好城市大门的"万能钥匙"中有集中的体现。以土地改革、市政改革、改进住房、建设妇女慈善机构、建立老年抚恤金等一系列社会制度为把手，以基于科学与宗教的各项城市建设活动为杆，以城乡一体化的新城市的自由结合、土地公有、社会之爱与自然之爱的特质为榫头，体现了霍华德万能钥匙的内涵：万能钥匙的核心是"社会—空间"的二元结构思想，其工具是科学与宗教衍生的制度。社会、空间成为田园城市的核心要素，制度则作为最重要的支撑要素，为田园城市的建设与实施提供保障（图3-1）。

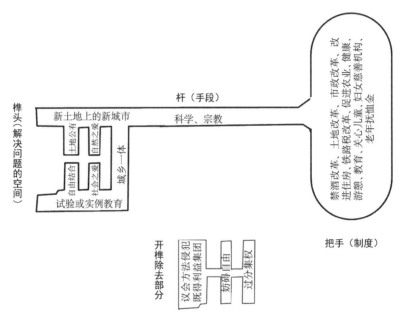

图3-1　田园城市理论应对城市难题的"万能钥匙"

（资料来源：（英）埃比尼泽·霍华德.明日的田园城市[M].金经元译.北京：商务印书馆，2010）

从空间层面上看，诚然，人们将田园城市的意涵仅视为城市物质层面的建设是对其核心思想的误读，然而，城市空间的建设在田园城市中确有重要意义。"城市这个有机体和人一样，真正的风貌在于内在素质的反映，浓妆艳抹于事无补，只能进一步揭示自身的内心世界"，金经元以此强调城市社会的重要性，对单纯的城市美化运动、卫生运动等予以批判，但也指出，霍华德思想并非对空间建设予以全盘否定，而是认为"有什么样的社会，就有什么样的城市。要创造什么样的社会，就要建设什么样的城市"，即社会影响空间，而空间反过来亦会影响社会，服务于特定社会目标的空间建设是必要的，也才是有意义的。

霍华德认为，工业时期英国城市的卫生问题，其产生且难以解决的缘由，归根结底是工业革命带来的空间混乱。在他看来，城市作为文明的象征和进步的化身，应当是有秩序的（肯尼思·科尔森，2001）。当空间有秩序时，围绕其展开的社会生产与生活活动才能顺利开展。因此，霍华德提出通过空间设计满足人们回归自然的社会需求，以良好的空间建设与布局，精妙地处理其背后复杂的社群利益，实现田园空间与社会空间的良性互动，或者说使得田园空间成为良好的社会空间，建设人们安居乐业的美好城市。这正是霍华德描绘诸多理想城市空间蓝图的目的所在，即向人们传达这样的思想：通过科学、合理的城市空间建设，促发其背后和谐社会的形成与发展。这正是田园城市理论中空间建设有别于城市美化运动等仅注重形象美学的城市建设行动的关键。田园城市的空间建设并非简单的空间设计，而是建设社会发展的空间载体。

从社会层面上看，田园城市是社会和谐、均衡的人民城市，是城市内不同群体通过社会自治、共治，形成社会契约，以自觉维护有序的空间环境，并由此实现广大劳动人民根本利益的城市。这实际上是对田园城市社会意涵的界定与描述。

罗西在谈及田园城市时指出，"城市从来就不是实用和功能的集合，田园城市等同于一种现代的空间——社会机制，必然存在围绕价值问题，旨在形成长期有效的社会契约"（罗西，1970）。这种契约包含了土地利用和景观法则的"保护性限制"契约，是人们针对城市空间建设达成共识而自愿遵守相关规则，从而维护与保持田园城市合理的空间结构与形态的保障。

这种契约的形成有赖于社会自治与共治。因而，霍华德希望通成千上万个小规模的事情来完成，即需要"来自工程师、建筑师、艺术家、医生、卫生专家、园艺师、农业专家、调查员、贸易联盟友好合作社团的组织者，以及最简单的无技术工人和那些各种各样的无技术的人们等"的共同努力。这表达出田园城市以社会自治维持有条理的空间状况，并创造新的社会经济秩序；充分结合地域景观特色的社区设计理念，以实现田园城市中的美好环境和完整的社区生活的"共同社区"的建设理念，被彼得·霍尔视为"令人震撼的现代性，是一种伟大的远见"。

田园城市对社区"共同"概念的强调，体现出其对群众福利的重视。田园城市中，城市与福利结合在一起，希望建设自爱的社会，使人们更多地关注同伴的福利。其所关心的不是如何迎合权势者的私欲，也不是解决城市某些局部的问题，而是在明确城市未来发展的大方向，是依靠城市基本活力之所在，即广大劳动人民的基础上，"提醒人们不要陶醉于当前城市的亮丽外表而不求进取。以贪婪为动力，不关心绝大多数人民利益的城市，不可能真正促进社会的繁荣"，切实满足人民需求，实现人民利益。

田园城市的核心在于空间设计与社会契约的相互协调，互为支撑（罗伯特·福格尔森，2000）。空间环境的建设为形成长期有效的社会契约奠定了基础，而社会契约是建设与维护美好的城市环境的重要前提。两者的共同发展依托于广泛的社会自治、共治，其动力与目标在于实现最广大人民的根本利益。这是田园城市有别于 19 世纪英国工业城市的关键。田园城市以建设社会、惠泽人民为导向。

从制度层面上看，乌托邦思想认为城市问题的根源是社会制度的不当，因而正如"万能钥匙"所绘，城市社会与空间的建设需要制度改革为前提及保障。霍华德以制度的"有序化"，作为田园城市建设的重要支撑。

如上所述，田园城市有赖于社会自治。其服务由城市政府或被证明更加有效的私人公司提供，其他则来自市民本身。芒福德对此解释道："田园城市的发展权必须由代表群众利益的权威机构控制，只有当权威机构拥有组合、划分土地的权利，并据此规划城市、控制建设时序、提供必要的服务时，城市发展才能获得最好的效果"，而"私人业主毫无规则的极限营建，将造成巨大的混乱，进而发展为严重的社会问题"（刘易斯·芒福德，1963），因此，田园城市的土地应属集体所有。这与资本主义土地私有化的主张相矛盾，故实现田园城市首先需要相应的制度变革，如土地改革来与之适应。

田园城市提出新的社会—经济系统，在此系统中，市民可通过使用社团或贸易联盟所提供的资金，自己建造自己的房屋，并反过来促进经济发展。这是解决社会衰退问题的有效方法，但其实现需要住房制度的相应变革予以支持。而田园城市对福利的重视，使关爱儿童、妇女慈善机构、老人抚恤金等福利项目与机构的建设变得尤为重要，作为相关事宜规范的制度，也因此需要调整或改变。同时，田园城市内一些无法依靠社会契约实现管理的事项，如产权等，则需要相关制度建设予以规定，对其进行"有序"的安排，从而巩固田园城市的建设成效。

可见，制度既是田园城市建设的前提与支持，同时又是维护其建设成效的保障，制度涉及空间建设与社会建设，制度变革与创新，将对城市空间、社会，及其"二元"总体产生积极的影响，并为其进步与发展提供有力支撑。

3. 理想城市的追寻 [1]

霍华德的田园城市思想，认为繁杂的城市问题源于过大的城市规模与过于集中的人口，故从"分散"的角度出发，期望通过建设均一规模的卫星城市，舒缓大城市压力。而勒·柯布西耶却将大城市的集聚效应视为城市的本质与核心优势，认为城市中心区人口密度过大、交通矛盾与绿地缺乏等城市问题，是由低密度的城市建设行为导致，故将目光从城乡区域回归到城市内部，主张以城市为核心，在常规的城市范围之内寻求合理的解决方案。其承认现代化技术力量对大城市发展的重要作用，强调从规划着眼，以技术为手段，提高城市中心区的建筑高度，向高层发展，增加人口密度（吴志强、李德华，2010）。基于此，柯布西耶提出集合居住、娱乐、购物、教育等功能的马赛公寓式建筑设想，并于1922年出版的《明日的城市》一书中，以巴黎市中心为实例提出"现代城市"的理想，主张以减少市中心的拥堵、提高市中心的密度、增加交通运输的方式、增加城市的植被绿化为原则，运用全新的规划与建筑方式改造城市（邹德慈，2009）。

基于对现代城市的思考与想象，1931年，柯布西耶在其著作《阳光城》中，提出"光辉城市"的规划方案。光辉城市强调通过用地分区调整城市内部密度，将城市人流从中心商业区合理地分散到整个城市。基于此，柯布西耶设想通过建设摩天大楼，降低建筑密度而提升人口密度，缩短人与人的交流距离，促发集体生活，在小用地上创造高居住密度的大城市；通过在城市中心区建立立体式的交通体系，以高效的新型城市化交通系统实现人车分流、舒缓交通拥挤，支撑高密度城市的发展。由此节约的土地，一则作为保障城市阳光照射与空气流通的重要廊道，二则用以建设公园、绿地、林荫道与大型公共空间等，从而提升城市活力与生活质量（孙施文，2007）。光辉城市作为柯布西耶现代城市规划和建设思想最集中的体现，承载了其对城市建设的"理想"，即通过用地分区、密度提升、交通更新与绿地建设等技术手段，于城市内部实现"乡村自然"与人工环境的和谐共融，创

---

[1] 本部分主要参考：吴良镛.人居环境科学导论[M].北京：中国建筑工业出版社，2001.

造接近自然的城市生活环境。

同一时期，面对大城市发展的问题，赖特提出"广亩城市"的理想城市模型，其延续霍华德"田园城市"的思想，强调城乡融合下人工环境与自然环境的和谐统一。但与霍华德、柯布西耶等不同，作为生于乡村的纯粹的自然主义者，赖特突破传统城市的所有结构特征，以大地为建筑基础，将自然视为人居建设的根本，主张通过高速公路等新技术使人们回归自然。广亩城市回归广袤的土地，依托遍布广阔田野与乡村的道路系统，分散布置居住单元，保障每个个体均能在 10 ~ 20km 的范围内选择其生产、消费、自我实现和娱乐的方式，形成分散而低密度的城市形态，将城市分化到农村之中（张京祥，2005），构筑一种完全融入自然乡土环境之中的人居，即赖特所说的"没有城市的城市"。

这种城市形态体现了赖特对城市中人的"个性"的重视，在相对独立的居住单元中，家庭和家庭之间留有足够的距离，以减少接触，保持家庭内部稳定。而为保障分散状态下人们生产生活的需求，赖特将广亩城市中单个的居住单元，设计为能够自给自足的"农庄"。居住单元分布在地区性农业的方格网格中，每户居民均拥有一英亩的土地以生产供自己消费的食物与蔬菜，居住单元间绵延着广袤的山地田野，依托高速公路与便捷的汽车交通实现联结，形成相互连续但相对独立的居住组团（孙施文，2007）。广亩城市的设想，在充分体现赖特对人、社会与自然和谐共处的追求之余，承载着其"让每一个人有权拥有一亩土地，让他们在这块土地上生活、居住，并且每个人至少有自己的汽车"的城市建设理想。这已超越对城市物质形态的构想，而涉及社会与经济事务的发展，描绘出赖特在人人享有资源之下所憧憬的社会生活模式。广亩城市的理想也因此得到延续，成为以欧美为代表的国家内中产阶级"梦想"的居住形式，成为郊区化运动开展的根源。

伴随城市单体的不断规划与建设，越来越多的规划学者意识到，城市的发展早已超越传统意义上的城市范围，而融入其所属的区域之中。区域已逐渐成为城市增长的基石，为城市发展提供基本动力。城市与乡村，作为相互交错连绵的居住形态，其一体化发展，成为 1940 年代区域发展讨论的核心议题之一，以芒福德为代表的部分规划学者成为相关实践的主要推动者。芒福德提出："城与乡，不能截然分开；城与乡，同样重要；城与乡，应当有机结合在一起。如果问城市与乡村哪一个更重要的话，应当说自然比人工环境更重要。"这种蕴涵城乡一体化发展精髓，促发人与自然和谐统一的区域规划思想，芒福德认为在"区域城市"模式内得到了良好的体现，而对此长期推崇（张伟，2009）。

"区域城市"的设想诞生于 1942 年，由亨利·赖特与克拉伦斯·斯坦因提出。这种区域城市取代传统大城市的形态格局，通过建立整体化的、清晰的区域交通网络，在交通轴交叉点形成有边界的紧凑的城市有机体，由此形成的大、中、小型城市群体在特定空间内集聚，呈现区域化的空间形态特征。区域城市内各个城市都具有支持现代经济生活和城市基本设施的规模，每个城市除居住功能之外，还具备几项为该城市组群服务的专门职能，如工业和商业、文化和教育、金融和行政、娱乐和休养等，从而形成多个具有专业化功能的团块状城市（图 3-2）。而城市与城市之间绵延的区域土地，则被设计为农业休闲用地，成为铺衬于城市人工空间之间的相对集中与完整的自然空间，实现城乡的有效衔接与融合。这种与交通轴交叉点相结合的城镇集聚、多中心城镇功能以及相对集中的空地系统的区域城市，是斯坦因等人对城市建设的理想构思，究其根本，仍表达出对人与自然和谐共融的城市生活与空间的追求。

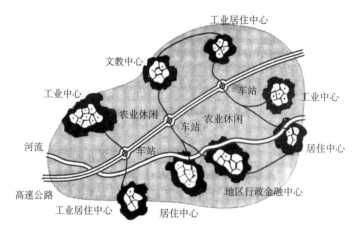

图 3-2　斯坦因的"区域城市"模型
（资料来源：吴良镛．人居环境科学导论［M］．北京：中国建筑工业出版社，2001）

　　不同学者基于不同时代背景与不同视角对城乡建设理想空间的想象，丰富了城乡规划的探索，却也导致规划思想缺乏有效统整，城乡空间体系碎化。道萨迪亚斯指出，"人们总是试图把某些部分孤立起来单独考虑，而从未想到从整体入手来考虑我们的生活系统"，应当将人类聚居环境视为一个整体，将其作为"整体的对象考虑"。基于此，道氏提出人类聚居思想，以不同尺度下"单元"的概念构建"人类聚居"体系，描绘世界人居环境景象。

　　基于自身丰富的实践经验，道氏根据人类聚居的人口规模和土地面积的对数比例，将整个人类聚居系统划分为人体、房间、住所、住宅组团、小型邻里、邻里、小城镇、城市、中等城市、大城市、小型城市连绵区、城市连绵区、小型城市洲、城市洲、普世城等由小至大 15 个单元，构筑人类聚居的分类框架。各单元之间形成 1∶7 的比例关系，呈现出与中心地理论相一致的人居等级分层体系。基于完整的世界人居体系，道氏提出建设幸福、安全、人性地发展、拥有平等的权利的安托邦城市。在《建设安托邦》一书内，为简明分析，道氏将 15 个聚居单元进一步归并为 10 个层次，并分别对其未来提出设想。

　　第一层次为家具，道氏认为未来家具应兼具自动化与多用途特质。如其设想一个墙面大小的组合柜，其关闭状态下为完整的壁画，开启时各部分可分别自动调整为读书办公的桌子、艺术品陈列架与电视柜等。第二层次为居室，道氏认为居室建设应能为人们提供尽可能多的选择，如居室内顶棚可自动调整，创造或开敞的露天空间或隔绝的封闭空间。第三层次为住宅，道氏设想的未来住宅为两层楼房，前有花园，后有游泳池，前后院分别与人行道、车行道相连，可满足不同时间、不同家庭成员的不同活动需求。道氏"人类聚居"体系的第四层次为居住组团，其作为城市的基本组成部分，通过有人的尺度与人情味的公共空间建设，满足人们日常生活需求之余，为人们创造更多的接触机会。而第五层次即邻里，邻里之间由绿化带或交通干线分割，内部各类社交与服务设施完善，人车系统相互分离，形成相对独立，但内部功能完善的小规模人类聚居。

　　道氏设想人类聚居的第六层次为城市，第七层次为大都市，两者构成体系内中等规模人类聚居的部分。道氏设想，未来城市是人口约在 5000～20 万人之间的非农业聚居，其建成区面积在 2000m×2000m ~ 5000m×5000m 之间，实行水平发展。城市建筑物以低层为宜，其中心设有文化娱乐与商业服务设施，以加顶的交通走廊串联整个城市。与之相比，大都市人口规模在 20 万 ~ 1000 万人之间，有完整的自然系统，完善的生态保护体系，以及合理、有序而系统的社会结构，所有建筑物和交通系统以人类需求为原则建设，按照层次分布。

城市连绵区位列第八层次，其规模巨大，超越人的尺度，主要由人类生活区、工业区、垦殖区等几类核心用地构成，用地分布相互协调且平衡。在城市连绵区之上，道氏设想建设基于整个大陆形成的统一的城市系统，称之为城市洲。全欧城市的城市洲建设设想，表达出道氏对自然与人文协同的追求，以及对有序城市体系的推崇。全欧城市构筑以整个欧洲大陆为基础的统一城市系统，其形成与发展，以地理和经济因素为主要基础，人们顺应这一趋势在城市建设过程中发挥一定的影响作用，如尽量保护自然的生态系统，组织起正常的交通联系与协调的社会结构等，在人工与自然相互协调的基础上，实现有序城市系统的建设。人类聚居的最高层次为普世城，是一种"世界大同"的人类聚居模型，其已不仅仅是新的聚居形态，更多地意味着新的生活方式和社会结构，是各种力量、各个因素间平衡发展的"世界人类聚落"。城市连绵区、城市洲与普世城共同构成体系内大规模的人类聚落。道氏的人类聚居思想，构筑融贯微观、中观与宏观人居的聚居架构，体现其对不同尺度聚居空间理想蓝图的想象，呈现由小及大有序而完整的聚居想象。从微小的家具、房屋与住宅，到中观的组团、邻里与城市，再到宏观的城市洲，道氏的人类聚落思想均体现对人的尺度、人的需求以及生态保护的重视，其普世城的理想更直接地表明其对人、社会与自然和谐共处的人类聚居的追求。

从光辉城市、广亩城市到区域城市、人类聚居学，不同的思想理论与城市模式，其理想状态均与当时当地的城市发展问题相对应，人们出于解决或缓解城市问题的目的，不断对自己所憧憬的城市空间与体系进行想象，从而开启了对城乡规划不断探索的过程。这些"理想城市"模型通过不同的城市建设手段、空间布局与体系架构等进行搭建，核心均在于不断完善与复描城市建设的理想蓝图，其根本在于协调人、社会与自然的关系，形成人、社会与自然相互融合、和谐统一的城乡建设局面。

3.1.2　人、社会与自然

美好环境共同缔造的核心来自马克思的人与自然，自然与社会的观点。马克思认为，自然，是"一切存在物的总和"，而"现实的、有形体的、站在稳固的地球上呼吸着一切自然力的人"，是"自然界的一部分"，是"直接的自然存在物"。因此，人与自然之间固然有着密切的联系，"人靠自然界来生活"。与此同时，由于"人作为有生命的自然存在物，具有自然力、生命力，是能动的自然存在物，这些力量作为天赋和才能、作为欲望存在于人身上"，因而，"人懂得按照任何一种尺度进行生产，并且懂得怎样处处都把内在的尺度运用到对象上去"，即进行"以自身的活动来中介、调整和控制人和自然之间的物质变换"的生产实践过程。在生产过程中，"人创造自然，同样自然也改造人"，人与自然最原始关系的产生以生产为中介。因而，理清人与自然之间的关系对于人类的进步与发展有着重要的意义。

1. 人、社会与自然的关系

人在自然界中最基本、最直观的存在，是作为自然元素的生物体，作为自然界长期进化发展的产物，人无法摆脱自己的躯体而存在，这一客观事实使人从本质上便与自然有了不可分割的关系，也使人从根本上无法摆脱对自然的内外依存关系，即人需要依靠自然来生存，需要通过占有和消耗外部自然，不断与作为一切存在物总和的自然进行物质的交换，以此来维持自己最基本的生理机能。

这种人与自然的物质交换活动即为人的生产实践活动。一方面，人作为自然界的一部分，在生产实践中，不可避免地受到来自于自然的植物、矿物等多种资源与要素的支持与制约（巩英洲，2010）。而另一方面，自然赋予人特殊力量，使其能够按照"人的尺度"来改变自然，创造环境。这种对自然进行创造与构建的过程，被称为"人化的自然"，是生产产生的重要前提。生产作为人与自然直接产生联系的中介，成为人与自然最原始的关系纽带。

人需要通过生产创造适合与满足人生存、发展与享乐的物质，也需要依托自然提供的外部感性世界创造文化与文明，自然作为人外部感性世界的存在，是人全部感性活动的对象。"自然界中的植物、动物，以至于空气、霞光等，无论是作为自然科学的研究对象，抑或是人文艺术的描绘对象，都是人的意识与精神生活的一部分。"因而，自然的变化，无论来自于自然自身的演化，抑或是人化的自然，均会对人产生重要影响，敦促人不断随之调整与改变个人的技能、劳动资料与劳动方法，应对自然变化所带来的挑战。自然在"人化"的同时，反过来对人进行限制和影响，形成"人自然化"的过程。

"自然人化"与"人自然化"的过程表明，人与自然是对立统一的关系。人是自然的一部分，同时可通过生产与自然建立联系，并对其产生影响；自然将自身与人为的变化反馈给人，促发人类技术、文化的演化与发展。人与自然的联系，成为人类与自然共同演变与发展的基础。

人与自然以生产为中介建立相互联系。这种生产活动并非个人活动，而有赖于社会大众的广泛参与。社会，作为人与人通过各类社会关系联合起来的集合，成为人与自然关系进一步深化的载体。

人通过生产活动维系生存。作为群体性动物，人单凭一己之力，难以完成满足生存与发展的各项生产活动，因而往往与特定个体与群体发生联系，即从属于"一个更多人的整体"。这个"更多人的整体"即为社会。人在社会中依托由相互联系产生的社会关系，通过共同活动或相互变换活动的方式，进行多样的社会生产，以此实现个人价值与真正的独立。可见，生产实践只有在特定的社会形式中，依托特定的社会关系才能得以实施。社会关系，作为生产关系，成为影响生产实践活动的重要因素与实施前提。因而，人与社会对立而统一。社会由人与人构成，随人与人社会关系的变化而变化；同时，社会为人提供生存与发展的基础，对人的生产活动产生影响。

人与社会的紧密联系，决定社会与自然必然密切相关。不同历史阶段中，不同的社会关系影响不同时期的实践活动，使得分立于生产两端的人与自然的关系发生变化，即人与自然的关系以人与人的社会关系为前提，受其规定与制约。人与人的社会关系某种程度上即为人与自然的关系。社会是人与自然相互影响的重要载体。

人、社会与自然的关系体现在人与社会关系发生变化的同时，促发自然随之而来的变化，自然在拥有自然性之余，具有社会性。自然的社会性，使自然反过来通过"人自然化"的过程，对特定社会关系的形成与发展产生影响，赋予社会自然性。自然与社会对立而统一。马克思将人类社会形态分为人的依赖性社会、物的依赖性社会、个人全面发展的社会，这样的划分基于特定的人与自然关系的产生，同样影响着当时当地人与自然关系的变化。

人类生产活动产生剩余，当生产剩余用于社会交换时，自然由第一自然转变为第二自然，即自然分化为"天然自然"与"人化自然"。此时，人与人之间有阶级的形成。受新的社会关系影响，部分个体并非依托自然进行生产活动，而是依托于社会关系进行社会生产。这种生产带来的解放，使人逐渐脱离自然，人与自然由以生产实践为中介，转变为以不均等的社会关系为中介。

社会阶级的形成隐含社会分化的过程，当社会分化不断加剧，一系列社会矛盾将由此产生。而人与自然的脱离，则为人类进步与发展带来更大的不确定性。当在经济利益与阶级利益的驱动下，人们为积累而积累，毫无止境地将自然纳入生产之中时，人与自然的原始关系发生变化，逐渐由对立与统一走向对立。诸如土地荒漠化、水资源枯竭、空气污染等一系列自然问题爆发，为人类生存与发展带来挑战的同时，恶劣的自然条件将对人的生产生活活动带来严重的负面影响，为人类进一步发展带来新的障碍。

人与自然关系的恶化则必然引起人与社会关系的恶化，形成螺旋式下降的循环。在此背景下，如何打破循环，实现人、社会与自然关系的和谐，成为核心思考的问题。

2. 人、社会与自然的发展观

人与自然、与社会均有密切联系，以人为媒介，社会与自然有了不可分割且更为深化的关系。人、社会与自然之间的密切联系，促发其相互关系的产生，是人类生存与发展的本质所在。从特定角度出发，从调整三者间某种特殊的相互关系入手，促发其他关系向合理的方向变化，是应对当前复杂发展问题的有效方法。

1）遵循自然规律进行生产实践，促发社会关系转变与发展

生产实践是连接人与自然的纽带。作为自然存在物的人，通过生产不断与自然进行物质的交换，从而与自然产生联系，成为从属于同样对立于自然的对象性存在物。生产成为人与自然最原始关系得以建立的中介。人不断通过生产活动推动着"自然人化"的过程，对自然产生或积极或消极的影响，这些影响将通过"人自然化"的过程反作用于人。因此，人类生产活动对自然的影响，实质上是对人类本身产生的影响，决定人与自然应当建立和谐共处的关系。遵循自然规律进行生产活动，是构筑这种和谐关系的关键。

遵循自然规律进行生产活动，要求人们尊重自然、善待自然、合理利用与开发自然，使其生产实践重新与自然挂钩。反映到城市建设中，体现在宜人的空间环境建设、绿色低碳的项目开发、合理有度的资源开采等诸多生产活动的变化，促发人与自然关系和谐化发展，使人从不断竞争的资源争夺中逐渐放慢脚步，其生产关系发生相应变化，人与人的社会关系走向和谐化。人、社会与自然得以实现和谐共处。

2）重构和谐共处的社会关系，促进人、社会与自然共同发展

人与自然的关系折射并影响着人与人的社会关系，同时，人与人的社会关系也制约与

影响人与自然的关系，使其随其变化而变化。当社会关系取代生产活动成为人与自然关系的重要中介时，社会关系对人、社会与自然的影响则更为显著。自然史与人类社会史本为一体，共同构成人类历史的两大部分，进一步突显社会关系的重要性。因而，重构和谐共处的社会关系，成为促进人、社会与自然共同发展的有效手段。

重构和谐共处的社会关系，要求人们首先打破有形与无形的隔阂，实现社会不同阶层间的交流与互动，依托政策引导、制度建设、组织活动等行动，逐渐拉近因社会分化而分离的各群体间关系。人与人之间社会关系的和谐化，将促进人们以更为合理的生产关系组织生产活动，并将这种和谐化的影响过渡到人与自然的关系中，促进人与自然发展的重新挂钩，实现人、社会、自然的共同发展。

遵循自然规律进行生产实践，重构和谐共处的社会关系，成为发展现实情况下打破人、社会与自然恶性循环的突破口，是实现人、自然、社会和谐发展的重要手段。

3. 美好环境共同缔造是人、社会与自然关系的实践

爱德华·格莱泽在《城市的胜利》一书中写道，"城市不是没有生命的建筑物，真实的城市是有血有肉的，而不只是钢筋混凝土的合成物而已。"美丽厦门共同缔造正是关注到城市建设中人、社会与自然和谐共处、共同发展的重要性，秉承以人为本的理念，强调发展不仅是建立人与人之间和谐关系的过程，也是建立人与自然之间和谐关系的过程。美丽厦门共同缔造倡导"有序空间与宜居环境"的结合，是对马克思主义视角下，人、社会与自然关系的实践。

生产实践与社会关系作为人、社会与自然相互联系的中介，促发人的自然化、自然的人化的相互过程；在赋予社会自然性的同时，也使自然具有社会性；在促发人构筑社会的同时，使社会对人产生影响与作用，形成人、社会与自然间"牵一发而动全身"的紧密联系。这种紧密联系表明，实现可持续发展有赖于人、社会与自然间良性互动与发展，归根结底，在于从"人"出发，通过遵循自然规律与重构社会关系的集体行动，构建人、社会与自然间的和谐关系，而美好环境共同缔造正是以此构筑人、社会与自然和谐关系的有效实践。因而，人、社会与自然的发展，可视为以生产实践与社会关系为标杆，以人、社会、自然间的相互关系与作用为砝码，以遵循自然规律及重构和谐关系为容器的天平。只有其以美好环境共同缔造为基础，促进美好环境与和谐社会的共同发展，天平的指针方可指向标盘中央，人、社会与自然发展的天平方可取得平衡。

美好环境共同缔造，从实质上讲是在人、社会与自然相互创造与构建的过程中，建立起相互间和谐关系的过程。这个过程将人、社会与自然紧密联系在一起，为城乡建设与人类活动赋予了更深刻的内涵：人、社会与自然的关系将直接关乎人类的生存与发展，人与自然的和谐相处才是持续推动人类进步与发展的动力。在为人类追求可持续发展提供前提参考之余，启发着人类以生产实践与社会关系为媒介，以人、社会与自然和谐关系的构建为指引，不断丰富与完善所居住的空间，即建设宜居宜业、幸福美好的城乡。

3.1.3　西方的探索

西方对美好环境与和谐社会的探索过程，经历了从强调征服自然，注重物质建设，到

关注可持续发展，回归以人为本的变化：1933 年《雅典宪章》将城市建设视为纯粹的物质活动，强调通过征服自然构架建设城市。1977 年《马丘比丘宪章》注重城市中各人类群体对城市建设的重要意义，指出城市应为人类社会活动提供良好支持，并提出群众参与的实践。1992 年《21 世纪议程》则进一步关注生态环境的保护，实现社会、经济等多方面的可持续发展，并阐明决策过程需要非政府组织的共同参与。1996 年《伊斯坦布尔宣言》与《人居议程》（人居二）着重探讨人居建设应以"人"为核心，关注广泛群众的权益与发展需求，进一步强调通过群众参与、政府引导推进人居环境的建设，重视人居环境可持续发展成为世界性的行动。

1.《雅典宪章》

20 世纪初，两次产业革命使人类驾驭自然的能力空前提高，人们通过对自然无节制的索求，实现物质的满足，推进工业的迅猛发展。世界人口以及城市人口都呈现了几何增长的态势，西方国家高速集聚发展，导致居住、工作、交通等迫切需要寻求新的方式满足人们日益增长的空间需求。"现代建筑与城市规划不得不寻求一种新的体系与方式，来满足这种由巨大的人口需求所造成的并不断增长的广泛压力……这种巨大的居住、工作、交通、运输需求或压力，是促使现代建筑和城市规划产生、发展的基础与直接动力"（张京祥，2005）。1933 年"现代建筑大会"通过的《雅典宪章》便是在勒·柯布西耶影响下产生的，该宪章被誉为"现代城市规划的大纲"。

柯布西耶的建筑思想建立在城市生活之上，宪章根据古希腊理性主义的思想方法，对当时城市发展中普遍存在的问题进行了全面的分析。西方现代城市规划基本上是在建筑学的领域内得到发展，《雅典宪章》的关注点从建筑出发，最后回归到城市与区域。为了解决建筑理论和实践存在的问题，他们最终找到城市与区域规划是问题的关键。这一点充分说明建筑与城市规划是一个问题的两个方面，是不可分割的（陈占祥，1979）。宪章从建筑学的视角强调"城市计划是一种基于长、宽、高的三度空间……的科学"，并且需要对"具有历史价值的古建筑均应妥为保存，不可加以破坏"。同时，认为"城市规划是集体生活的各项功能组织；对乡村地区以及城市地区，道理都是一样"，"城市与乡村彼此融会为一体而各为构成所谓区域单位的要素"，城市的发展需要置身于宏观的区域背景当中，并且受到环境因素的影响与制约。

《雅典宪章》中最为突出的内容便是提出城市的"功能分区"的思想，"城市化的实质是一种功能秩序"，这一思想对之后城市规划的发展、实践影响也最为深远。宪章认为城市规划中居住、工作、休憩和交通"是研究及分析现代城市设计时最基本的分类……并提出改良四大活动缺点的意见"。居住问题主要包括人口密度过高，拥挤的环境降低居民的生活质量；公共设施不足并且分布不合理等；宪章建议居住区要有绿带与交通道路隔离，不同的地区采用不同的人口密度标准。工作问题主要是由于城市中工作场所无计划地布置，远离居住区，由此造成过分集中的交通流。建议合理考量工业与居住的关系。游憩问题主要是大城市缺乏良好的休憩空间与游乐场所，小而散的景观绿地无益于居住条件的改善。建议居住区规划保留更多开敞空间，在老城区增辟绿地，并在郊区保留良好的风景地带。交通问题主要是城市道路宽度不够，交叉口过多，未能按照功能进行分类；同时，写字楼、公共服务设施的过分集中也加剧了交通拥挤。建议从整个道路系统的规划入手，按照车辆的行驶速度进行功能分类。

　　《雅典宪章》立足建筑学的视角，强调凭借人的理性驾驭自然的能力，以"人—建筑—城市—社会"的思路来构建理想的"家园城市"。其将城市建设视为纯粹的物质活动，对城市活动进行分解，然后对各项活动和用地在现实城市运行中存在的问题予以揭示，期望通过物质空间变量的控制，将分解的若干部分重新结合在一起，复原成一个完整的、充满秩序的城市，以此建成良好的城市环境；而这样的环境就能自动地解决城市中的社会、经济、政治问题，促进城市的发展和进步，即良好的物质空间决定城市发展的命运。

　　宪章强调城市规划作为指导城市空间建设的核心纲领，需要由规划师、专家等社会精英绝对主导，"规划师必须以专家所作的准确研究为依据"，以保障规划的正确性和科学性。该宪章所确立的城市规划工作者的主要工作是"将各种预计作为居住、工作、游憩的不同地区，在位置和面积方面，作一个平衡布置，同时建立一个联系三者的交通网"（张京祥，2005）。因而，《雅典宪章》虽然提出以人为本的思想，但在其指导下，规划实质上成为少数专业人员表达意志并以此实现社会规范的手段。

2.《马丘比丘宪章》

　　《雅典宪章》认为城市规划是要描绘城市未来的终极蓝图，并且期望通过城市建设活动的不断努力而达到理想的空间形态，这是一种典型的物质空间规划思想。事实证明，宪章并没有能够有效地解决现代城市的种种问题，其根源在于对理性主义思想的过分强调。在《雅典宪章》提出后的40余年中，伴随科学技术的空前进步，人类社会发展迅速，城市快速增长。长期以来，单纯强调物质空间建设的规划行为，也导致城市社会发展滞后，矛盾频发。尤其在第二次世界大战后的城市重建和快速发展阶段中按规划建设的许多新城和一系列的城市改造中，由于对纯粹功能分区的强调而导致了许多问题，人们发现经过改建的城市社区竟然不如改建前或一些未改建的地区充满活力，新建的城市则又相当的冷漠、单调，缺乏生气。面对城市发展的挑战，人们意识到，城市并非由机械的功能分区拼凑而成的唯一、确定的物质对象，其本身是一个有机整体，是活生生的城市社会、丰富的城市生活。城市规划需要重新审视人与城市、城市内部之间的关系，以此解决城市的可持续发展问题。这些规划反思，催生了1977年《马丘比丘宪章》的颁布。

　　《马丘比丘宪章》并不是对《雅典宪章》的完全否定，而是对它的批判、继承和发展。与《雅典宪章》认识城市的基本出发点不同，《马丘比丘宪章》强调世界是复杂的，人类的一切活动都不是功能主义、理性主义所能覆盖的（张京祥，2005）。

　　宪章取名于一个被遗忘的拉丁美洲古代文化传统。这个传统不像古希腊那样强调人凭着自己的理性去驾驭自然，而是"表现出对自然环境的尊重"（陈占祥，1979）。宪章对无计划的发展和滥开发资源予以强烈指责，并重新审视、反思了建筑的自然观。《马丘比丘宪章》共11节，包括城市和区域、城市增长、分区概念、住房问题、城市运输、城市土地使用、自然资源和环境污染、文物和历史遗产的保存和保护、工业技术、设计和实施、城市和建筑设计等。关于城市和区域关系，《马丘比丘宪章》认为宏观经济计划同实际的城市发展规划之间的脱节、国家和区域一级的经济决策没有把城市建设放在优先地位和很少直接考虑到城市问题的解决等，是当代普遍存在的问题。在功能分区方面，为了追求分区清楚而牺牲了城市的有机构成，会造成错误的后果，这在许多新建城市中可以看到。对于住房问题，《马丘比丘宪章》提出不同于《雅典宪章》的观点，认为城市规划和住房设计的重要目标是要争取获得生活的基本质量以及同自然环境的协调，住房是促进社会发展的一种强有力的工具。在城市交通方面，《马丘比丘宪章》认为自《雅典宪章》公布后44年以来的经验证明，道路分类、增加车行道和设计各种交叉口方案等方面，并不存在最理想的解决方法。关于环境问题，《马丘比丘宪章》呼吁必须采取紧急措施，防止环境继续恶化，恢复环境原有的正常状态。对于历史遗产和文物，《马丘比丘宪章》在强调保存和维护的同时，进一步提出要继承文化传统。

《马丘比丘宪章》标志着系统整合思维在城市规划领域的最终确立（张京祥，2005）。1960年代后，西方国家的经济转型、社会转型都使得城市规划功能分区思想遵循了典型的"分解—组合型"，否认了人类的活动要求流动的、连续的空间这一事实。《马丘比丘宪章》对此提出建议："在今天，不应当把城市当做一系列的组成部分拼在一起来考虑，而必须努力去创造一个综合的、多功能的环境"——即混合功能区的思想。

《马丘比丘宪章》另一个突出贡献在于提倡群众参与的思想。《雅典宪章》虽然强调了城市规划是为广大人民的利益，但是它强调需要通过规划师、专家等社会精英来主导规划的过程。而《马丘比丘宪章》不仅承认群众参与对城市规划的极端重要性，并且进一步推进该思想的提升，实现由传统精英规划观到群众规划观的根本转变（张京祥，2005）。《马丘比丘宪章》以社会文化论为基本思想，秉持"以人为本"和"群众参与"的规划思想，"我们深信人的相互作用与交往是城市存在的基本依据"。"规划过程……必须对人类的各种需求作出解释和反应，它应该按照可能的经济条件和文化意义提供与人民要求相适应的城市服务设施和城市形态"；并提出物质空间只是影响城市生活的一项变量，真正起决定性作用的应该是城市中各类人群的文化、社会交往模式和政治结构（孙施文，1997）。规划师、专家等精英阶层对此准确把握的困难性大，突破这一障碍的关键在于群众参与。"城市规划必须建立在各专业设计人员、城市居民以及群众和政治领导人之间的系统不断协作与相互配合的基础上"，并"鼓励建筑使用者创造性地参与设计与施工"，提出"人民的建筑是没有建筑师的建筑"。其主张将群众纳入城市规划、建筑设计等领域中，以此激发与丰富规划师的相关创造，进一步引导城市空间发展。

从《雅典宪章》到《马丘比丘宪章》，体现基于城市特定的发展时期，城市规划由重视"物"到重视"人"的核心转变。后者通过群众参与规划过程，建设满足群众社会需求的城市空间的主张，将群众参与作为一种规划共识，进一步强调与推广。群众磋商与群众参与逐渐成为规划过程的重要特色。

3.《21世纪议程》

经历第一次工业革命（18世纪60年代至19世纪中）尤其是第二次工业革命（19世纪下半叶至20世纪初）后，随着社会生产力的迅速发展与人口的爆发性增长，人类对自然无限制的掠夺，导致生态恶化、资源短缺等问题日渐突出；同时，由于人类主观意识上认识不足，人与自然之间关系越来越严峻，重大环境公害事件频发，如伦敦烟雾事件、富山痛痛病事件等。在经历一系列事件之后，人类开始积极反思和总结传统经济发展模式的弊端，单纯的经济增长不等于发展，发展本身除了量的增长要求以外，更重要的是要在总体质的方面有所提高和改善，构建人与自然的和谐关系，解决威胁人类生存的城市生态问题。为了在自然界里取得自由，人类必须利用知识在同自然合作的情况下规划、建设一个美好的环境。1992年6月，联合国在巴西里约热内卢召开了环境与发展大会，通过了关于自然环境与城市发展的《21世纪议程》重要文件。

该文件分四个部分：第一部分是经济与社会的可持续发展。包括加速发展中国家可持续发展的国际合作和有关的国内政策、消除贫困、改变消费方式、关注人口动态与可持续能力、保护和促进人类健康、促进人类住区的可持续发展、将环境与发展问题纳入决策过程等。第二部分是资源保护与管理。包括保护大气层、统筹规划和管理陆地资源的方式、禁止砍伐森林、促进可持续农业和农村的发展、保护生物多样性、对生物技术的环境无害化管理、保护海洋和淡水资源、有毒化学品的环境无害化管理和对放射性废料实行安全和环境无害化管理等。第三部分是加强主要群体的作用。包括采取全球性行动促进妇女的发展、青年和儿童参与可持续发展、确认和加强土著人民及其社区的作用、加强非政府组织作为可持续发展合作者的作用、支持《21世纪议程》的地方当局的倡议、加强工人及工会的作用、加强工商界的作用、加强科学和技术界的作用和加强农民的作用等。最后一部分是实施手段。包括财政资源及其机制、环境无害化（和安全化）技术的转让、促进教育和培训、促进发展中国家的能力建设、完善国际法律文书及其机制等。

《21世纪议程》有两个突出贡献，其一是唤醒群众关注生态环境的保护意识，希望实现自然、社会、经济等多方面的可持续发展。诚如上文所述，议程涉及人类可持续发展的诸多领域，制定了未来发展目标，并为地球的可持续发展提供行动纲领和描绘行动蓝图。其二是阐明决策过程需要非政府组织的共同参与，确立了建立全球伙伴关系共同解决全球环境问题的原则；并试图通过各国政府、联合国组织、发展机构、非政府组织和独立团体的共同努力达成可持续发展的共识，逐渐改善人与自然的关系，并且发动广大群众参与可持续的相关活动中。

20年来，国际社会为推动《21世纪议程》精神的落实作出了努力：联合国可持续发展委员会每年举行会议，审议执行情况，推动《21世纪议程》的实施。尽管各个国家在可持续发展方面采取了积极行动，但其精神仍然尚未全面转化为行动，在相关国际承诺与公约的履行方面还需付出巨大努力；同时，生态超载背景下的发展空间争夺更趋激烈。可以预见，全球将迎来一个新的以目标量化、规则细化、约束硬化为特征的可持续发展制度环境，这也必将使全球可持续发展行动更加务实和具体（郭日生，2012）。

4.《伊斯坦布尔宣言》

在工业革命后城市现代化的过程中，各国均出现了"城市病"问题。为寻求对策，经过不断的探索，逐步形成和发展了近代的城市规划理论与建筑理论。从上世纪末起，城市规划学的先驱们就酝酿了"田园城市理论"、"区域观念论"等，城市科学不断得到发展。1996年第二届联合国人类住区会（人居二）在伊斯坦布尔举办，总结了自1992年在里约热内卢召开的联合国环境与发展会议以来，国际社会在实践《21世纪议程》过程中的经验，归纳并进一步讨论了近年来的其他各次会议所涉及的重要的社会、经济和环境问题（吴良镛，1997）。在人居二会议上，171个政府通过了《伊斯坦布尔宣言》和《人居议程》（原则、承诺和行动计划）的纲领性文件，以处理城乡人类住区的有关问题。这是联合国和人类发展史上参与国和人数最多的一次会议，也是可持续发展首次得到世界最广泛的范围和最高级别的承诺；通过这次联合国大会的努力，改善人居环境的问题已经从学术界和工程技术界专业范围的讨论，上升为世界各国首脑的普遍认识，并成为全球性的奋斗纲领（吴良镛，1997）。

第一个纲领性文件是《伊斯坦布尔宣言》。宣言共有 15 段，着重探讨人居建设应以"人"为核心，关注广泛群众的权益与发展需求：各国政府承诺执行《人居议程》的建议，将致力于"让全人类享有更高的生活水准、更大程度的自由"，并承诺妥善处理各国，尤其是工业国家不可持续发展的消费和生产模式、不可持续发展的人群变更、无家可归者、失业者、基础设施和服务的缺乏、日趋严重的不安全和暴力问题以及对灾害越来越无力对付七大问题。

宣言进一步强调通过群众参与、政府引导推进人居环境的建设。可持续行动必须由各国共同参与，需要国际之间、部门之间的相互协调与配合，并且谋求公共部门、私营部门和非政府组织等各种伙伴的积极参与及合作。"我们正式通过赋予能力战略和伙伴关心与参与原则，这是实现我们的承诺的最民主和最有效的方法。我们认为，地方当局是我们实现《人居议程》的最亲密的重要伙伴，所以应该在各国法律允许的范围内，通过民主的地方当局努力促进权力下放。而且，我们要根据各国国情，努力增强地方当局的财政和组织机构的能力；此外，要保证其有较高的透明度和责任感，并能对人们的需求作出积极的反映。所以，这些是对各级政府的主要要求。"

第二个纲领性文件是《人居议程》。议程核心探讨了两个具有全球性意义的主题，即"人人有适当住房"和"城市化世界中的可持续人类住区发展"。会议指出，要为所有人提供充足的住所；这里的充足，并不仅仅指每人头顶有一个遮阳避雨的屋顶，它还意味着要充分重视以下方面：隐私、空间、实际可达性、安全、使用合法性、结构稳定性和持久性、照明、供热和通风、基础设施、环境质量、工作地点的环境对健康的影响和其基本设备。所有这一切都应该在人们能够承担的成本条件下获得。会议同时强调建设可持续的人居环境——城市生活的高密度使空气和水的质量恶化、废物等问题对环境的威胁更加严重。如果认识了这一点，政府应该致力于提高生态环境的自净能力，拉动经济增长。

伊斯坦布尔会议的人居问题议程，不仅为快速城市化下人居环境的建设提供了一种方案，而且也在自然环境、人权、社会发展、人口增长趋势和危险人群等各因素之间的关系基础上，为近期的实践行动作出了安排。"人居二"强调城市建设应以"人"为核心，关注广泛群众的权益与发展需求；进一步强调群众的参与、政府的有效推进下可持续人居环境的建设。

"在我们迈向 21 世纪的时候，我们憧憬着可持续的人类住区，企盼着我们共同的未来，我们倡议正视这个真正不可多得的，非常具有吸引力的挑战，让我们共同来建设这个世界，使每个人有个安全的家，能过上有尊严、身体健康、安全、幸福和充满希望的美好生活。"

3.1.4 中国的探索 ❶

美好人居环境自古以来，是人类基于生产生活家园的美好愿景，是一种共同理想。人

---

❶ 本部分主要参考：吴良镛.中国人居史[M].北京：中国建筑工业出版社，2014.

类发展史实质上是人类对人居环境的美好愿景不断探索与实践的过程，这是中西方国家人居环境建设一脉相承的特质。

在中国传统的人居环境思想中，吴良镛先生把中国古代的人居环境理念视为中国传统文化的重要组成部分，并引用《汉书·晁盖传》所言，论述居住条件与良好生态环境的关系："古之徙远方以实广虚也，相其阴阳之和，尝其水泉之味，审其土地之宜，观其草木之饶，然后营邑立城，制里割宅，通田作之道，正阡陌之界，先为筑室，家有一堂二内，门户之闭，量器物焉，民至有所居，作有所用，此民所以轻去故乡而劝之新邑也……使民乐其处而有长居之心。"我国自古以来源远流长的人居环境理念及潜在的规划思想，形象地描绘出先民对人居环境建设的美好愿景，以及对美好环境建设理念与方法不断探索的努力。

1. 人工与自然的和谐统一

自古以来，我国先民将人居环境视为天、地、人"三才"之道有机统一的整体世界，认为在"三才"之中，人是自然的参与者与化育者，而非主宰者。在建立人类自然文化与社会制度的过程中，人的各类生产与生活活动均为实现"人与天调"的终极目标，最终形成滋养人民的自然、呵护自然的人民及和谐共生的"天人合一"的人居世界。古人以"天地生物之心以为心"探索着"天地与万物一体"的整体和谐，尝试构建朴素的生态文明形式，其根本是尊重自然之道，追求人与自然的共同孕育（吴良镛，2014）。正因如此，中国的城市建设始终坚持对自然环境和精心组织的人工环境的精妙结合，强调在人与自然的融合下，构建人与自然的适宜秩序。

中国城乡规划与建设的核心在于人工与自然在环境与秩序上的和谐统一。人们遵循自然规律进行生产与生活实践，在按照天地秩序来建造人间秩序，即"辨方正位"的同时，按照人间理想排布与改造自然。小至村落，大至国家，人居建设依赖于充足的自然资源，这不仅是物质建设的保障，也是经济繁荣的基础。在古代，我国先民已经意识到自然资源与人类发展需求相互匹配的道理。早在先秦时期，大至建都立邦，小至卜宅营葬，均需"仰以观乎天文，俯以察乎地理"。察乎地理，实质上是对自然现状的细致考察与分析，是依此在不超越自然资源承载力的基础上，进行因地制宜开发与利用自然、顺应自然条件建设人居工事等建设活动的前提。其根本目的在于厚泽民生、趋吉避凶，人居环境建设也因此成为人与自然密切联系的结合点。

魏晋时期，自然得到前所未有的重视。在这个我国历史上少有的动荡与浪漫并存的时期内，自然被不断"人化"，逐渐成为人们精神的寄托，而具有了审美的意涵。战乱让人们趋于远离尘世的自然境地，社会文化与佛教引入，促发"人的自觉"。人工与自然的融合进一步贴近并融入人居建设之中，在人居空间秩序上，呈现出聚落街坊、家户宅院的繁荣发展。士大夫远离庙堂，在山水之间品察自然之美，并逐渐将这种山水自然之美浓缩成园林，筑就时至今日仍被视为中国规划与建筑领域璀璨成就的人居形式。"园林的出现与士人的个性自觉相关联，一开始就与士大夫的情趣相连"，园林是人工建设与自然原貌相融合的结晶，是人依照个性与理想，对自然的改造与建设。这种人文对自然的"指导"，在我国3000多年的封建社会内贯穿始终。城市作为各级政权的驻地，其规划多呈现皇权至上、等级森严的鲜明特征；基于"礼法"对天下人居的文化安排，则形成中国人居独有的空间秩序。而名山大河作为人居的文化坐标，在不同朝代，根据都城所在的位置，均有各自文化信仰体系的设计, 由此延伸的岳渎、坛庙、神祠等建设, 在更大层面影响甚至决定了人居建设的规模与形式。

可见, 中国先民心中始终有一个人工与自然和谐统一的理想格局。在中国古代人居布局中, 人工环境与自然环境总是紧密结合在一起。在天下尺度上, 以京师为中心, 以省、府、县、乡、村为集聚序列, 以长城、运河、国道、河流为网络; 在城市尺度上, 发掘自然中最具特色的地形与山水要素, 结合山形水势和道路系统构建山水城的艺术骨架, 形成人居独具特色的构图和整体意义; 在建筑尺度上, 两者的融合更为灵活多样, 但万变不离其宗, 追求人间秩序的宅和自然秩序的园始终保持着和谐统一。这种思想广为流传、延续至今。1990 年, 钱学森先生在给吴良镛先生的信中, 基于中国传统的山水自然观、天人合一的哲学观, 提出"山水城市"的未来构想。1993 年 2 月, 在山水城市讨论会上, 吴良镛先生提出"山水城市的核心是如何处理好城市与自然的关系, 是提倡人工环境与自然环境相协调发展, 其最终目的在于建立人工环境与自然环境相融合的人类聚居环境"。中国许多传统城市都有山水结合的构图。山水城市, 涵盖山水自然、风水学、美学等诸多视角, 而"具有深刻的生态学哲理"(鲍世行, 1993)。其尊重自然生态环境, 追求相契合的山环水绕的形意境界的理念, 体现出当代城乡规划与传统文化的良好融合。

2. "人"的人居环境

中国历史上, 自春秋至两汉, 人性中"发乎情, 止乎礼义"的儒家价值观念占据主导地位, 人尚缺乏作为个体的意识。至魏晋南北朝时期, 人们逐渐脱离僵化的礼法束缚, 形成人格上的自然主义与个性主义。至此, 人居建设不再仅由国家主导, 个人也参与其中。这种"解放"将鲜活的"人性"融入人居环境建设中, 将人居建设视为承载人们生活理想与情怀, 或进行丰富生产生活活动的空间载体与生动场所的规划思想。"人的人居"成为中国古代城乡建设的核心目标。

这种思想体现在中国古代两种典型的理想生活场景之中。一是隐士般的生活。魏晋南北朝时期, 士人的觉醒促发文化艺术开始影响人居建设的各个层面并贯穿始终。他们对山水情有独钟, 隐于山水, 游于山水, 在山水中寻找美, 寄托情怀。人们返朴自然的渴望在自由、恬静的山水田园环境中找到了绝佳的结合点, 经过陶渊明提炼, 形成了理想人居环境的桃花源模式(吴良镛, 2014)。这种隐士般的乡村生活体现于《桃花源记》的"土地平旷, 屋舍俨然"、"阡陌交通, 鸡犬相闻"的空间环境, 以及王维《终南别业》"偶然值林叟, 谈笑无还期"和陆游《立春日》"数片飞飞犹腊雪, 村邻相唤贺年丰"的人与人、人与环境的恬静和谐。至唐朝, 文人为官, 进一步结合当地山水风景, 将诗情画意融入人居建设之中, 以"主人"的身份构建人居环境。人居环境成为人个性与理想的寄托。此外, 诚如《论语·里仁》曰:"里仁为美, 择不处仁, 焉得知?"古人认为人居环境的整体都是教育人的场所, 因而注重营造物质环境与精神需求一体的人居, 以环境化育人, "人"被视为人居环境建设的主要参与者与核心对象。

另一个生活场景即古代的市井生活。成都出图的汉画像砖《市井图》, 表现出东汉郡城的市场图景, 百姓熙熙攘攘, 商肆排列有序, 市中设亭以监管, 市之生活繁荣而有序。宋元时期, 伴随航海等技术的发展, 商品贸易兴起, 城市迅猛发展。与乡村独立避世的和谐不同, 以"市"为核心的生活体现了居民对空间环境的共享。宋代的汴梁城突破唐朝长安的坊市格局，即坊、门对空间的分割，市、墙对日夜活动的分割，而以"市"为核心，借助汴河便捷的交通，加快货物往来与人群集聚，使沿河一带市镇逐渐演变为城内最繁华的街市。商业气息浓重的汴梁城，造就了熙攘、热闹、嘈杂的街市，也打造了富有生气和活力的街道和建筑，所谓"十二市之环城，嚣然朝夕"。《清明上河图》就以绘画艺术的手段，通过对郊外春光、汴河场景与城市街市的描绘，展现出12世纪北宋汴京热闹繁华的城市面貌和社会各阶层人民的生活状况，体现出古人对空间环境与人和谐共融的追求。在画中共有800多人，有挑着担子的农民，有做生意的商人，有沿街叫卖的小商贩，有说书艺人和听书的小孩，有坐轿子的达官贵人，有骑马的官吏，还有酒楼中狂欢的豪门子弟。不同景观、不同职业、不同文化活动、不同特性的人物在空间内无穷组合、排列与变化（刘易斯·芒福德，1961）。街道市集成为人们相互融合、充满生气的活动场所。此画景是对中国传统城市建设精髓的集中体现，注重生活文化与物质空间的融合，强调城市空间的使用价值以及人与空间的依存关系（吴良镛，2012），体现城市是"人"的空间的属性。

城市空间格局的演变由城市居民的活动所推动，致力于将城市变为更宜居的空间。"里坊制"和"街巷制"是中国古代城市两种典型的管理制度，其转变标志着我国的空间模式由"以统治者为本"逐渐转向"以人为本"。

里坊制承制于西周时期的闾里制。《周礼》："令五家为比，使之相保。五比为闾，使之相受……"一闾25户，构成一个居民聚居组成单位，几个闾组成一个里，一里约200户，居民的生活基本都在"里"这一个封闭式的空间中进行，其进出受到了严格的控制。据《三辅黄图》卷二记汉长安闾里云："长安闾里一百六十，室居栉比，门巷修直"，里内的各户不能直接对街开门，进出必经里门，由"监门吏"进行监督管理。只有权贵者的住宅才能够门朝大道。隋唐是里坊制度的极盛期，唐长安更是严格封闭的里坊制管理的代表。长安城内，道路为方格网系统，布局整肃。全城共有里坊108个，里坊与市坊有明确的限定空间，坊的四周围以高墙，有定时启动的坊门，夜晚实行严格的宵禁管理（图3-3）。里坊制是封建统治者为了便于管制居民的产物，其建造过程中甚少考虑居民生活的要求。严格管理的封闭形态，使得城市居民的日常活动在空间与时间上都受到了严格的控制，文化生活单调乏味。

北宋中叶以后，随着工商业的发展，封闭式的单一居住性的里坊制已不能适应新的社会经济状况和城市生活方式的变化，坊墙与宵禁废止，里坊制逐步演变成较为开放的街巷制。街巷制沿用里坊制城市的方格网街道，并将坊内的街改造为可以直通街道的巷，原本人为设定的"坊"、"市"界限开始模糊，时间与空间的双重限制被突破，人们的活动范围开始从自家大院扩散到街道，开放性的街巷空间成为居民市场生活的主要场所，形成丰富多彩的街道生活。院落式住宅大都直接面向街巷，原有的坊墙被各式各样的商铺所代替，形成街市（图3-4）。街市的繁华使得原有集中的市坊失去了作用，人们活动的重心逐渐从院落转向街道。市肆街道不再限定在"市"内，而是分布全城，与住宅区混杂，沿街、沿河开设各种店铺，形成熙熙攘攘的商业街（董鉴泓，2004）。宵禁的解除使得居民的活动时间增长，夜市与晓市也随之形成。市民阶层发达的需求促使了瓦子、酒楼等民众娱乐场所的出现，市民广泛地参与到城市文化的创造之中，人居文化因此丰富而多元。街巷制下，每个城市除了有"街"这样的城市级别的商业、活动中心外，在坊巷内也形成了自己的服务点，"乡校、家塾、舍馆、书会，每一里巷一二所"（《都城纪胜》），丰富了居民的活动空间。

从里坊制到街巷制，城市的演变过程实质是对城市中人活动的演变过程的落实与回应。城市的核心是"人"，城市空间作为城市居民的活动载体，其形态随着市民的需求变化而变化。中国古代城乡空间形态的演变表明，所谓人居是"人的人居"，是人与人居环境相互融合、相互影响、相互作用的空间载体，是人与人居环境和谐统一的建设成果。

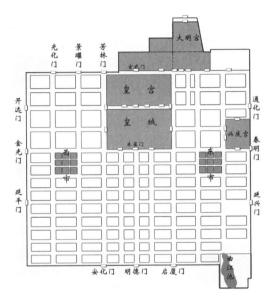

图 3-3　唐长安平面图
（资料来源：侯幼彬，李婉贞.中国古代建筑历史
图说[M].北京：中国建筑工业出版社，2002）

图 3-4　宋东京布局图
（资料来源：侯幼彬，李婉贞.中国古代建筑历史
图说[M].北京：中国建筑工业出版社，2002）

3. 多元文化的融合

自古以来，伴随多番征战、商业贸易、人口迁移等活动，我国实现了不同地域、不同民族、不同国家间广泛的文化交流。不同文化随着历史推进不断融合，丰富了人居文化的意涵，创造了多样的人居形式。

春秋战国时期，在"礼崩乐坏"的背景下，城邑发展、经济繁荣，各族各部落人民往来密切，促进充满多元性的人居文化的发育。秦汉时期，丝绸之路的开通架起了中西方文化沟通的桥梁，伴随文化传播与交流，中国开始在世界人居体系中发挥影响与作用。魏晋南北朝时期，佛教进入并产生日益深入的影响，中国人居建设在坚持传统的同时，吸纳佛教文化和艺术，建造具有佛教意涵的中国建筑。隋唐时期，中国人居建设承继魏晋南北朝的遗产，对广泛吸纳的世界优秀文明的人居精华进行融合，实现了规划、园林、建筑、工艺美术等领域的融汇，为我国人居建设奠定了制度与艺术的典范。这一时期，佛教文化迈入繁盛，大量佛寺兴建。其为百姓提供了公共活动的空间，大量民间活动以寺庙为背景举行。宋元时期，海外贸易带动海港城市的兴盛，外国居民带来丰富多彩的城市文化，各类融合中西方文化的宗教建筑兴起，如北宋时期泉州城东南的清净寺，西南的印度教寺等。元朝地跨欧亚大陆，道路交通通畅，伊斯兰文化随之东渐，与中华文明相互影响，大量汉地清真寺建设而起，在建筑构件、外观造型甚至平面布局等方面大量吸收中国传统建筑的特点，出现如定州清真寺等中西混合形式的城市建筑。

17世纪，西方世界已经发展起较为完备的近现代科学技术，伴随传教士的进入，这些关乎西方天文、地理、物理、机械、测绘、水利等的技术被通过翻译、著述等方式介绍给中国的知识分子和普通大众，促发了明清时期西学东渐的浪潮。万历年间，由传教士邓玉函口授，中国学者王征执笔的《远西奇器图说录最》，作为我国第一部介绍西方机械工程学的著作，包含诸多可应用于人居建设的科学原理和技术。随后，更多西方人进入中国定居，建设起西式建筑。这些西洋建筑与西方绘画技术伴随宗教传播，逐渐引起国民的兴趣，带来社会审美观念的变化。中西方人居在文化交流浪潮中相互影响与交融，融入新的要素和风格，激发原有人居建设的活力。清朝皇室园林圆明园的建设，正是中西方文化交融的典型。以长春园北界西洋楼为例，由谐奇趣、线法桥、万花阵、养雀笼、方外观、海晏堂等十余个建筑与庭组成，其由西方传教士郎世宁等人设计指导，中国匠师建造完成。该建筑群采取欧洲文艺复兴后期的"巴洛克"风格，造园形式则为"勒诺特"风格，而造园和建筑装饰方面多采中国传统手法之长：以汉白玉石为主要建筑材料，石面精雕细刻，屋顶盖覆琉璃瓦。备受瞩目的十二生肖兽首铜像，则为圆明园西洋楼前大水法遗物，其融合中国传统计时纲法与西方"水法"，铸就中西方叹为观止的人工喷泉圣景。这种中西方文化交融的建筑手法，逐渐流传至各地民间，李斗《扬州画舫录》记扬州瘦西湖"荷浦薰风"中的怡性堂："敞厅五楹，上赐名怡性堂，堂左构子舍，仿泰西营造法"。西方的人居风格逐步融入到了中国的传统人居之中。

中国历史上，受自然灾害、战争侵扰等因素影响，人们进行过多次迁移，这开拓了民族地区人居文化的新格局，以广东梅州客家聚落与丽江古城等为例，均为不同民族人居文化融合的结晶。多元文化融合，作为中国人居建设的重要过程，体现出中国城乡规划与建设思想在传承传统文化之精髓的基础上，取优秀文化之精华，实现不断进步与发展的脉络。

3.1.5 人居环境科学 ❶

规划理论与思想的演变，作为规划学科的历史发展过程，一方面以知识积累的方式启发与促进着学科的进一步发展，另一方面通过规划发展内在脉络的逐渐明晰，指引着学科向合乎科学规律的合理方向发展。人居环境科学理论立足于中国传统文化，通过对中西方规划理论与思想精髓以及城乡建设与发展现状的有机融合，对我国城乡规划与建设的发展产生深远的指导作用。

1. 人居环境科学理论产生的背景与前提

西方规划理论与思想的演变为城乡规划学科的发展积累了丰富的经验，其从多角度、多领域对规划的探讨，至今仍对国内外的规划研究者与从业者产生着积极影响。实际上，规划的理念与思想并非只有在西方国家才可寻其踪迹，中国先民对城乡规划与建设亦有积

---

❶ 本部分主要参考：吴良镛.人居环境科学导论[M].北京：中国建筑工业出版社，2001.

极的探索。如中国古代的"九州"之说，体现了古人区域规划的理念；"水处者渔，山处者木，谷处者牧，陆处者农，地宜其事"之言，则展现了我国因地制宜的土地利用理念的渊源。

各个领域的学者围绕着城乡规划与建设未来的发展方向展开激烈讨论，在帮助人们拓宽视野、认识城乡与规划的同时，也让人们在形形色色的讨论与研究中陷入迷茫。对此芒福德1938年在《城市文化》中指出，一方面，城市研究领域以往始终是由各个学科的专家们从他们各自的角度分别进行论述的，因此，需要一种比较综合的、统一的方式来展示城市这个领域；而另一方面，考虑到今后城市社区采取协同行动的需要，应构建一些原则，以便遵从这些原则来改造生存环境。同时，伴随着大规模、高速度的工业化和城镇化进程，中国城乡建设取得辉煌成绩，但其存在的问题亦日益凸显，如农村劳动力向城市转移带来社会问题、"土地财政"隐患、自然资源过度开发等。其成为人们生产生活安全的威胁，阻碍着城市与乡村的可持续发展，城乡规划变革势在必行。在此背景下，以吴良镛先生为代表的中国规划研究者，以人类聚居为研究对象，突破城市规划学、地理学、社会学等学科将人居环境分割而单独研究的局限，将人居环境视为一个有机整体，通过多学科理论方法的引入，研究人类聚居发生发展的客观规律，创立承前启后、知行合一的人居环境科学理论，为中国城乡规划与建设指引方向。

吴良镛先生在其著作《人居环境科学导论》中指出，人居环境是人类聚居生活的地方，是与人类生存活动密切相关的地表空间，是人类在大自然中赖以生存的基地，也是人类利用自然、改造自然的主要场所。这一定义表明了人居环境与人、自然之间的相互联系，即：人是人居环境内的核心要素，而人居环境是自然的一部分。人、人居环境与自然间是层层包含的关系，其中蕴涵马克思主义人与自然关系论述的精髓，是人居环境科学理论研究的前提。人与自然以人类实践活动为中介产生相互联系，因而"人居环境是人类与自然之间发生联系和作用的中介，人居环境建设本身就是人与自然相联系和作用的一种形式"。人是自然的存在物，自然为人类提供实践所必须的物质基础与外部情感世界，因此，"大自然是人居环境的基础，人的生产生活以及具体的人居环境建设活动都离不开更为广阔的自然背景"。人的实践活动有赖于社会的组织形式来实现，即"人在人居环境中结成社会，进行各种各样的社会活动，努力创造宜人的居住地（建筑），并进一步形成更大规模、更为复杂的支撑网络"。在实践活动中，人通过"自然人化"的过程，依照"人类的尺度"对自然进行改造与建设，以此满足人类生存之所需，而自然亦会通过"人自然化"的过程，将自发或人为的变化反映给人类，从而对人类的生产生活产生影响。故而，"人居环境的核心是'人'，人创造人居环境，人居环境又对人的行为产生影响。"人与自然关系的和谐与否，将直接影响着人类的生存与发展。"理想的人居环境是人与自然的和谐统一，或如古语所云'天人合一'。"

人居环境科学理论以人、人居环境与自然关系的构筑为思想基础，奠定了人居环境科学研究的基调；同时，也将其作为人居环境科学研究框架的起始部分，拉开研究大幕。

2. 人居环境科学的研究框架

人居环境科学从人居环境建设所包含的五大内容，即生态、经济、技术、社会与文化艺术出发，总结人居环境建设的五大原则。在五大原则的指导下，通过对构成人居环境的五大系统，即自然、人、社会、居住、支撑网络，以及人居环境研究的五大层次，即全球、区域、城市、社区、建筑的交叉配对，对人居环境不同系统在不同层次的特质进行综合全面的研究。即面向实际问题，有目的、有重点地运用相关学科成果，进行融贯的综合研究，探讨可能实现的建设目标，在深入分析目标的基础上，选择适合地区条件的解决方案与行动纲领，构筑人居环境科学研究基本框架，不断完善研究内容。

人居环境涉及人类生产生活的方方面面，是一个复杂的有机整体，笼统而言必不能实现对其清晰而透彻的研究。受道萨迪亚斯的"人类聚居学"的启发，人居环境科学将人居环境这一整体分解为五大系统，即自然系统、人类系统、社会系统、居住系统与支撑系统，以此对人居环境组成部分及其内在联系进行研究。五大系统紧密联系与相互作用，塑造了不同的人居环境。在五大系统的研究中，人居环境科学从人居环境建设的角度，对人与自然的关系进行了深化。

（1）人居环境科学对人与自然的研究。人居环境的主体是自然与人类。整体自然环境和生态环境，是聚居产生并发挥其功能的基础，是人类安身立命之所。其中，人类对自然最直接的感受即为所处的生态环境。人们通过与自然进行身心交流，获得放松与愉悦，并将自身置于更为广阔的空间中展开更为广泛的思考，从而孕育出璀璨的人类文化。同时，作为基本生产力的自然，也为人类通过对自然资源的挖掘与加工，创造生产生活所需的各类商品，推动人类社会经济创新与发展奠定了坚实的基础。

而受部分自然资源的不可再生性与不可替代性，以及自然环境变化的不可逆性与不可弥补性的影响，人类对自然的诸多破坏活动，导致自然环境的严重恶化，在对人类身心健康带来极大挑战的同时，一度激发社会矛盾，导致社会动荡与政府公信力丧失等诸多问题，最终自尝恶果。因而，"人类需要与自然相互依存，自然不属于人类，但人类属于自然。"自然应当是万物和谐的整体，而人是这一和谐整体的一部分，应尊重自然规律，与自然界共生共荣，协调发展与和谐共处，这是理想人居环境的意涵所在。

（2）人居环境中对人与社会的研究。人不是孤立的人、生物的人，而是社会的人。人难以脱离群体而独自生活，故而需要通过人与人之间社会关系的搭建组成社会，以社会的形式进行各项建设活动。人居环境建设过程则是社会关系产生、社会发展的过程，人居环境是其空间载体。人居环境科学强调，社会予以人必要的支持，使个人的价值最大化，诸如宗族文化等关乎人类社会进步的文化及思想也随之而生，社会秩序完善且发展。时至今日，人类建设活动涉及的学科范围日益广泛，个体成为"万事通"的可能性几乎为零。此时，完成某项建设活动就需要多学科人才的参与，通过个人发挥自身专长，共同促成实施，构筑人与人的社会关系来推动社会发展显得更为重要。这种社会关系的建立则有赖于人居环境建设过程中，促发人与人交流沟通、产生相互联系的各类社会活动的举办。人居环境建设过程中，通过丰富多彩的社会活动的开展，促发人与人的良性互动具有重要意义。

（3）人居环境科学对社会与自然的研究。人与自然的紧密联系，决定社会与自然的密切关系。从某种程度上看，人居环境可视为一个社会体系，这个社会体系中不同群体或个体的利益观、价值观或是各种具体诉求，都需要人居环境的具体空间来表达，空间成为联系社会与自然的重要载体。在共同建设美好家园的生产与劳动过程中，人与人之间的交流与沟通自然而然地产生，人与社会之间的联系或建立或变化。社会构筑了空间，而空间反过来也会对社会产生影响。人与社会实现良好的互动，化解不必要的矛盾与冲突，促进社会向着安宁和谐的方向发展。可见，空间建设活动是解决社会矛盾的重要方法，其中人的参与，对于空间建设的结果与成效有直接而重要的影响，这正是规划擅长的所在。人居环境科学理论指导下的规划活动，是建设美好人居环境的重要手段。

3. 人居环境科学理论的核心思想

人居环境科学理论以中西方规划理论与思想为基础，传承马克思主义、田园城市等规划理论之精髓，从世界与我国人居环境建设现状入手，以现状问题为导向，寻求建设美好人居环境的方法与路径，提出以下几点主张：

（1）正视生态困境，增强生态意识。对于日益困扰人类的自然与社会问题，以及不断加剧的人类与自然之间的不协调性，人们尚未普遍地加以认识，从而为问题与不协调性的进一步加深埋下了隐患。因而，在人居环境规划与建设过程中，应当推动更为广泛的生态教育，提高对问题的危机意识，增加生态问题研究的分量，推动规划领域生态文明的建设与发展。

（2）人居环境建设与经济发展良性互动。人居环境建设是国家发展重大的经济活动，以及国民经济的支柱产业。日新月异的发展局势，为人居环境建设提出新的要求。即在规划过程中，应当依照科学规律与经济规律办事，避免因建设决策的失误导致浪费；应当综合分析成本与效益，立足于现实的可能条件，在各个环节上最大限度地提高系统生产力；节约各种资源，减少浪费，促进人居环境建设过程中经济的发展。

（3）发展科学技术，推动社会繁荣。科学技术对人类社会的发展有很大的推动，对社会生活，以至建筑、社区和城市发展都有积极的、能动的作用。因此，城乡规划应从社会、文化和哲学等方面综合考虑技术的作用，妥善运用科技成果，如积极运用新兴技术，融合多层次技术，推进涉及理念、方法和形象的创造，以建设更为美好的人居环境。

（4）关怀最广大的人民群众，重视社会整体利益。时至今日，人类发展观从以经济增长为核心向社会全面发展转变，走向"以人为本"。而目前，因更多地关注经济增长过程中的自身发展和自我选择，重视对个人生活质量的关怀，人们失去了原本"较为良好的有人情味的环境"。因而，在规划中，应意识到人居环境的建设不是建造孤立的建筑，更重要的是创造文明。即通过诸如为不同年龄与背景的居民提供多种多样的满足不同需要的室内外生活和游憩空间；开展"社区"研究，进行社区建设，发扬自下而上的创造力等群众参与的方式，实现对群众利益的公平保障。

（5）科学的追求与艺术的创造相结合。人居环境，是科学、技术、文化、艺术、教育、体育、医药、卫生、游戏、娱乐等多种活动组织而成的各种不同的空间。人类共同的建设目标与文化环境有着密切的联系，任何将两者分开的行为，最终都会以失败而告终。因此，在规划中，应当发挥地方文化的独创性，继往开来，融合创新，建设富有健康、积极、深厚文化内涵的人居环境。同时，应将理性分析与浪漫想象相结合，实现科学与艺术的巧妙融合，予以人类社会生活情趣和秩序感，提高人类生活环境质量。

人居环境科学作为对中西方城乡规划思想与实践经验的有效融合与发展，是新形势下城乡规划走"第三条道路"的重要体现，是立足于中国城乡建设历史背景与发展路径的实情与特征，而形成的具有中国特色的城乡规划"集大成"之思想。其人、社会与自然和谐统一的意涵，以及五大内容、层次、原则等具体内容，均成为我国城乡规划未来探索与实践的有效指引，美好环境与和谐社会共同缔造对人居环境科学的有效实践。

3.2 方法论

3.2.1 整体论

物质空间规划建设与人类生产生活活动的交融与组合赋予人居环境的复杂性，使城乡建设成为经久不衰的议题。人们致力于寻找一个看待人居建设最合理、最适宜的角度，探寻建设美好环境的有效方法。从道萨迪亚斯的人类聚居学到吴良镛先生的人居环境科学，学界逐渐构筑起人居环境建设完整而有序的体系架构，整体论作为其核心方法论，也逐渐成为宏观理解与把握城乡规划实践精髓的指导思想。

工业革命以来，商业社会的高速发展与科学技术的迅速更新，打破了原本相对均衡的资源分配格局，部分个体与部门因较强的生产力与先进的生产方式而占有更多资源。在其追求最大化利益的过程中，整体环境与社会结构遭到破坏，而由此引发的对环境与社会整体性的忽视，则导致人们对城乡规划理解的模糊与片面，以及对城乡建设活动的误判与失衡。面对经济增长速度与质量冲突、粗放式增长与资源环境保护冲突、生活水平逐步提高与社会矛盾冲突等发展现状，对整体观的回归，成为当前城乡规划发展的必然趋势。

整体论是从整体本身的生成机制方面来解决问题的独特思路（金吾伦，2000），强调"以整体的观念，寻找事物的相互联系"，进而"努力创造一个整合的多功能的环境"（吴良镛，2001）。实际上，整体观的思想在我国古代哲学思想内已有所体现。古人认为，"自然"一词包含"自然而然"的"道"的含义，万物存在于自然中且由"道"孕育而生，万物即人、动植物、山川河湖、城市、乡村、建筑物等一切人工与自然事物，道则暗含万物普遍联系与生成规律。美好人居环境本身是一个整体，是遵循"道"而构筑的人工与自然完美结合的产物（吴良镛，2008）。

"东方哲学思想重综合，就是整体概念和普遍联系，要求全面考虑问题"（季羡林，1988）。基于对中国传统文化精髓和当代复杂性科学思想的承继与发展，吴良镛先生提出"发展整体论"的号召，指出人居环境是以人为中心，以多样的生活为内核，由相互联系的要素构成，在时间上绵延不绝，在空间上相互联系，随着不同时期时、空、人的变化而不断变化，进而形成新整体的"生成整体"（金吾伦，2006）。这一定义表明，人居环境建设活动的核心在于对事物整体及其动态变化过程的清晰把握与付诸实践。

人居环境建设需要从各要素内在联系的分析入手。"事物的真正认识还在于整体地去理解它、掌握它，要对事物内部的各个方面找出相互联系、相互制约的关系，这样才能高瞻远瞩地掌握设计的要领"（吴良镛，2007）。从整体视角看待事物基于对其内在规律与内部要素相互关系的充分认识，因而需要对事物进行适当"还原"，将之分解成若干要素，更深层次地解析其内在联系。事物整体特征的变化是整体要素之间变化的综合表现，人居环境的建设既要把握要素的变化、认识事物的特征，又要认识要素之间的相互关系与整体结构特征，把握事物的整体（吴良镛，2014）。这种整体与还原的和谐统一，是当前城乡规划整体性实践的重要基础。

人居环境建设的整体论不仅要求完整内容及其内在联系与规律的把握，还要求对其不同时空下动态变化过程的整体把握。人居环境的整体建设并非一蹴而就，需经过数十年、数百年的不断培养。在不同的时间与空间下，人居环境整体呈现出不同的特征，延续独有的发展路径与文化脉络，成为指导与影响当前城市建设与发展的重要内容。人居环境汇"时间—空间—人间"为一体，是各方面内容的集合，随时代的政治、经济、社会、文化而变化，以人的生活需要为中心，在传统的优秀构图法则基础上灵活创造（武廷海，2008）。因而，面对时代不断变迁下的城乡规划与建设，城乡规划者应当"用科学的态度、缜密的思考、丰富的想象，遵循客观规律，注重复杂体系中的过程问题，审时度势、因势利导，以动态的观点与方法规划、设计、经营好我们变化中的家园"（吴良镛，2009）。

人居环境方法论的核心是整体论，规划领域对整体论的回归与重视，促发了相关规划实践的变革。人居环境的整体由多样化要素构成，这要求规划进行"融贯的综合研究"。基于此，规划领域逐渐尝试对建筑、城市、园林与科技等诸多学科的综合与融会，建立相对完整的人居学科群，在规划项目实践中组织多学科背景人才共同参与方案讨论与设计。同时，人居环境建设的整体观体现的统筹兼顾方法，促发规划体系充足与调整，要求规划有效承接上层规划内容、梳理同层规划联系、启发下层规划编制，实现不同职能部门，不同侧重点与不同层级的规划间的有效衔接与整体联系。

以人居环境科学为指导思想，顺应城乡规划变革与发展趋势，从根本上讲，美好环境与和谐社会共同缔造即对整体论的有效继承与发展。美好环境与和谐社会共同缔造，强调将美好环境视为群众活动、促成社会与空间融合共生的空间载体，通过政府、规划师与群众等不同学科与工作背景的群体共同参与，充分了解聚落发展历程，把握特定聚落内美好环境与和谐社会建设各要素间的内在联系与规律，在秉承传统规划精髓之余，积极推进规划创新实践，实现美好环境与和谐社会的共同进步与发展。从社区入手，把社区作为人居建设的基本单元，是环境与社会产生相互联系的空间载体，是整体论的基本体现；群众参与作为规划方法的有效变革，是社会与环境相互影响与作用的重要媒介；而制度作为群众参与下社区美好环境建设的重要支持，则是实现人居环境与社会体系重构的重要保障。因而，社区、参与和制度成为美好环境与和谐社会共同缔造实践的基础、核心与关键，在体现美好环境与和谐社会共同缔造的整体论之余，也成为实现美好环境与和谐社会共同缔造主要的着手点。

3.2.2 社区为基础

1. 基础在社区

社区作为人们生产生活的基本单元，一直以来备受规划界的关注。而其独有的社会性与认同感意涵，以及在行政管理方面的基础地位，使其成为联结群众与政府的重要桥梁。

1）社区是人居环境系统的重要层次

人居环境科学是一门以人类聚居为研究对象的科学，重点在于探讨人与环境的相互联系。道萨迪亚斯认为人类聚居由内容（人与社会）和容器（有形的聚落及其周边环境）组成。人居环境科学的基本研究框架中，强调五大原则、五大系统及五大层次。五大原则包括生态、经济、技术、社会、文化艺术。五大系统包括自然、人、社会、居住、支撑网络。五大层次分为全球、区域、城市、社区、建筑，每一层次中都有不同的重点。

社区是城市与建筑之间的一个重要中间层，《联合国人居中心社区发展方案》指出，社区的作用包括创造就业机会，建造住宅，提高环境意识和进行环境管理，并给居民更多的接触机会，鼓励在社区管理方面实现权力下放与群众参与。在社区研究中，重视社会发展，进行社区建设，发扬自下而上的创造力（图3-5）。

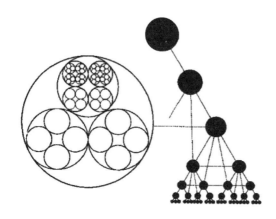

第六级社区

第五级社区
（超级市场）

第四级社区
（区段、小学、宗教建筑、商业中心）

第三级社区
（区段、小学、游戏场所、商店）
第二级社区（大型邻里、绿地、街角小店）
第一级社区（邻里、交往场所、住宅、居民）

图 3-5　社区的等级层次体系
（资料来源：吴良镛. 人居环境科学导论 [M]. 北京：中国建筑工业出版社，2001）

2）社区是规划的基本单元

（1）西方社区规划理论基础

相关研究表明，美国的"邻里（Neighborhood）"相当于中国"社区"的尺度，换言之，美国的"邻里"和中国的"社区"具有相似的建成环境和人文环境特征。美国邻里单元理论在规划之中影响深远，并对中国社区规划产生了巨大的影响。

邻里单元理论产生于美国郊区化的背景之下，在汽车交通开始发达的条件下，城市建设林荫大道、高速公路，这些大尺度的交通道路切断了居住区，形成了一个个不规则的"居住区岛屿"，交通流对每个居住区都造成很大影响。此外，城市中也出现了人际关系的疏远、犯罪、贫穷、对政治的漠然、对生活的无望和无助、环境品质恶化等问题，在城市社区之中得到最直接的体现。

为了解决上述问题，从关心行人和居民的利益的角度出发，通过对家庭生活及其周围环境的组织，创造一个适合于居民生活、舒适安全和设施完善的居住社区环境，减少社会隔离和陌生感，引导群众参与，1929年美国的克拉伦斯·佩里（Clarence Perry）提出了"邻里单元"（Neighbourhood Unit）理论（图3-6）。

佩里认为，大城市由较小的社区组合而成，城市被分割成一个个更小的单元，社区的生活品质直接影响着每一个个体的生活体验。场所的自豪感应让位于邻里社会关系质量，它才是人们所珍视的。因此，应当注重社区邻里的构建，创造适合人居的环境。过去，在村庄和小城镇中，居民具有强烈的身份认同，是由于社区场所具有的独特空间结构和文化。而在美国高速公路时代，居住区被交通干道分隔，人类出行安全受到汽车威胁，居民的交流缺乏空间载体，找寻过去失落的居民身份认同成为社会发展的需求。

基于此，佩里将邻里单元作为构成居住区乃至整个城市的基本单位。他首先注意到小学是邻里与核心家庭联系最为紧密的社会机构，因而根据小学确定邻里单元的规模，单元内部道路系统相对独立，减少与外部衔接，将过境交通大道布置在四周形成边界；打造邻里公共空间，并在邻里单元中央位置布置公共设施、在交通枢纽地带集中布置邻里商业服务。社区中心是供大家针对所有公共问题进行讨论、辩论和共同行动的场所。邻里单元内部为居民创造一个安全、静谧、优美的步行环境，讲求空间宜人景观的构建，强调邻里单元内部的居住情感，凝聚居住社区的整体文化认同和归属感。

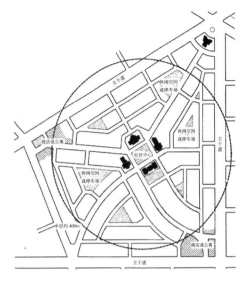

图 3-6　佩里的"邻里单元"
（资料来源：胡纹. 居住区规划原理与设计方法 [M].
北京：中国建筑工业出版社，2007）

邻里单元的思想在西方新城运动及二战后城市规划中被推广。美国雷德朋新镇的人车分流大街坊为最负盛名的实践案例。斯坦因和亨利·莱特充分考虑私人汽车以及行人步行的需求，采用了人车分离的道路系统，步行道与车行道形成了两套分隔的道路网，同时打造积极的邻里交往空间。

在此基础上，"小区规划"理论得到发展，尝试把小区作为一个居住区构成的细胞，并不仅仅局限在小学的服务半径内，而趋向于通过交通干道或其他界线为边界，居民一般的生活服务都在小区内解决。这一理论，在苏联被发展成"扩大街坊"的规划实践，扩大街坊的周边是城市交通，内部包含多个居住街坊。

佩里以邻里作为城市的基本社会单元，并确立了细胞生长的原则，邻里单元思想的推广对美国规划造成了深远的影响。过去规划师过多地关注空间问题，如交通拥挤、景观美学等，而佩里认为，规划师应该对社会问题进行考虑。这些思想也在其后的社区规划中被持续关注，即以社会物质空间设计促进对社会问题的解决。佩里还将他的理念运用于城市再开发地区以及目前布局不合理的建成区改造中。

邻里单元模式，使得规划者开始采取综合整体的视角来考虑社区问题。正如芒福德所指出的："社区规划单元的结果，是将城市规划的基本单元，由街区或者大街转向了更加复杂的单元——邻里。这就转变了对大街和街道、公共建筑和开敞空间以及居民住宅布局的需求：简而言之，创造了一种崭新的城市形态"（Lewis Mumford，1954）。

20 世纪 80 年代末以来，针对二战以来美国郊区化发展所造成的城市蔓延问题，规划师主张从以往的城市规划中寻找合理的因素去解决这一系列问题，重拾佩里邻里单元理论的理念，通过混合使用的步行社区组织城市，强调人性化的尺度，提出新城市主义，提倡传统邻里社区发展理论（TND）和公共交通主导型开发理论（TOD），努力重塑多样性、人性化、富有社区感的城镇生活氛围。

TND 理论将公共空间和公共建筑、绿地、广场作为邻里的中心。布局紧凑的方格路网，设置较窄的路宽限定行车速度，营造适合步行的邻里环境。用地开发强调紧凑利用，通过适度调整建筑容积率降低开发（图 3-7）。

TOD 理论则认为社区通常以交通运输站点（火车站、地铁站、电车站或公交站）为中心，周围环绕着低密度的用地开发，并由中心向外部逐渐增加密度，提倡工作、商业、文化、教育、居住混合利用用地。用地开发在以站点为中心的 400 ~ 800m 范围内进行，对应 5 ~ 10min 的步行距离，这是对行人的适度规模，从而解决"最后一公里"问题。TOD 模式在微观尺度以轨道交通站点为中心组织社区建设，注重人性化的设计，打造中心公共服务空间，注重土地的高效利用，在宏观上，呈现"串珠状"开发，有机疏散，塑造宜人的城市生活（图 3-8）。

图 3-7　TND 模式

（资料来源：Dutton J.A.New American Urbanism:Reforming the Suburban Metropolis [M]. New York, NY: Distributed in North America and Latin America by Abbeville Pub. Group; London: Distributed elsewhere by Thames & Hudson.2000）

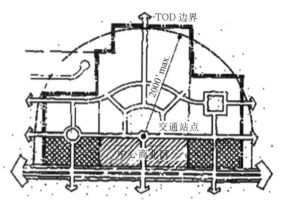

图 3-8　TOD 模式

（资料来源：[美]卡尔索普等. 区域城市：终结蔓延的规划 [M]. 北京：中国建筑工业出版社，2007）

总的来说，新城市主义对社区建设的主张主要体现在紧凑、适宜步行、交通便捷、功能混合、密度混合等方面。

（2）中国人居聚落建设变迁

村落是中国传统人居聚落中基本的组织单元之一，传承了中国古代人居聚落的传统。村落以公共空间为中心，作为村民的活动空间，固化村民对于集体空间的认知。村落的选址及布局注重审视自然环境，追求"左右有山丘辅弼，前有流水蜿蜒或是带有吉祥色彩的弯月形水塘，水的对面有对景案山，更远处是朝山，后有山峰耸立"的布局形式。宗祠等建筑成为礼制空间的核心体，其他居住建筑为围合体，核心体与围合体的关系是社会伦理与家族秩序的象征。不同地域的村落有不一样的邻里组织形式。

在珠江三角洲的传统广府村落中，雨热同期的气候条件直接影响了村落的形态布局。广府梳式布局的村落一般坐北朝南，顺坡而建，前低后高。为适应气候和利于村民日常生产生活，村落聚居选址一般遵循近水、近田、近山、近交通的原则。形成村前有半圆形池塘及前庭广场，村后及东西两侧种植果树竹林，夏天凉风从村前的池塘吹来，冬天寒风可被后山阻挡。中心布局宗族祠堂，住宅环绕周边。宗祠及前庭广场是村落主要的公共空间，为村民提供休闲娱乐活动的场所，甚至作为村委会的宣传活动中心，是村民聚集交流的中心（图 3-9）。

客家聚落多位于山区，特别重视山形走向，遵循靠水、依山、防御为主导的布局原则。这与客家人迁徙的历史有关。自唐宋时期客家人南迁以来，客家人与当地人的矛盾，使得他们对于居住安全有很高的要求，村落的布局因山就势与山坡陡坎相结合，利于防御外界侵扰。傍溪而建又注重洪涝的预防，取水便利，方便生活。村内同样布局有学堂、宗祠、宫庙等公共建筑。客家土楼的聚居形式还有一些与众不同的特点，例如，土楼内同居异财的生活模式形成土楼内的宗族小社会（图 3-10）。

图 3-9　广州市从化市秋枫村图底关系
（资料来源：根据《渐行渐远古村落·岭南篇》改绘）

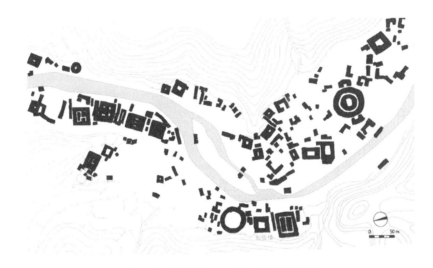

图 3-10　福建省永定县洪坑村图底关系
（资料来源：根据《福建土楼》改绘）

由此看来，中国传统的乡村聚落强调人与自然的和谐共处，以顺应地缘生产生活，以血缘维系社会关系，以宗教活动形成村落精神与文化纽带。聚落的形成与发展自然而缓慢，所产生的空间以人为尺度，有机地布局并强调公共空间的营造，使人产生心理上的归属。

与乡村不同，中国城市自古以来是行政管理机构的所在地。除了行政职能以外，城市还是经济、文化的中心。在古代，城市居民主要由地主、官员以及为他们效力的文人、仆人等组成，在空间上形成与乡村不一样的肌理格局。城市的交通按东西南北规定，以方格网为基本组织模式，等级明显。居住区以私人庭院为基本单元，商业街和市场只是附属的外延部分。如清代的北京城，居民区以坊为单元，坊下设铺，或称为牌，采用四合院并联的开放式布局形式，体现中国传统文化在空间上的内向性、秩序性和复合性。

骑楼是一种近代的商住建筑，在两广、福建、海南等地曾经是城镇的主要建筑形式，于是清末民初时期，当地居民漂洋过海谋生后回乡建造而成，融合了欧亚建筑，特别是南洋建筑风格，是华侨文化的一种空间载体。为了适应炎热多雨的气候特征，骑楼沿街采取"上楼下廊"的建筑形式，在马路边相互连接形成长廊，长达几百米乃至一两千米，方便行人通行躲雨。建筑布局自由，联系紧密。房屋用途以商住混合为主。骑楼下方的人行廊道，突破了单家独户的束缚，变成行人和顾客、商铺共享的公共空间。在岭南和闽南一带，骑楼充满生活气息，为居民提供了品茶休憩、会客互动的空间，成为人们交流的场所，体现人文关怀。

新中国成立以后，我国在城市基层社会逐步建立以"单位制"为主、以街居制为辅的管理体制。单位制在当时政治体制及计划经济体制的运作之下，从组织上保证了效率，发挥了重要功能（何海兵，2005）。新中国成立初期新建的住宅区很大一部分建设在矿区和小型独立工业中心附近的新兴小镇，由企业负责建设、分配、维修及提供公共服务，体现出"单位制"的特点。这段时期内，居住区规划借鉴西方邻里单元理论，在居住区内设置小学和商店等公共服务设施，建筑布局采取行列式为主。但在学校的选址上与邻里单元理论差异较大，体现在其布局尽量远离住宅区中心。这是因为学生的户外活动所产生的噪声影响居民生活，当时工人按照三班制进行作息安排，有三分之一的人需要在白天休息，因此将学校布置在边缘地带，但仍然以避免学生穿行马路为主要原则（图 3-11）。

图 3-11　南京市梅山工人住宅小镇的总布局图

[资料来源：华揽洪. 重建中国——城市规划三十年（1949～1979 年）[M]. 李颖译. 北京：生活·读书·新知三联书店，2006]

20 世纪 50 年代，苏联对我国的城市规划也带来很大的影响。在中国指导城市规划时，苏联人追求道路整齐划一，形成了比过去更大的"街坊"组织形式，一个"扩大街坊"中包括多个居住街坊，在住宅的布局上明显强调周边式布置（图3-12）。20世纪50年代初建设的北京百万庄小区属于非常典型的案例。但由于在日照通风死角、过于形式化、不利于利用地形等问题，在此后的居住区规划中已经较少采用（开彦、赵冠谦，2009）。

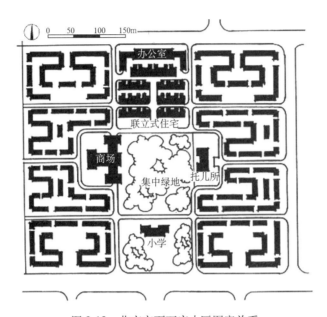

图 3-12　北京市百万庄小区图底关系

(资料来源：胡纹.居住区规划原理与设计方法[M].北京：中国建筑工业出版社，2007)

改革开放以来，随着经济体制改革的深化和社会利益结构的调整，国家原本用于整合城市基层社会的"单位制"模式的控制功能逐步弱化，形成了一个"去单位化"的过程。城市社区逐渐替代单位组织，成为承载管理功能的基本组织。

改革开放初期，中国居住区仍大多采用传统街坊式的布局形式，重视生活配套设施。并改变单调的行列式布局形式，在各个住宅组团内预留公共绿地，设立休闲设施。如全国第一个商品住宅项目——广州市东湖新村（图3-13），采用组团院落式的布局，形成的内院成为私密空间与公路之间的"中介"空间，成为居民交流、互动的场所，在一定程度上促进居民交往和联系（林琳、欧莹莹，2004）。此外，通过二层平台将多栋住宅连接起来，使得居民的公共活动空间增加，也实现人车的分层分流。二层平台下的空间具备进深大的特点，便于商业店面使用，还可架空用作室内活动场地、车棚等。这一时期中国居住区的规划形成了比社区次一级的居住单元，居民在其中享有较丰富的公共空间和私密的环境，促进这一层级内部的人际交往和社会交流。

20世纪90年代初，随着人口规模上升，居住需求上涨，在提倡节约用地和提高容积率的需求下，城市高层住宅纷纷拔地而起，居住区布局形式多样。高层住宅的兴起也带来个人空间的分隔和公共空间缺失等问题。高层住宅的人口规模大，个体差异显著，兴趣爱好和交往行为不一，邻里间的接触极少。加上人均公共空间及服务设施较少，居民缺乏交流互动的场所。通过美好环境共同缔造重塑社区邻里、居民的归属感与认同感成为势在必行的行动。

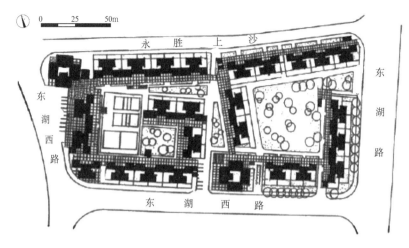

图 3-13　广州市东湖新村图底关系
（资料来源：根据《当代国内外住宅区规划实例选编》改绘）

3）社区是认同感形成的空间载体

社区本身是一个社会学概念，最早源于德国社会学家滕尼斯 1887 年提出的
"Gemeinschaft"，指的是一种由具有共同价值观念的同质人口所组成的亲密、互助、富有
人情味的生命共同体。帕克和伯吉斯在《社会学导言》中提出，"当从地理分布上来考虑
社会和社会集团所含的个人和体制时，我们就把社会或社会集团称为社区。"各有所异的
社会关系植根于共同的地域组合中，形成各色各样的社区，而不同的社区情况是三种不同
方面的社会作用力促成的结果：

从生态学方面来看，社区本身具有特定的地形地貌，以及其他外部的物质环境特征。
任何一个社区的生活过程不仅仅由其自身内部的各种力量所决定，而且还会受到整个城市
生活总体过程的制约。城镇规划则是旨在控制、指导这种生态作用的一项尝试。

从文化力量方面来看，社区可以理解为某地区内共同的人类生活对于当地组织构造的
影响，或对当地文化的维系，包括当地特有的情感、行为方式、礼仪等，这些东西或是当
地原有的，或是融合吸收的。这些文化的力量促使社区特征的形成。

从政治力量方面来看，在地理的基础上，共同居住的居民常常会形成社区认同感，促
成其共同协调行动，成为保障社会行动和政治活动的力量。社区认同感是社区成员及其与
团体之间的相互作用而产生的，通过彼此承诺使成员形成共同信念，并逐渐发展成为共同
规范和价值观。社区内的人们对社区产生特殊的感情，希望自己的社区变得繁荣，并付诸
行动。

社区认同感的重要性表明，社区发展所包含的不仅仅是物质功能和服务功能的发展，
还包括人们心理和情感的培育。在社会关系破碎化、邻里关系淡漠化的今天，社区认同感
重塑，具有更深远的意义与价值。塑造共同的社区文化，增强社区居民的文化认同感、归
属感和幸福感，是美好环境共同缔造的重要内容。

不同社区中各种作用力的差异以及合力形成的权重不一构筑了各式各样的社区。因此，
美好环境共同缔造应当将每个社区视为一个基本单元，在具体环境中进行具体分析，基于

对各种社会力量的调查研究，通过充分发挥各种力量的作用，推进美好环境与和谐社会的建设。

4）社区是基本社会组织和管理单元

我国经济体制改革取得诸多成就，同时为政府管理带来两方面的挑战：从社会角度来说，国家必须直接面对复杂多变、多层多向流动的社会，必须有效解决改革过程中带来的大量社会问题，大大增加了国家治理的工作强度和难度；从政治角度来说，单位制的解体，也使本来溶解和渗透在单位中的国家权力开始逐渐离析出来，因此政治体制改革问题被提上了议事日程。自 20 世纪 90 年代中后期开始，中国城市基层体制改革创新进入开展社区建设的阶段，初步实现了对传统"街居制"的改造，解决了"单位制"遗留的问题。

社区是我国城市基层地域性社会组织和管理单元。在未来中国社会发展中，社区必然成为中国社会重要的结构单位。社区是社会组织中最小的区域单位，而社区居民委员会是我国城市社区组织的管理主体，是城市基层群众性的自治组织，而非隶属于政府的行政管理系统。因而，社区具备成为自上而下的行政力量与自下而上的自治力量作用汇聚点的潜力。

社区作为社会的构成单元和缩影，城市建设与管理中诸多的矛盾与问题均可以在社区中得到最现实、最直接、最全面以及最具体的体现。受感知范围的影响，群众对自己身边的事务有着更为直观、更为翔实的感受，人民群众往往从身边看得见、摸得着的事来评判一个地方的社会管理水平，社会的和谐稳定也往往孕育在这些"小事"里。身边微小的事务更能让人体会到政府不是万能的，体会到最有发言权、最能解决问题的是自己。因而，在社区层面，人们对切身需求和贴身公共事务最有发言权，最能形成自我解决的办法。

社区是人居环境建设的重要层次，是规划的基本单元，是认同感形成的空间载体，同时是承载基层活动的载体，是基层共同管理、共同决策的基本单元。这决定了以社区为基础的规划活动在促进城乡建设与发展中具有不可取代的重要作用与优势。美好环境共同缔造是以社区为基础展开的规划变革活动。

2. 社区中的规划与建设活动

近半个世纪以来，以社区为主的改造运动在许多国家或地区不约而同地蓬勃发展，彼此切入点略有不同。如日本侧重于街道改造，故基础在社区的建设活动，多被称为"造街"或"地区活化"；英国则强调专业人员在社区建设中的社会责任，因而将社区建设活动称为"睦邻运动"；美国在社区建设中强调社区组织的形成，故而更多的是开展"社区运动"；我国台湾则重视社区工作者的角色与职责，因而将围绕社区发展进行的一系列项目与活动，称为"社区营造"。虽然侧重点有所不同，但国内外社区建设的实践与经验均表明，社区是推动地区社会、经济等多方面共同发展的基本单元，是实现发展目标的重要基础。

1）国内外的社区规划与建设活动

（1）日本的"地区活化"

二战后的日本步入重视经济的发展道路，自 20 世纪 50～70 年代，日本经济获得飞速发展。1968 年，日本国民生产总值在资本主义国家中已排至第二位。然而，伴随日本走向现代化，大量地方人口向大城市移动，出现了地方人口稀少、中小城镇和农村日渐衰退的局面。同时，在大拆大建的现代化开发过程中，城市不仅出现了严重的社会问题，那些有着厚重历史文化的建筑物、历史街区也濒临被拆毁的危机。因此，20 世纪 70 年代以来，越来越多的市民关心的不再是经济的快速增长以及各种名义的"开发"，而是生活质量的提高。在城市改造过程中大大小小的市民团体应运而生，这些市民团体基本上由当地有责任心的居民组成，他们针对市政规划，积极提出建议，亲自参与到城市改造和城市建设中来，掀起保护历史文化街巷的运动。他们认为城市的改造和建设理应体现居民对家园的集体记忆以及对故乡的美好想象，故而朝此方向推动地区活化的进程。它使具有历史文化传统的城市风貌得以保存和开发，让传统街区重新焕发魅力，也使日本从片面追求经济、追求高效的时代过渡到重视历史传统和人文景观的时代。

● 日本玉川社区共享"邻里交流空间"——缘侧咖啡座

日本玉川社区咖啡店在经营过程中，了解到社区居民缺乏活动空间，利用房屋开放式的露台搭建木平台成为社区活动的场所，并且免费向居民开放。缘侧咖啡座逐渐成为社区居民聚会、活动的主要场所，部分社会组织也将其作为会议举办地，咖啡店因此成为社区主要的"邻里交通空间"（图 3-14）。

图 3-14　日本玉川社区的"社区缘侧咖啡座"
（资料来源：摘选自《社区营造》一书）

（2）英国的"睦邻运动"

英国是世界上最早开始工业革命的国家，经济发展水平在同时期远远超过了其他国家。但英国国内经济的发展、社会政策的调整多集中于向海外扩张，因而，未能解决国内城乡发展中诸如贫困等诸多问题。随着贫富差距的不断加大，国内社会矛盾更加尖锐。进入 19 世纪 80 年代，在英国国内从事社会问题研究的学者，特别是从事实证社会学研究的学者激增。这些学者认为，作为专业人员，在社会问题重重之际，不应只是委身于机构或组织之内，而应该了解政府的本质及如何通过政府改变社会内部的冲突和矛盾，并确立社区在追求进步与行动上的客观地位。成立了专门的慈善事业委员会和英国统计协会，一起进行社会调查，以便掌握和发动社会舆论，以引起官方对社会问题的关注，并就减轻社会弊病、完善社会制度提出建议。这些社会研究者对自身责任的践行，成为促进英国社区改造与变革的"睦邻运动"的关键。

（3）美国的"社区运动"

18 世纪末处于工业化和城市化快速发展时期的美国，正面临海外移民的高潮，大量失地及贫苦的欧洲农民涌入美国各大城市，带来前所少见的社会问题。美国早期的社区运动主要致力于帮助新移民尽快融入新环境，提供的服务包括成年人教育、日托中心、图书馆和休闲娱乐等。美国的社区工作进展迅速，自 20 世纪 60 年代以来，社区工作主要由民间团体承担具体的发展实施事务。政府在社区发展中的推动作用不可替代，但社区发展的实质并不是由政府主导。在美国的"社区运动"中，政府并不直接干预社区发展的具体事务，而只是提供政策和资金支持，具体运作则主要由非政府组织承担，充分发挥非政府的民间力量在社区建设与发展中的重要作用，取得良好成效。

图 3-15　玛拉农场上的"儿童菜园"
（资料来源：摘选自《社区营造》一书）

● 西雅图玛拉农场

玛拉农场，位于华盛顿州西雅图市，面积为 $4ft^2$，其为弱势团体和家庭提供了菜圃空间、技术和其他所需资源。这一有机农场容纳了 4 个社区园地，分别由不同的非盈利和政府组织协调管理。

作为一个城市共有地，生活在农场周边、背景多元的居民被允许在这片土地上进行耕作活动。大家在这片土地上种植代表自己身份背景与文化背景的植物。如：墨西哥裔和南美裔家庭种植或蓝或红种类的玉米；东南亚缅族人则种植巨大的黄瓜与南瓜。

一年到头，玛拉农场都是西雅图当地社会和文化活动的中心，"儿童菜园"则提供给附近学校和社区中心来的儿童，学习如何种植自己的作物，并参与菜园里的烹饪示范和营养课程（图 3-15）。

在农场土地中，划分出一块土地，供给当地青少年尝试农业生产活动，建设"西雅图青年园地"。由早春到晚秋，常可以看见一群青少年照顾着菜床、除草和准备着要卖给农民市集的农产品。

玛拉农场的建设具有重要意义：作为一个密集栽种的绿地，使人们忘记其所在地是西雅图污染最严重的地方之一。不仅为当地绿化建设作出巨大贡献，更是营造出一个充满文化气息与活力的绿地空间。

（4）我国台湾的"社区营造"

二战后至 20 世纪 50 年代的 10 余年间，台湾经历了政治空前混乱的时期。美国除了在经济上援助台湾外，也尝试提升台湾的自治能力。因此，在联合国专家的帮助下，"社区发展"的概念进入台湾。80 年代初期，为应对城市社会发展中的诸多问题，恢复因种种原因备受破坏的社会秩序与生活环境，台湾开始出现社区尺度的社会集体行动。一个是应对"邻避危机"产生的社区运动，另一个是为"改善环境"而动员起来的社区运动。

这两类运动逐渐融合，成为符合台湾本土发展实情，别具台湾特色的"社区营造"活动（图3-16）。

发展至今，台湾社区营造活动致力于应对"社区瓦解"带来的种种问题，而积极探求如何遏止瓦解，创造更好的生活环境的方法与措施，并循序渐进地付诸实施。这种社区总体营造工作，以居住在社区内的民众作为营造的主体，结合企业、政府、各类组织的共同参与进行推进。

图3-16　台湾农村社区的自力营造

(资料来源：作者自拍)

● 台中市西屯区何厝小学保护老树活动

台中市何厝小学位于具有两百多年历史的何厝庄，庄内有许多树龄已久的老树。在小学执教的欧老师认为，良好的教育应当从培养孩子对社区、对家乡的情感做起，不应像传统的学校教育一样，让孩子单纯接受校园内的教育，置身于社区事务之外。因而，欧老师在邀请地方社区团体共同参与的基础上，带学生走出校园进入社区学习。

出于社区老树对于学生而言，是承载儿时记忆重要符号的考虑，欧老师选择以社区老树为出发点，引导学生认识社区文化。基于此，欧老师统整社区内独有的地方风土人文与生态资源，通过如下活动的开展，增进师生对所生活的社区的认识，促发师生与社区居民相互交流与沟通：

· 老树保护行动；
· 乡土文史的记录，制作怀旧档案见证历史；
· 社区特色图章比赛，认识、体验社区之美；
· 老人与小孩代间活动；
· 邀请耆老做乡土老师，加强文化互动；
· 邀请阿嬷进行俚语特色教学；
· 了解传统美食。

在丰富的社区活动中，师生与社区产生了诸多对话，在学校与社区互动协作的过程中，增进了师生对传统社区文化的认识，良好地促发了学生社区认同感的形成。更为重要的是，在此过程中，实现了社区文化的代代相传，也为以老人为代表的社区居民带去诸多欢笑与快乐。

国内外社区建设与发展的实践表明，出于解决社会问题、改善生活条件、重构社会关系、美化生活环境的发展需求，实现社会、经济、文化等多方面发展，重构有序的生产生活秩序，社区是良好的基础，以社区为基础的建设行动行之有效。

2）美好环境共同缔造的社区规划与建设活动

美好环境共同缔造的基础在社区，强调群众对自身与邻里共享价值和利益的认可程度，以及社区与城市其他地方联系的密切程度，这是影响认同感形成的重要因素。美好家园的建设有赖于家庭间和睦邻里关系的形成，这同样是促成认同感的重要手段。因而，美好环境共同缔造强调从公共空间的建设、群众参与的实践、丰富活动的举办等方面入手，促进美好人居环境与和谐社会的共同发展。

（1）公共空间的建设：公共空间，作为具有代表性和凝聚力的中心，可将群众对特定地方的认知聚集到特定的空间范围内，从而形成一种人的认知与空间之间的映射关系，并以特殊的空间符号，承载居民共同的记忆与情感。因而，公共空间是促发社区认同感的重要空间载体。其可以是重要的服务设施，如体育馆、活动中心等；可以是重要建筑，如祠堂、庙宇等；可以是标志性的小品和元素，如大榕树、牌坊等；还可以是一定的开放空间，如广场、池塘、公园等。公共空间使人们对地方有一个清晰的概念，也使地方在人们的认知中具有存在感。

（2）群众参与的实践：群众参与为人与人创造了交流与合作的良好平台，促发了不同群体的融合。社区居民共同参与的过程与结果，或是成为居民深刻记忆的一部分，或是促成社会关系网络的重构等，在一定时期内，将逐渐促成新的地方认知，促发新的群体文化，有助于社区认同感的形成。包容性是群众参与能否实践的关键，在包容和接纳的氛围下，如本地人、外地人等不同群体间相互交流与协作才能更好、更易地推进与开展；同时，群众参与的实践，在促成认同感的基础上，也会进一步提升社区的包容性。

（3）丰富活动的开展：丰富的活动是人与人、人与地方产生联系的媒介，也是生活文化的一种表现。丰富的社区活动在充实居民日常生活的同时，为社区居民产生相互联系创造条件，促使带有地方特色的文化通过活动渗透到人的认知中，从而建立人们对地方新的认知，孕育居民对地方的归属情感。而寓教于乐的社区活动，在促发认同感的同时，则具有更为丰富的教育内涵。

● **思明区莲花五村社区"邻里和美日"活动**

思明区莲花五村社区为丰富居民生活，促发居民融合，与社区居民商议，将每年的 12 月 5 日社区组建日设定为社区"邻里和美日"。每逢和美日，社区两委会牵头举办大型邻里互动活动，鼓励居民"走出来、动起来、乐起来"，通过各类艺术活动的开展，开辟左邻右舍新气象。

为弘扬"邻里和美"的传统社区文化，邻里和美日的活动常常包括有奖知识竞赛、猜谜语、邻里文艺汇演、手工绘画等丰富多彩的邻里互动活动。邻里文艺汇演为社区居民一展才艺提供了平台，通过戏曲、小品、歌舞等节目的表演，不仅让社区居民从中获得乐趣，也让他们发现，原来自己的身边有这么多多才多艺的能人，自己所在的社区原来是一个卧虎藏龙的宝地，社区认同感与自豪感油然而生。而让孩子们画出自己心中"美丽五村"的活动，一方面以孩子的参与为媒介，架起了家长相互交流的桥梁；另一方面，孩子们通过绘画作品表达出其内心对美好和谐生活的期许，则成为社区建设与发展的目标指引。

通过这样一系列健康向上的邻里活动的开展，让社区居民"走出来、动起来、乐起来"。通过参与多样的活动，社区居民从不熟悉到熟悉，从相互交流仅限于打招呼，到相互间的互助互爱。遇到问题时，能够互让一步，心平气和地解决，而非剑拔弩张。"邻里和美"不再是现代新社区中不可企及的邻里关系，而以一系列活动为载体，逐步走向现实，而社区认同感也在此过程中逐渐凝聚与形成。

社区是构成城乡单元最基本的细胞，其建设与发展是促进人与人、人与自然间和谐关系形成，实现美好环境与和谐社会共同发展的重要载体。为更好地推进社区发展，促发认同感的形成，社区内各类社会／社区组织的培育、社会保障和社会政策的落实，以及社会管理和规范的构建尤为重要。同时，也应当认识到，美好环境共同缔造的社区建设涵盖多方面内容，涉及如下社区生活、社区环境、社区文化等多方面的内容。

（1）社区生活：垃圾处理、公园设施、社区停车、工厂噪声与废水、居民公约等；

（2）社区形象与标识系统的营造：社区之歌、社区之花、社区之树、社区代表精神、社区代表物、社区代表景观等；

（3）社区环境景观改善：环境清洁、绿化美化、亲水空间、无障碍空间等；

（4）社区生活空间的创造：运用现有的活动中心、庙宇、空地等闲置空间，营造出社区居民所需的休闲空间、运动空间、聚会场所、图书阅览空间等；

（5）古迹、建筑、聚落与生活空间的保存：宗祠、寺庙、古井、老树、老街、遗址等；

（6）户内外休闲空间：艺廊、画廊、沙龙、广场、阅览空间、活动中心、儿童及青少年娱乐设施、公园、建筑物开放空间、行人徒步区、街廊、街道景观、凉亭等；

（7）生活商店街的营造：商业街、休憩空间、商店招牌美化等；

（8）其他：河流净化、植栽绿化、厨余堆肥、生态保护及亲水性河流、小溪、河边空地等。

3.2.3　参与为核心

1. 核心是参与

美好环境共同缔造的核心在于以群众参与为主的多元主体参与。政府、规划师与群众通过共同参与，在科学指导下不断摸索与尝试，在实践中形成与发展实情相适应的发展经验，探寻可实现环境与社会良性互动、可持续发展的方法。然而，在社会关系网络碎化的背景下，共同参与，特别是群众参与难以自发实现。在传统社区建设中，被视为"主导者"的政府、基层组织以及规划师是参与的主体，也是发动与组织参与的主体，在共同参与之初扮演重要的角色。美好环境共同缔造多元主体共同参与内含循序渐进、由表及里的有序过程。

（1）政府牵头，激发群众热情。由政府牵头，基层组织与规划师参与，对社区进行实地调研，从中发现社区发展目前存在的较为显见的问题，如环境问题与空间问题等。在此基础上，通过微博、微信等信息化网络平台，或意见箱、宣传栏等传统平台的建设，构建起传达社区建设信息、承载意见交流的平台；在宣传解析共同缔造内涵的同时，引起社区居民对社区问题的关注，促发相关的思考与讨论。在潜移默化之中，将参与意识传递给群众。通过缔造蓝图与愿景的构想和展示，以及对群众最为关心却迟迟未能解决的问题的处理，增强居民信心，获得居民信任，激发群众参与社区建设与管理的热情。

（2）整合资源，发现关键人物。通过多种渠道，整合社区人才、空间等各类资源，在认识社区发展优劣势、明确工作重点的同时，发现缔造过程中可以发挥重要作用的关键人物，具有针对性地开展群众参与的动员工作。

政府与规划师立足社区实情，认识社区发展的优劣势，整合社区存在的资源，为推进分类统筹发展奠定基础。老社区中，无物业老旧小区居多，公共活动空间不足；老人等特殊群体较多，社区内社会关系虽被割裂，但人情尚在，居民较容易组织起来；社区内热心于社区事务的居民较多，以党员与长者突出，可成为社区组织的主力。故而，在老社区中，可通过居民自治小组自管，党员团体协力的相互结合形成群众参与力量，通过改造老旧设施，打造"微公园"；加强激励引导，规范自治管理；社工义工联动，提升关爱服务；还原历史风貌，深耕社区文化等举措，营造人情味浓、社区感强的"老街坊"。

而新社区中，存在生人社会关系冷漠、活动空间功能单一、物业管理纠纷、公共服务水平难以满足要求等问题，然其基础设施条件较好，卫生秩序良好。在新社区内，可通过业主委员会牵头，各类群团组织共治的方式实现群众的良好参与；通过优化公共空间，提升公共服务；理顺居委会、物业公司、业委会权责关系；打造多元平台，引领互动共享；培育互动精神，增进社区认同等举措，构建邻里和谐、服务优质、民主自治的品质社区。

村改居社区，通常存在硬件基础设施落后、社区综合管理难度大、社区发展同质化等问题，然其传统乡土社会留存的集体基础较好，村民间相互联系、相互协作的主动性更高；特别是传统乡土社会中具有威望的长者与乡贤，在凝聚集体力量、促发集体共识等方面仍有余热。因而，在村改居社区中，可通过传统社区组织的建设，引导居民通过自治参与到社区建设与管理中；通过推动环境有机整理、产业特色发展、管理制度规范、社会多元共治、历史文化传承等方面，推进"五位一体"发展，实现"机制活、产业优、百姓富、生态美、文化浓"的发展目标。

可见，整合社区资源，核心在于发现社区共同缔造的关键人物。共同缔造关键人物的发掘通常来自于对社区人才资源的整合，他们可以来自于社区基层组织对社区居民基础资料的摸查过程中，筛选出的具有知识性与先进性的人才；可以来自于居民群众日常生活中熟识、信任与推荐的能人；还可以来自于平日与政府交流过程中，表现突出、积极性高、颇有见地的居民群体。通过对这些关键人物进行找寻与动员，为构建社区共同缔造的"主力军"奠定基础。

（3）共同讨论，寻找核心抓手。在对社区发展问题与资源有较为充分的了解后，在居民对社区问题的意见与讨论较为成熟时，政府与规划师可出面组织社区居民召开讨论会议，特别邀请与动员发掘的具有高水平、高素养及领导特质的社区能人参加会议。通过共同讨论，得出社区发展现状中存在的核心问题与发展愿景，即得出未来发展的共识，作为共同缔造工作推进的抓手。

（4）建立组织，搭建共谋平台。通过共同讨论与商议，更多的社区能人涌现出来。在共同为社区共同缔造作贡献的过程中，政府、规划师与群众相互认识、相互磨合，形成良好的合作关系；而一些具有领导潜质与改造热情，且对社区建设与管理颇有见地的社区能人由于发挥团结与组织群众的关键作用，在群众中享有一定的声望。有共同目标与共同经历的群众群体逐渐呈现出建设自治组织的趋势。在此基础上，为保障共同缔造各项建设活动制度化与长效化发展，政府与规划师可出面将这些呈现社区组织"雏形"的团体团结起来，凝聚群众力量，支持与引导其组建居民自治共管性质的组织，并搭建相应的议事平台，为群众组织议事交流提供良好支持。

（5）协助议事，形成共建方案。在自治组织成立后，政府与规划师应当充分发挥触媒作用，促发群众组织、辖内单位、现有团体间产生相互联系，将更广泛的民间力量带入参与社区建设的团队中。促使各主体充分了解社区自治管理的现有架构，明确各自职责，为更广泛的合作共议做好铺垫。在此基础上，构筑多方议事平台，召开议事会议，针对其职责范围内的社区问题展开讨论，共同商议、达成共识，形成共建方案。社区"两委"参与会议，但仅发挥协助议事的作用，如对社区居民在社区建设与管理相关规章制度方面的疑问进行解答，对组织所需的信息进行补充说明等。确保会议主导者为群众组织与社区居民，协助自治组织等多方主体形成共建方案。

（6）统筹力量，增强执行效益。在方案推进与实施的过程中，政府可统筹社区内外力量，在充分利用社区内部资源的同时，针对商议得出的当前自治组织与各类团体难以解决的部分建设与管理方案，积极与相关职能部门，或社区外已建设成功且运作良好的社会组织、业务团体等取得联系，通过为其搭建基层服务平台，协助其服务工作的开展，达成合作共识。以统筹内外力量的方式，增强建设与管理方案的执行效益，促进方案更快、更好地实施。

（7）制定制度，形成长效机制。在共同缔造的过程中，政府与规划师鼓励、引导群众组织发挥自身作用，与其共同开展更广泛的自治管理与建设活动。针对其工作中面临的问题，与之共同商讨，提供相应帮助，促进自治组织趋于成熟化，使其逐渐具备规范管理社区事务的能力。在此背景下，政府总结共同缔造经验，对共同缔造过程中实施效果良好的各项举措进行深化，以制度化的形式固定下来，使社区共同缔造的过程"可以信、可以看、可以学"。与此同时，针对社区群众自治管理过程中可能存在的问题，制定相关制度，规范群众自治行为，为共同缔造成果得以长效发展提供制度保障。

2. 参与中的政府、规划师与群众角色

"美丽厦门共同缔造"以群众参与为核心，以政府、规划师与群众为主要参与主体，推进社区规划与建设活动。在美好环境共同缔造中，作为传统规划中唯一决策主体的政府，以及主要制定主体的规划师，其角色亦发生调整与变化。

1）政府的角色

纵观国内外的社区建设与管理经验，其发展模式主要有政府主导模式、社区自治模式及混合模式三类。前者，政府与社区行为紧密结合，政府对社区干预直接且具体，社区发展由政府主导；次者，社区具体事务完全由居民实行自主管理，政府仅通过相关法律法规对其行为进行规范；后者，政府对社区发展干预较为宽松，主要为社区的建设与管理进行规划、指导与经费支持，政府引导与居民自治交织发挥作用。共同缔造的过程则是从混合模式出发，向社区自治模式发展的过程，在这个过程中，政府扮演如下的多重角色，从而发挥了重要作用。

(1) 宣传者——解析内涵，激发参与热情。共同缔造的第一步，是让居民了解何为共同缔造。共同缔造的目的、方法、重点与流程，与自身有何利益关联，可以带来哪些变化，都是居民在接触这个概念之初，想要了解的内容。此时，政府应当担负起宣传者的责任，结合社区共同缔造的经验，收集国内外与缔造相关的成功案例，解答居民疑问，在生动而形象地说明何为共同缔造的同时，激发居民参与热情，为其提供仿效学习的范例。

(2) 触媒者——整合资源，建立多方联系。共同缔造过程的顺利推进，有赖于社区内外资源的充分利用，有赖于各类主体间相互协作。政府应当通过接触社区组织及居民，了解组织与居民的各项基本情况，牵头整合社区资源。这些资源包含：①人才资源。包括知识分子、技艺达人、德高望重的长者、热心居民等。②辖内企事业单位。③辖内已有的居民团体与居民组织等。④辖内可用以建设的空间，如闲置用地等。在此基础上，将多种形态的资源分门别类，进行备录。

与此同时，政府应充分发挥联系各类资源与主体的媒介作用，通过交流平台的搭建，一方面扩大资源运用范围，另一方面促使各主体了解其在社区发展过程中的角色。

(3) 促能者——发现能人，挖掘潜在宝藏。在共同缔造过程中，以社区能人为代表的关键人物有着重要的作用。如果说社区是一座宝藏，那么政府便是开启这座宝藏的钥匙。在整合资源过程中，发现高学历、高水平与特殊技能者；在接触与交流过程中，发现热心社区服务的居民，从中找出具有改革社区使命感、领导特质及沟通协调能力者。并在此基础上，搭建平台，创造条件，为其提供可以大展才华的舞台，促进其充分发挥自身能量。这是政府在共同缔造过程中扮演的核心角色之一。

(4) 发动者——共商共议，发动群众参与。结合社区调研与群众接触的基础工作，政府通过搭建交流平台、召开议事会议等途径，开辟与群众共商共议的渠道，共同评估社区需求，从中找出社区发展的关键问题，并以此为抓手，发动群众参与。这是政府在共同缔造过程中作为发动者，需要发挥的重要作用。

(5) 组织者——建立组织，凝聚群众力量。在发现能人、共商共议与号召参与的过程中，更多的热心居民涌现出来。为保障共同缔造各项建设活动制度化与长效化发展，政府出面凝聚这些群众的力量，以其中具有改革社区使命感、领导特质及沟通协调能力者为骨干，组建居民自治共管性质的群众组织，并构建相应的议事平台，保障群众组织议事会议及活动工作顺利进行。

(6) 协助者——协助工作，兼用内外优势。在对社区发展存在的问题进行商议，形成相关建设方案，并针对建造理想社区的有益方案，进行审慎可行的规划，清楚勾勒社区未来愿景，并逐步付诸实施的过程中，政府应承担协助者的角色。除优先使用社区内部资源，提供一定的资金支持外，还应结合社区活动、发展计划及资源分享等内容，协助群众组织寻找外部支持，助力社区发展。与此同时，针对因组织尚不成熟而导致项目与活动实施不畅的问题，政府也应发挥协助作用；在为自治组织提供制度支持的同时，帮助其顺利解决工作中遇到的难题，促进自治组织的日渐成熟。

(7) 引导者——制定制度，引导群众自治。政府的引导角色，几乎贯穿于共同缔造工作的始末，除引导群众对社区发展现状展开思考、引导自治组织向良好的方向运作等内容之外，更为重要的是，政府应当常常总结经验，及时发现缔造过程中存在的问题，予以及时纠正；并通过相关规章制度的建立，在规范缔造过程中各类参与主体行为的同时，将已经形成的、具有社区特色的、实施状况良好的缔造经验以制度的形式固定下来，用以更为广泛范围内共同缔造的开展与推进。

2）规划师的角色

传统规划模式中，规划师被视为拥有专业技能与素养的"精英"，成为制定规划方案的主体；其所拟定的规划方案或是缺乏对实际情况的清晰把握，或是受到上层要求的影响，往往无法真正解决地方建设存在的问题，规划所产生的福利也常常无法延伸到最需要帮助的人身上。在美好环境共同缔造中，规划师的角色亦有所转变。

（1）学习者——广泛学习，增强实践能力。在社区规划的过程中，规划师需放下专业或工作角色所赋予的"身段"，以群众为师，在每一个规划参与的过程中精进自身的实践能力。同时，为更好地使规划贴近群众生活，规划师需学习传统规划技能以外的专业技巧，比如如何在不同背景下，与不同年龄层展开交流与沟通；如何将规划活动从单纯的室内作业延伸到与群众的现场对话；如何将规划成果从说明书与图纸延伸到共同参与制定、实施规划的各项活动的策划与举办等。美好环境共同缔造要求规划师不断学习与自我完善。

（2）组织者——拟定计划，推进规划过程。作为具备组织规划行动技能的专业人士，规划师需要在对社区进行充分调研的基础上，根据对社区现状的分析与判断，梳理规划主要解决的问题、主要涉及的主体、需要举办的活动及相应的时序，拟定社区规划计划，确保规划各项活动的顺利推进。并在此基础上，依照计划内容，与政府一起组织开展相关活动。

（3）宣传者——图文并茂，解说美好家园。作为社区规划相关计划的拟定者，规划师承担着向社区居民解析规划方案的责任。因而，在共同缔造过程中，规划师同样扮演着宣传者的角色，需要借助图文并茂的表达方式，向社区居民介绍规划活动的流程、方案与实施路径等阶段性成果与最终成果。

（4）沟通者——收集意见，促成多方交流。在共同缔造过程中，规划师往往扮演着联系上下的沟通者角色。即通过团队的努力，创造政府、群众、企业等多元主体在共同平台上平等对话的条件；通过将多元主体在特定议题上的观点进行总结，帮助多方更好地理解彼此的意见与想法；并在其意见相左时，从专业者的角度予以评价、分析，帮助达成更为科学合理的共识，促成多方之间的顺畅交流。

（5）引导者——传授技能，提供专业支持。规划师作为具备规划知识与技能的专业人才，在以群众为师不断学习的同时，亦可作为群众之师，通过课程培训与建设实践活动，向群众传授社区规划与建设的相关技能，使群众具备社区规划师的基本素养，并在具体的建设实践过程中，针对社区建设的具体事项，向社区工作人员及社区居民提供专业支持，引导建设项目向合理的方向发展。

（6）规划者——总结成果，促进学科发展。规划师在共同缔造的过程中扮演了诸多角色，然而作为规划师，其最本质的角色——规划者，是其自始至终必须坚守的角色。运用专业知识，针对特定问题，融合多方意见，制定拥有坚实理论与实践基础的规划方案；针对方案的实施，拟定行之有效的行动计划；总结规划成果与实践经验，将其上升为具有借鉴意义的研究内容，促进规划学科的发展等，是规划师在共同缔造过程中不可忽视的本职。

3）政府、规划师与群众的角色

欲实现城市建设与治理活动的良性运转，政府、规划师与群众均扮演着重要的参与角色。只有政府、规划师与群众打破因等级与职能定位带来的隔阂，实现平等地交流与互动，共同为城市社区发展出谋划策、贡献己力时，一定程度上可避免因方法的错误而导致的诸多经济、社会、政治、文化与生态问题。政府与群众间沟通桥梁的建立，最初有赖于具有专业素养与沟通技能的规划师。在社区规划与建设的不同阶段，政府、规划师与群众所扮演的角色及其参与程度有所差异。

在规划之初，受出发点与专业背景等因素的影响，政府、规划师与群众的想法，即自我认知会有所差异。政府、规划师所认为的美好环境未必符合居民的期望。正是由于政府、规划师与居民认知间具有差距，因而欲实现美好环境与和谐社会的共同发展，要让不同主体的不同认知逐渐"接近"，最终形成共识；这是美好环境共同缔造方法的实质所在。此时，政府与规划师应迈出第一步，以组织者、宣传者与引导者的身份，通过打破政府、规划师、群众间的隔阂，构筑平等对话、协商与合作平台；在三方不断交流与沟通中，实现认知的逐渐接近；进而融合多方意见，拟定符合共同价值与愿景的规划方案。

在规划方案实施阶段，除在特定基础设施建设中，政府相关职能部门作为项目实施主体承担主要职责外，在其他物质空间改造与非物质层面的建设项目中，政府与规划师逐渐移向幕后，更多地扮演引导者或协助者的角色；群众成为社区建设舞台的主角，通过空间改造与组织建设，发挥自己的光与热。

项目实施完成后，规划师的角色将逐渐淡化。鉴于建设成果长期维护的必要性，政府与群众将继续发挥作用，但两者所承担的职责再度发生变化。在基础设施管理与政治维稳等方面，政府仍体现着其主体地位，确保人民生活的安全稳定。而群众则以组织或个人的形式，延续共同缔造过程中形成的良好参与氛围，参与到更为广泛的社区建设活动中。如社区组织可依据各自职能参与社区物业事务管理，或举办丰富多彩的社区活动。社区规划师群体则可以凭借所学技能与实践经验，组织社区居民开展更丰富的社区规划活动，应对社区发展中不断出现的新问题。在共同参与社区规划与建设的氛围下，原本参与共同缔造的少数群众会逐渐带动更多群众参与其中。在循序渐进的过程中，美好环境得以建设，和谐社会得以建立，美好人居环境的建设从理想逐渐变为现实。

3.2.4 制度为关键

1. 制度是关键

随着经济体制的变迁，在社区建设面临诸多问题的同时，社区管理也在事务繁杂、利益主体多元、群体结构多样、小区类型混杂的背景下，面临着因社区管理体制机制相对落后而产生的诸多问题。由于社区管理仍然沿用计划经济时期"大政府、小社会"的社会管理模式，社区基层自治组织、社会组织发展缓慢，社区居民管理的需要与社区管理体制机制之间产生相互的矛盾，具体表现在以下几方面：

（1）居委会角色错位。居委会作为基层群众性自治组织，职责本应是为社区居民提供服务；但目前居委会往往被认为是政府的派出机构，承担大量由上级政府、各职能部门下派的行政性事务，或者是专业性、职能性较强的工作，难以为居民提供较好的服务。问题的制度根源在于居委会角色定位的相关制度缺失。1989 年通过的《城市居民委员会组织法》只是原则性地规定城市政府、其派出机构、职能部门可以指导居委会的工作，并要求其进行协助，但具体如何指导、协助，则缺乏相应的条款，造成行政性、职能性事务下移的现象。在改革前，思明区社区居委会共承担了88项具体事务，工作不堪重负。

（2）权责事费失衡。居委会承担社区内企业商家安全检查、消费者维权、社区卫生和疾病预防控制、劳资关系处理等事务；并需接受相关职能部门的考评，承担相应的责任，然而居委会缺乏管理上述事务所需的行政管理权和执法权，处于"权责不对等"的尴尬地位；社区居委会还存在工作经费与承担事务不匹配的情况。虽然厦门曾出台统一考评、"费随事转"以及工作准入制等一些相关措施，但是存在落实不好、执行不严的问题。

（3）主体协调不畅。《城市居民委员会组织法》仅原则性地规定了社区内机关、团体、部队、企业事业组织应支持居委会工作，《物业管理条例》也仅原则性地规定居委会对业主大会、物业管理公司进行指导、监督，但均缺乏操作的手段。此外，对社区社会组织的性质及其与社区居委会的关系也没有明确的规定。

（4）居民参与缺乏。由于社区居民的参与意识不强，参与的激励不充分，以及社区基层组织如党组织、居委会、工作站的作用未发挥，群众缺乏参与的平台，社区单位和居民认同感、归属感不强，参与社区建设程度不高。

这些问题与矛盾表明，在新形势下，与社区发展相关的制度亟待改进与完善。因而，美好环境共同缔造以制度建设为关键。

2. 美好环境共同缔造的制度建设

"美丽厦门共同缔造"通过具体实践探索，以党的领导为中心，以政府统筹为基础，以社会协商为动力，在探索建立以梳理政府各级职能的"纵向到底"及整合社会各类组织职能的"横向到边"的社会治理框架基础上，依托组织培育与制度创新，实现"纵横贯通"，推进政府与组织发展、互动、合作的有序化、合理化、长效化。

1）协调共治的治理体系

美好环境共同缔造下的社会治理，坚持党的领导，以政府对治理架构统一筹测、筹建、筹划、筹配与顶层设计的"政府统筹"，以及群众组织和个人对公共事务管理讨论、协调、参与的"协商共治"为主要方法，在加强政党协商、人大协商、政府协商、政协协商的基础上，进一步通过人民团体协商、基层协商、社会组织协商等渠道，凝聚民智民力，解决经济社会发展的重大问题和涉及群众切身利益的实际问题，实现"纵向到底，横向到边"的社会治理框架创新。

（1）纵向到底

"纵向到底"，以区、街道、社区、自治单位四个层级为基础，在自上而下明确各级政府的职能定位的基础上，将与政府工作紧密联系的社区与单位纳入社会治理"纵向"框架，梳理各层次的职能范围与工作重点，构筑分工明确、上下联动的治理架构。

区一级，作为社会治理体系的枢纽，在社会治理创新中扮演指挥中心的角色，其主要职责是通过区域整体布局、科学政策规划和制度创新，引导各类资源在区域间合理均衡流动，对社会治理事务进行统筹把握与顶层设计。

街道一级，作为社会治理体系的主干，则从强化治理职能、明确治理任务、理顺治理关系入手，增强社会治理和公共服务的能力，成为社会治理创新的主要载体。

社区一级，作为群众获取公共服务与组织动员群众参与的重要场所，是社会治理体系延伸至社区的末梢，也是美好环境共同缔造的核心阵地，则主要承担进一步凸显服务功能、推动服务下沉、提升服务效率的职能，其工作重心回归服务群众生活，保障群众利益。作为最贴近居民生活的政府代表，社区居委会与社区党委会应当与群众建立密切联系，在美好环境共同缔造过程中成为群众的重要合作伙伴，发挥发动、组织、引导作用，与群众共建美好家园。

单位，作为社区内重要的社会成员，是社区治理中重要的参与力量，可根据各自的治理背景，梳理自身自治主题、组织与路径，与社区共同推进美好环境共同缔造。

（2）横向到边

在梳理政府各级职能的基础上，对各类组织资源进行整合。以党组织、群团组织、基层自治组织、社会组织、社区组织五类组织为基础，结合传统基层组织与新型社会组织力量，整合各类组织资源，明确各类组织定位。以党组织领导为核心，各组织在党组织指导下，依据各自所长承担相应的社会治理事务，实现社会治理的"横向到边"。

以党组织为社会治理核心，主要承担对社会治理全过程的指导、协调、凝聚和服务的责任，制定经济社会发展规划，确定经济社会发展目标，统筹各项建设与发展活动，并通过高度组织化的党组织和广大党员的先进作用，推进美好环境共同缔造过程，以此激发、鼓励与引导其他组织与群众的广泛参与。

群团组织，如工会、共产主义青年团、科学技术协会、工商联合会、妇女联合会、归国华侨联合会、台湾同胞联谊会、青年联合会"八大团体"，几乎涵盖所有重要的社会群体，或者说多股社会力量的组织载体。作为党领导下的社会群众团体，群团组织一方面协助执行并传达政府的各项政策与命令，帮助政府做好群众工作；另一方面，为政府政策的制定过程收集群众意见、观点，表达群众诉求。

基层自治组织，以社区党委与居委会为代表，作为群众参与自治最为便捷的平台，在引导居民和企事业单位对涉及群众利益的决策和工作共同谋划、共同管理，协调各群体利益，化解各主体矛盾等社区治理方面发挥着不可或缺的作用，且作为社会治理多方联动的重要纽带，联结着政府、群众、企业等多元社会主体。

社会组织，作为群众参与社会管理的主要渠道，在社会事务亟需社会力量共同承担的今天扮演着越来越重要的角色。在社会治理过程中，社区组织应积极利用政府在转变职能和简政放权过程中释放出来的空间，参与社会服务，弥补政府公共服务领域的不足。在党的领导和政府的引导下，发挥对社会服务供需变化的敏锐优势，主动承接政府购买服务项目，主动推出群众需求的项目，推动社会领域资源配置的自我调节。

社区组织，作为社区自发形成的基层组织，代表着群众参与最基层的力量。较于社会组织，社区组织因源于居民，而更贴近于社区居民的生活实际，更易挖掘社区微小问题并进行处置与管理。且其建设所受约束相对较小，形式与内容亦灵活多样，在丰富社区文娱体育生活、融洽社区生活氛围等方面发挥着重要作用。

"纵向到底，横向到边"的社会治理体系，对政府与社会力量进行整合与梳理，并对其在美好环境共同缔造中的角色、定位与职能等进行清晰界定。在明确各主体职责的基础上，促进政府与社会各主体的多方互动与多元联动，实现"纵横贯通"，成为美好环境共同缔造社会治理体系构建的关键一步，有赖于组织培育与制度创新长效机制的构建。

城乡规划变革：
美好环境与和谐社会共同缔造

2）组织培育与制度创新的长效机制建构

组织培育与制度创新是激活美好环境共同缔造社会治理体系的核心，为社会治理创新的顺利实施和长期有效提供重要保障。"美丽厦门共同缔造"的具体实践，对组织培育与制度创新进行了有效探索，构筑"全贯穿、全覆盖、全响应"的"统筹协商"的社会治理体系。

（1）组织培育

美好环境共同缔造在促进党组织、群团组织、基层自治组织等传统组织充分发挥各自效能的同时，着力于社会组织、社区组织等发挥重要作用，却在以往的组织建设中未重视新型组织的培育。从发展社会组织、培养社工人才、挖掘志愿服务人才三方面入手，通过组织培育激发与巩固更为广泛的社会参与力量。

①挖掘社区能人。社区能人是美好环境共同缔造宝贵的人才资源，是社工与义工的重要来源，是社会组织与社区组织构建的重要基础。挖掘社区能人，发动与组织其共同参与，其表率与示范效应，可有效激发更为广泛的群众参与。在美好环境共同缔造过程中，政府可通过挖掘社区能人，融合热心于社区事务与公益服务的志愿者，组成社区志愿者队伍，培育本土"社区规划师"、"社区辅导员"队伍，逐步健全"社工＋义工"联动体系。同时，加强对社区志愿者的社会工作专业知识和技能培训，建立社工人才定期、定向联系志愿者制度，形成"社工引领志愿者开展服务、志愿者协助社工改善服务"的联动工作机制。

②培养社工人才。社工是社会组织发展重要的人才基础，社工培养是组织建设与发展的重要环节。政府将社工人才培养纳入"英才计划"，研究制定相关政策与制度扶持社工培养工作。加大外地社工人才引进力度，加强现有社区社工人才培养力度，探索与高校合作培养社工人才，定期开展"优秀社工"评选活动，不断壮大社工队伍。

③发展社会组织。政府出台社会组织培育与管理的相关政策与制度，推进登记管理体制改革，实行直接登记、简化备案程序、放宽登记限制。建设区、街、居三级社会组织服务中心，为社会组织提供组织培育、人才培养、项目发展、标准建设、保障服务、资源对接等综合服务。开展"十佳民非企业"、"十佳社会团体"、"十佳社区社团"评选活动，鼓励社会组织发展壮大。

（2）制度创新

美好环境共同缔造结合"美丽厦门共同缔造"的具体实践，拟定以奖代补、简政放权、购买服务、建设基层制度等创新制度，给"纵向到底，横向到边"的社会治理体系的推进与实施提供重要支持与保障。

①以奖代补。为激发社会各主体共同缔造的热情，政府建立专项资金，用以区级、街道级等不同级别项目的以奖代补。以奖代补，即政府出台相关政策与制度，在街道、社区、社会组织等提交项目申请后，政府在对群众参与度高、群众满意度高、工作成效好的社区建设类项目；具有公益性、创新性、参与广泛性，对社区精神营造及和谐发展具有推动作用的社区活动类项目；以及由社会组织开展的具有公益性、正面影响性的社区服务类项目中，依据项目意义、项目实施情况、居民意见反馈等内容，择优选择一定数量的项目，予以特定项目主要负责人与团队资金奖励。

这种以资金奖励代替传统资金补助的方法，一则形成竞争机制，敦促项目负责人及其团队提升项目水平与质量；二则形成奖励机制，激发与鼓励更多团体与组织参与到社区建

92

设中，形成鼓励优秀的持久动力。因此，以奖代补在实现社会活化、促发社会活力等方面有显著作用。

②简政放权。"简政放权"是我国推进社会政治体制改革的重要实践。在十八届四中全会中，李克强总理再次明确指出"简政放权不是剪指甲是割腕"，作为政府的自我革命，简政放权力度应进一步加深，理应进一步扩大。美好环境共同缔造中，简政放权是政府由"管理者"角色转变为"服务者"角色，促进"小政府，大社会"的重要保障。"美丽厦门共同缔造"在纵向理顺社会管理各层级之间的职权划分、职责关系以及资源配比等，横向理顺社会自治各主体之间的职责分工、权责关系等的基础上，根据社会发展的需要将政府职能下移和平移，向基层和社会分权，调动社会各主体的积极性，形成上下结合的信息收集和反馈机制，实现政府和社会的双向互动和全面参与。

区一级政府下放管理资源，最大限度地取消和下放区级行政审批事项、简化审批流程；下拨社区专项工作经费，将基础设施建设向老旧社区和村改居社区倾斜，促进社区发展均衡。下放服务资源，对辖区低保及低收入家庭的困难学子给予适当资助；打造家庭综合服务中心，设立公益早教服务点、老人日托中心，24h 自助图书馆、健康自助监测站等，完善社区服务，传递人文关怀。此外，区一级政府将下放空间资源，通过腾"商业资源"为"民生资源"，"挤地造园"、"腾地修园"，推动"房前屋后"美化、增设老城区"透气孔"；着手规划社区慢行步道、社区生态公园，连接或打通一些片段化的步道，增设休闲桌椅、迷宫步道等；建设微公园与社区园圃，以空间环境改造与建设，创造美好人居环境，促发社会交流与融合。

街道一级精简行政职能，按照"保留、回收、下沉、购买"四个方向提出行政职能清理建议，精简街道行政事务。在行政减负的同时，向社会释放更多建设与管理事务，通过加强与社会组织等社会力量的合作，深化社会各主体参与建设。

社区一级则进行减负放权，重新梳理社区承担的工作事项，按照"自治事项、协助政府管理事项、依法履职行政事项"划分社区事务，按照"减除、简化、合并"提出职能清理建议，减除社区协助政府管理事务，简化、合并社区行政事务。同时，严格落实社区事务准入制度，规定依法需要社区协助办理的事项，由政府实行"支付协助"，而未纳入社区职责清单的事项，由政府实行购买服务。通过社区减负，缓解社区因承担过多非其职能范围内的事务而无暇推进社区建设的困境，使社区两委的工作重心得以回归社区服务与建设，切实发挥其基层自治组织的作用。

③购买服务。作为以奖代补与简政放权制度的重要承接，政府购买服务为社会力量参与社区事务管理开辟渠道，并为其顺利推进提供支持与保障。

"美丽厦门共同缔造"实践中，思明区编制《政府购买社会组织服务目录》，梳理出可转移给社会组织承担的业务共计 84 项，健全以项目为导向的服务购买机制，区和街道两级根据社区需求制定统一的购买服务名录。区政府加大公共财政投入，扩大购买服务的范围和数量，能够通过购买提供的项目，如慢性病调查、人口普查等，原则上采用购买的方式提供。同时，由区民政局牵头对接引进社会组织、社工人才，搭建社会组织与购买项目供需对接平台，切实调动社会组织发挥社会化、专业化的优势参与共同缔造。首批投入1000 多万元，推出 17 个政府购买服务项目，涉及日常照料、居家养老、健身保健、文体培训等 30 类服务，吸引了 9 个专业社工机构和 30 多个社会组织入驻参与承接服务。政府购买服务在推进政府简政放权顺利实施的同时，因专业社会组织等社会力量对社区事务与社区服务的承接，使社区生活质量与服务水平明显提升。

同时，思明区政府在社区规划中引入"工作坊"模式，制定《思明区"工作坊"管理制度》，依托工作坊规划团队力量，搭建政府、规划师、群众等多方沟通平台，广泛征集群众需求和建议，运用专业知识引导群众，依托具体的空间环境整治行动，实现美好环境与和谐社会的建设。

④基层制度建设。政府顶层设计的制度建设，是统筹安排各项工作与事务的保障。而自下而上的基层制度建设，则在政府制度难以涉及的管理细节方面发挥重要作用。这些在政府引导下，居民相互间形成的规范与公约，是群众共识的体现，也是有序化的事务管理渗透到社会治理末梢的体现。

政府依据社区实际发展情况，积极引导社区居民制定自治章程，如自治公约、认捐认管办法等，牵引群众响应，保障自治规范化与持续化。同时，逐渐引导居民完善居民议事厅、警民恳谈会等社区现有的居民议事制度，同时大力创设新的居民议事制度，将关系群众切身利益的事务交由居民决策。基层制度的建设有效维护了居民自治的成果，巩固了居民自治的基础。

组织培育将分散而无序的群众力量以有序的组织架构团结起来，为群众长期有效地参与社区建设奠定基础。制度创新一则为政府、规划师、组织、居民建设与发展行为提供制度支持，二则对不同主体行为进行规范与引导，为各项建设与管理行动及其成果维护提供铺垫。因此，组织培育与制度创新是美好环境共同缔造具体实践的重要保障，更是其长效机制建立的核心内容。

第4章

美好环境与和谐社会共同
缔造的工作路径

与以政府、规划师为主导的传统规划不同，美好环境共同缔造以群众参与为核心，强调充分发挥群众在社区规划与建设方面的潜能与作用。为使群众参与落到实处，美好环境共同缔造在"美丽厦门共同缔造"实践过程中，探索出"共谋、共建、共管、共评、共享"的工作路径。

4.1 共谋

城市化与全球化的不断发展，对城市与乡村人口结构带来影响，社区成为不同背景、不同地区的人口聚居之地。多样的人口有着多样的需求，也带来多样的问题，需要自下而上得以满足与解决。而政府往往自上而下提供社区服务、推进社区建设，诸多规划与建设活动因此错位。因而，群众参与的第一步，是从群众身边的事情做起，发动与组织群众，激发其参与社区规划与社区建设各项事务的热情。

在社区层面，这首先需要以社区两委为代表的基层自治组织或规划师团队，借助多样的宣传媒介与工作方法，开辟不同群众群体与政府对话的渠道，搭建群众相互间交流与沟通的公共平台，以"面对面"讨论等方式平等地吸纳各方意见，以互动形成互信，达成共识架构，形成社区未来发展的共同愿景，激活后续工作的基因，这一过程，即为共谋。共谋可依托多媒宣传、课程培训、特色平台与社区观察得以实现，其核心目标是形成凝聚共识的社区理想空间的蓝图。

4.1.1 问题导向

只有在全面真实地了解社区建设现状时，社区居民才能真正成为社区的发言人。只有切实了解社区发展存在的问题，才能找到社区发展的核心矛盾。社区问题是居民诉求的根本来源，也是社区发展的主要障碍，悉知社区问题意味着把握社区发展的脉搏。社区规划与建设活动的重要任务在于解决社区问题，以此为有效的突破点，开辟社区发展的新局面，即以问题为导向，推进社区规划与建设。

了解社区问题，有赖于有效的社区观察。规划师可通过组织社区居民开展诸如绘制资源地图、随手拍社区"问题"等形式多样的活动进行社区观察，与政府工作者、社区居民共同对社区进行"再认识"，并由此挖掘可支持社区发展的良好资源，为社区发展寻求有利的本地支持。

此外，规划师可通过派发问卷、入户访谈与设立社区问题反馈信箱等方式，进一步了解居民的意见与需求，引导居民逐渐关心社区建设，进而参与到社区事务的讨论中。在此过程中，规划师与社区居民相互关系逐渐拉近，为后续的共同合作作出良好铺垫。

● **思明区前埔北社区"民晴领航员"**

思明区前埔北社区依据网格化管理制度，将社区辖区划分为多个管理网格，并根据网格区域范围，选出 70 名民晴领航员，设立 70 个民晴领航员信箱。居民可以通过匿名、实名等多种方式，将写有自己意见与建议的信件投放信箱中，以此广泛收集居民意见建议。信箱每周一由各网格民晴领航员定期打开，交由网格员整理。社区指定专人负责对收集到的意见建议进行分类汇总，明确责任主体，并及时将协调处理结果反馈至相关网格员，由网格员将具体情况及时反馈至相关人员。通过民晴领航员制度，前埔北社区更好地了解了社区居民的真实心声，在开辟居民畅所欲言的渠道，满足居民充分参与社区建设讨论方面初现成效。

在社区观察的过程中，发现社区问题，挖掘社区资源是其核心任务与目标。

（1）发现社区问题。认识社区存在的问题是开展共同缔造的基础。社区居民能够结合自身体会，针对地方该具有的功能、存在的主要问题等方面提供富有价值的信息与观点。所获信息有助于规划方案与计划的拟定，为社区规划项目带来建设承担者及社区居民双方互动下的便利与助益。但实际上，社区居民本身往往对社区也缺乏综合性的认识。因而，需要从发现社区问题入手，进行对社区的认识与再认识。比如开展社区调研活动、绘制社区问题地图，即让居民在社区地图对应的位置贴上写有社区问题的便签纸，形成"问题地图"等，共同发现社区发展潜藏的问题与不足。

认识社区需要各主体以"社区一员"的身份认真观察社区，以此聆听来自社区的真实声音，发现社区真正的"美"与"丑"。在发现问题的过程中，各主体可通过设身处地的思考与颇具创新的想象，探索解决社区问题的方法，结合社区资源的活化，形成方案雏形。

● 海沧社区下沉广场问题地图的绘制

据居民反馈，海沧区海虹社区下沉广场建设以来存在广场功能单一、活动空间不足、对居民的吸引力低等问题，希望对其进行改造，创造更多的活动空间。基于此，2014年11月13日，海沧区海虹社区联合台湾文教基金会与中山大学组成规划师团队，在下沉广场活动室内，开展了关于下沉广场的讨论会。会议参与者包括海沧区缔造办、街道办、社区居委会、物业公司等单位众多工作人员，以及海虹社区与周边社区的众多居民。

在会议中，规划师团队将参加人员随机分成A、B、C三组，分别进入由刘老师、穆老师、朱老师主导的三间活动室。为了营造一种轻松的讨论氛围，老师们采取游戏的方式开展讨论会。

分组讨论会步骤如下：

a）参与人员进行自我介绍，说明姓名、小区等信息，并告知大家一般如何称呼自己，首先通过称呼拉近各位居民之间的距离，减少陌生感，为之后的讨论作下良好铺垫。

b）老师请各位参与人员将自己对广场的优点与缺点分别写在不同颜色的便利贴上，以此最大化地获取居民对广场的感知。

c）老师将居民的意见分别按优缺点顺序写下来，并将缺点进行总结，总结为6个主要问题：①通行不畅（包括缺乏无障碍设施、电梯）；②缺少洗手间；③缺乏绿化；④中间木质地板不安全，需要改善；⑤缺少儿童与老人游乐设施；⑥缺少居民活动舞台。

d）老师将6个主要待解决问题按顺序排列，并请参与人员按照重要性与需解决的迫切程度进行排序，以此获取居民最想与最急切想解决的广场问题。

e）经过对参与人员的排序统计，发现6个问题中居民较为迫切需要解决的是①、②、③、④，而⑤、⑥在广场空间充裕的情况下可以适当丰富。

f）针对①、②、③、④这4个问题，按顺序解决，每个问题鼓励参与人员提出多个方案，最后根据可实施性与建设费用等进行评估，老师给出参考意见，最后进行投票，选出大部分居民最为满意的方案，并将方案整合在图纸上表达出来。

在此活动中，居民对下沉广场存在的问题有了更清晰的认识，同时对社区生活环境更加爱护和关注。通过问题地图的绘制，居民更好地表达了各自的诉求，其形成的良好参与氛围，则更有利于社区认同感的形成，为美好人居环境的建设提供良好支持（图4-1）❶。

（2）挖掘社区资源。社区并非同质化的产物，因而在社区观察中，需要在"平凡"的社区中挖掘内在的"宝藏"，即多样的社区资源。社区资源包括自然景观、特色建筑、节庆活动、艺术团体等涉及景观、文化、经济、人才等诸多方面的因素，是共同缔造的重要资本，同时是彰显社区特色与活力的要素。

此社区与彼社区的不同在于其存在本地化的资源要素。这意味着它与特定的区域、城市或者街区具有一定的联系，具有特殊的地方性。这些资源的挖掘可通过开展实地调研活动，绘制资源地图，即在社区平面图上，以"点"、"线"、"面"的方式绘制具有价值的要素等方式实现；也可通过向社区居民，特别是长者虚心请教，了解社区发展历史变迁内呈现的特质来获得。

在所有资源中，社区能人是最重要的社区资源之一，其是美好环境共同缔造群众参与的核心群体。因而，在采纳群众意见的基础上，需要开辟渠道，让社区内高学历、高知识水平或者具有丰富经验、参与热情高的居民参与到社区建设中，以此提高社区自治的能力，增强社区自治的成效，进而为社区依托群众参与的长效发展提供保障。同时，社区能人可通过亲身参与，影响与带动更多居民参与其中，促进美好环境共同缔造的共识，在更广的范围内形成。

● **思明区东山社的社区资源**

思明区东山社的社区资源主要包括生态资源、人文资源以及新东山人。生态资源包括农田菜地、水塘水系、山林、鸟类等；人文资源包括云顶岩、龟石、庙宇古厝、农家山庄、公共广场等。在政府、规划师团队与村民共同梳理上述资源，绘制资源地图的过程中发现，对相关资源进行整合、开发与再利用，将有效推进东山社的发展。通过多番讨论，各主体达成以下村社规划与建设的共识：古厝、老树象征集体的记忆，积极有效的保护利用可以增强社区居民的认同感；农田菜地则是社区发展产业的重要依托，可以促进社区居民收入的提高。新东山人包括山茶花客栈老板、东山之森李高雄等人，他们在为东山发展出谋划策、带动社区居民参与等方面发挥着外来者无法比拟的作用，从而凝聚社区的民心，构成社区共同缔造最重要的社会资本。

4.1.2　多媒宣传

在社区认同感与归属感逐渐流失的今天，让社区居民在共同缔造之初便主动参与到各项活动中难以实现，因而需要参与主体依托多种媒介对相关活动进行宣传。这些媒介包括

---

❶ 本章除图4-9外，其余的图均集中位于本章最后。

社区宣传栏、社区报刊、社区杂志、社区微博、社区网站在内的诸多传统与现代的媒体。而引人注意的社区宣讲活动，也是促发群众关注社区建设的有效手段。如：

（1）设立活动宣传展板：在社区内较为显眼、人流量大的地方，或者社区居民日常获取信息的宣传窗口处设立共同缔造活动的宣传展板，将活动信息传递给居民。这种宣传方式在老年群体较多的社区有着良好的宣传效果。

（2）构筑网络宣传平台：现代网络信息的迅速发展为居民获取多样化的咨询提供了便利，逐渐成为居民获取信息的重要通道。社区可通过开通微信、微博账号，组建网络交流群，或开发手机 APP 等方式，构筑社区咨询的网络宣传平台，拓宽活动信息的传播面。

（3）开展主题宣传活动：为鼓励与号召更多的居民参与到社区活动中，更好地吸引居民的注意力，激发其参与兴趣，可针对共同缔造中征求居民意见、解析改造方案等内容，开展主题宣传活动。此类宣传活动，也可在社区观察的入户问卷与访谈的基础上，获得更大数量与更为丰富的信息。

可见，多媒宣传作为共谋的重要一步，为后续的共谋行动奠定了良好的舆论基础，也为共同缔造活动被更多群体，特别是社会组织所了解作出了良好的铺垫。

● **海沧自行车系统征集居民意见宣传活动**

为使海沧公共自行车系统真正达到便民、利民的目的，海沧区委宣传部、统战部、区协商中心、厦门海沧城建集团有限公司四家单位联合，于 2013 年 8 月 12 日在全区范围开展一期海沧公共自行车系统项目建设意见征集活动，于 9 月 10 日开展二期建设意见征集活动，重点就该系统线路规划及站点设置、居民需求等向社会各界广泛征求意见和建议（图 4-2）。

截至 10 月 22 日，网络微博、论坛、统战 QQ 群、"同心情系海沧"微信群众平台等发布信息参与 8.62 万人，其中收到评论有效意见 94 条，统战部、城建集团邮箱收到邮件 47 封；参加网上问卷投票 946 人，发放征集意见表 4.7 万份，收回 2.92 万份（含电子版、传真回复）。城建集团开展入社区项目介绍 6 场次，在海沧街道 6 个社区、6 所中小学、海沧湾公园等布置征集意见点，参与征集活动的群众达 1.4 万人次。组织厦门自行车骑行协会会员及各企、事业单位共 40 场次 1928 人次进行试骑活动，累计参与骑行人数 13674 人次。一期建设征集到有效意见 130 余条，二期建设征集到有效意见 120 余条，累计征集到有效意见、建议 250 余条。这些意见与建议，成为海沧自行车系统建设的重要基础。

4.1.3 课程培训

社区居民往往不具备社区建设的专业知识，成为其深入参与到社区建设活动中的障碍。因而，开展相关的课程培训活动，对社区参与长效机制的建设有着重要的意义。课程培训可通过邀请在社区建设方面具有丰富经验的学者、专业人士或社区能人，以案例介绍、技能传授、方案解析等丰富多样内容的传授，逐渐改变社区居民"事不关己"或"心有余而力不足"的心态，帮助社区居民了解社区建设所涉及的具体事项，一定程度上掌握处理相关事项的本领。课程培训可采取的形式如下：

（1）主题讲座：针对社区居民关于社区建设所想了解的内容，或参与相关建设活动的实际需要，邀请具有相关经验的专家学者、社会组织负责人、民间能人等开展主题讲座，与社区居民进行交流，消除居民内心疑虑，帮助居民树立信心。

（2）开班培训：针对社区规划与建设所涉及的事项，拟定合理的课程安排计划，邀请具有相关经验的学者等，依照课程安排开班授课，鼓励有意愿参与社区建设的热心居民与社区能人参与培训，培养其社区事务的管理能力。

（3）异地学习：由政府或规划师牵头，组织社区居民代表到社区规划与建设成效良好，居民参与社区发展成果显著的社区，进行实地参观与学习。最为直观的体会与感受，扩展居民的视野，有助于扩展居民的视野，提升居民的能力。

在课程培训的基础上，根据具体的授课效果，可进一步引导社区居民，根据个人意愿以及推荐选举，组建社区规划师团队，通过与社区工作人员、规划师一起进行实际的社区规划实践，积累实战经验，作为驻扎社区内，具备社区规划基本技能与素养的基层规划力量。

● 思明区东山社社区规划师培训课程案例

思明区莲前街道东山社位于厦门岛云顶岩山脉西北麓，属于典型的农村地区。村内农耕土地均未被征用，村庄仍以农业种植为基本收入来源。2004 年前后，村庄被整体划入鼓浪屿—万石山风景名胜区。风景名胜区的建设，一方面使得东山社村庄及其周边的自然环境得以良好保留，20 世纪 80 年代，村民漫山栽种的龙眼树，成为村庄独有的点缀；另一方面，伴随着上山观光游客数量的不断增加，村庄聚集了更多的人气，村内陆续出现了多家"农家乐"，为村庄经济发展提供新的启示。面对新的发展机遇，莲前街道两委邀请由中山大学等高校与单位组成的规划团队，于东山社开展规划工作坊活动（图 4-3）。为使村民把握乡村发展的未来方向，团队组织热心于或有兴趣参与到村庄建设的居民，组成社区规划师团队。通过专家学者对台湾农村社区营造经验等课程内容的交流，使村民了解村庄建设的经验，掌握一定的技能。在课程培训过程中，结合相关课程内容，社区规划师逐渐对东山社发展形成初步意向，为共谋东山未来发展愿景奠定了基础。

● 思明区辅导员培训大会

思明区作为"美丽厦门共同缔造"最早的试验区，在相关实践与探索过程中取得诸多可贵的经验与方法，涌现出诸多社区创新管理的典型。为更好地推进社区建设，为社区可持续发展培育更多、更专业的基层力量，2014 年 2 月，思明区举办辅导员培训大会，邀请前埔北社区书记、镇海社区书记、沁心泉社会事务所负责人、曾厝垵文创理事会会长等走上讲台，为大家讲述共同缔造的经验与教训（图 4-4）。

前埔北社区书记谈到，共同缔造的要素包括群众、公共空间、公共服务和社区文化四部分；项目有周期，提升无止境，社区需要通过代表了群众的共同利益和兴趣的项目来提升居民的认同感。并且生动总结到，社区工作人员需要有跑马拉松的腿、说相声的嘴，以及弥勒佛的肚子。

镇海社区书记则分享其共同缔造的心得，没有大工程，没有大项目，但老百姓都很满意。特别是镇海社区以前经常发生盗窃案件，现在都没有。他还表示，共同缔造最需要的是发动群众，善于跟群众交流；无法发动群众，谈任何事情都是无意义的。

基于两位书记的经验分享，中山大学的李郇教授表示，美好环境共同缔造的核心在于认识群众，认识到群众都是社会人，都会愿意走到一起。古语"抱团取暖"就表明群众心里存在的对集体的依赖。现代社会产生了很多破碎的门禁社区，熟人社会被打破，因而让群众团结起来并非想象中那么容易。前埔北社区与镇海社区都是以问题为导向，抓准社区存在的问题，把社区所有人结合在一起，取得了很好的效果。开经验交流会就是分享经验，对过程、效果等的分享。模仿是性价比最高的创新，这对其他社区有很好的借鉴作用，但是不是简单的模仿，而是在问题导向基础上的借鉴。

此次社区辅导员大会，使来自各社区的基层组织力量了解与把握了开展社区工作的意义与方法，提升了社区基层组织力量的专业性，有助于更好地推动美好环境与和谐社会的共同发展。

4.1.4　平台建设

多元的社会允许不同的意见与声音。共同缔造过程中，应开辟多方反馈意见与建议的渠道，尊重与包容多元主体的想法，这是促进更广泛、更持久的群众参与的重要保障。因而，在社区了解社区现状问题、现有资源且掌握基本技能的基础上，社区可通过针对特定事务、特定主题或特定群体的交流平台的建设，发动与组织政府、规划师、居民、社会组织、社区组织、企业代表等特定的群体参与讨论，让更多的人有充分表达想法的平台。并以此为依托，使多元主体在不断的讨论与协商的过程中，协商社区发展之计，实现意见的融合，逐渐形成共识。如：

（1）信息平台：建立诸如意见箱、微信反馈、微博私信等信息反馈平台，帮助社区居民及时有效地反馈意见与建议。

（2）特色会议：组织政府、规划师与社区居民等多元主体召开涉及社区事务管理的特色会议，共同讨论具体社区事项。在此基础上，逐渐建立长效的会议机制，使特色会议发展成为特定的议事平台。

（3）社会/社区组织：特定的社会/社区组织也是社区平台的重要组成部分，其不仅可以参与到与其他主体共同讨论的议事平台建设中，其本身也是居民参与表达与交流看法，参与社区建设的良好平台。

● 思明区莲花五村社区居民会议

莲花五村社区龙华里小区缺少公共活动空间，小区内唯一的公园也因长久失修而破败。公园内缺少绿化、亭子破旧、健身设施磨损严重。在"美丽厦门共同缔造"行动的推动下，嘉莲街道办事处与莲花五村社区两委发动与组织小区居民，召开居民会议，对龙华里公园改造进行讨论（图4-5）。

会议中，居民表达了自己对公园改造的想法。有居民提出，公园是小区内小孩常常玩耍的地方，因此应适当设置安全设施；有居民指出，公园内没有明显的活动分区，居民活动时常常相互干扰，有时会产生小摩擦。在整理这些意见与想法后，街道与社区邀请专门的设计公司，根据居民反馈的建议，设计公园改造方案。初步方案形成后，社区再次召开居民会议，邀请居民代表提出修改意见。在经过几番修改后，最终改造方案得以确定，并顺利投入实施。居民通过共同参与，熟知方案细节，自发承担其公园施工的监督工作，对施工队施工的不当之处进行纠正。如今，社区居民会议成为莲花五村社区探讨社区建设与发展问题的重要平台（图 4-6）。

宋照青在《社区营造：迈向情景社区的图像语言》中提到，"城市的意义在于人的聚集而居，而今日居住在城市的人们却各自形成一个个心灵与物质的堡垒……如何创造出符合人类情感的理想社区是每一个人义不容辞的责任"（宋照青，2009）。美好环境共同缔造的多媒宣传、课程培训、平台建设与社区观察等过程，其最终目标在于促成各主体就社区未来发展达成共识，这种共识凝聚在社区的理想空间中。

理想空间自社区原本的空间格局追溯起，表现对空间发展秩序的探寻，象征着居民对未来人居环境的想象。理想空间主要表达社区的组成要素，以及要素与要素之间有机组合的关系。其并非简单的拓扑结构关系，而是立足于现状格局，反映一个地区未来可持续发展的空间结构。社区的理想空间是历史—现在—未来的统一体。伴随人、自然与社会的不断演变，传统的山水格局逐渐发生变化，人居环境逐渐恶化甚至面临不可持续的发展困境。在此背景下，代表"天人合一"理念的传统山水格局成为理想空间的本源，追溯山水空间，理清发展脉络，成为理想空间的重要意涵。

● 思明区东坪山的理想空间

思明区东坪山三面临山，有水系自东面水库蜿蜒而下，穿过片片农田。村庄居民点则位于核心，处于"山环水抱"的位置。因此，东坪山的发展应尊重原有的山水风貌，通过绿道建设串联山—水—田—村，并且在村庄中心节点处，利用现有的空地营建中心广场，作为村民的主要活动场所，这是多元主体基于东坪山山水空间与发展脉络的梳理，共同得出的东坪山理想空间，体现出指引东坪山未来发展方向的重要共识（图 4-7）。

● 海沧区院前社的理想空间

院前社是海沧区青礁行政村所属的一个自然村，西北为东山慈济宫，有两条水系自山上汇流穿过村庄，村庄则成片分散在水系两侧；院前社通过济生缘合作社整合村内、村外的农田，构成村庄发展的产业基础。山、水系、村庄、农田构成了院前社可持续发展的要素，基于对相关要素的空间布局与联系的协商与讨论，各主体通过结合现状，合理布局各类要素，形成了院前社特有的理想空间格局（图 4-8）。

社区的理想空间代表其空间的未来发展格局，引导建设具有场所感的社区，这是美好环境共同缔造的重要环节，即社区应提供供人聚集与活动的场所，使居民通过在特定场所内开展活动，实现交流沟通，促进彼此融合。这些场所包括社区公园、广场、街头绿地、绿道等多样化的空间。

场所营造的目的是创造具有社区认同感、生活环境舒适的社区。因而，场所营造并非"设计"空间的过程，而是"营造场所"的过程。这要求场所建设必须遵循人的尺度，使人感到舒适可进，通过特殊的细节设计与方法引导，组织行人路线，处理好场所与周边住宅、店铺等的关系，实现片区内不同功能区域的良好融合。场所营造通过合理的布局、宜人的设计、丰富的活动与完善的功能构筑充满生机与活力的社区。

衡量场所品质的标准在于：①空间设计以人为本，符合人性化的尺度；②空间并非单纯具有景观效用，而因切实满足人的需求被广泛使用。因而，衡量场所品质的主体是使用场所的人，即社区居民。社区居民通过日常生活体会，真正了解社区空间建设的问题，了解社区缺少何种功能的空间，对社区空间改造有独到的想法。因而，场所营造的主体是社区居民。

● **海沧区绿苑小区场所营造**

海虹社区绿苑小区是海沧区典型的商品房小区，环境优美，基础设施齐全，拥有下沉广场、水池公园、幼儿园等公共空间。绿苑小区由商品房、经济适用房、安置房等组成，相应的小区住户组成比较复杂：除厦门本地人外，还有较多的外来人口；除城市居民外，还有部分"村改居"的居民。因而，与众多商品房小区类似，绿苑小区同样遇到以下问题：①居民存在各自的活动圈子，社会关系网络不相交；②社区空间功能单一，居民不愿意走进社区，生活范围局限于"家"，相互交往活动较少；③居民普遍缺乏社区的主人翁意识，社区认同感低，社区仅被视为单纯的居住空间。

为了让居民走出家门，融入社区，海虹社区绿苑小区从空间环境入手，通过改造水池、增设领舞台、活用石桌椅、推广垃圾分类、倡导环保活动等方式，提升社区环境质量，促进邻里交往；以此形成人与人、人与社区之间的网络关系，同时提升居民对"公共空间"的认识。在此基础上，绿苑小区充分利用改造完成的空间场所，开展小区兴趣团体的交流会，举办音乐、舞蹈等活动，丰富居民生活，赋予社区空间以场所的特性（图4-9）。

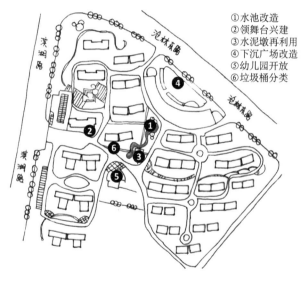

图4-9　海虹社区场所营造图

4.2　共建

营造具有场所感的社区，需要通过场所营造的手段，即以社区居民为主体，共同建设宜人的场所空间。这一过程，即为"共建"。

传统的社区项目建设中，项目建设与事务管理往往被视为政府与社区两委的工作，即使是在"共谋"阶段群众达成相关共识，但建设成果也往往与最初预想有所偏离。在社区建设事务日益繁杂与细化的今天，仅仅依托政府力量无法快速、有效地推进相关建设项目落地，在涉及私人空间与利益的事务上，政府推进难度大。因而，群众参与共建，一方面为社区建设事项顺利推进与实施提供保障；另一方面，群众对自己动手改造的空间与建设的环境，更具自发管理与维护的意愿，为社区后续管理奠定良好基础。

因而，若切实在规划建设活动中实现群众利益的融合，共建是共谋基础上不可缺少的一步。美好环境共同缔造以空间环境改造与建设为抓手，因而共建以相应的项目活动为载体进行。这些空间环境改造与建设可从房前屋后、公共空间、基础设施等方面入手。

4.2.1 房前屋后

共建的推进，应当从居民身边的小事做起，从居民房前屋后的微空间改造做起。这是与居民切身利益直接相关，同时又具有一定公共性的建设行动。因而，房前屋后的改造与建设，最能激发居民的参与热情，同时也可通过每一家、每一户的共同努力，有效地实现社区整体风貌的美化与提升。

社区居民参与房前屋后改造可通过以下方式：

(1) 自力改造：社区居民可在不违背提升村庄整体风貌，不伤及他人利益原则的基础上，根据自己的意愿与想法，进行房前屋后微空间的改造。

(2) 合作改造：社区居民与政府、社会／社区组织、社区规划师或专业设计人员合作，针对房前屋后的特定空间共同商议与设计相关方案，并依照具体方案进行施工与改造。在此过程中，当相关改造与建设活动可为社区建设带来良好的带动效应，或为社区居民提供便利时，居民可向政府申请适当的资金补助与技术援助。

房前屋后的改造可涉及庭院、围栏、道路、花坛、绿地等诸多微空间。临街的住宅或商铺，在符合相关法规的基础上，居民可对或个人或集体空间进行立面整饰。社区内部则可通过对居民住宅前后的闲置用地进行改造与开发，或建设绿化花台、或建设便民设施等。这样的改造、美化与建设的行为，不仅为个人创造了愉悦身心的良好生活空间，也为他人带来美的享受，同时为居民提供更为完善的生活服务。

● **思明区振兴社区民意墙建设**

振兴社区在共同缔造的过程中，采纳社区党员与居民对于社区开辟新的渠道倾听和接纳居民的心声，接受居民诉求反馈与工作监督，在社区内建设民意墙的提议，在与党员代表及社区居民共同商议的基础上，决定将石亭路小区入口居民楼前的空地进行改造，在此建设民意墙。

基于此，社区两委与规划设计工作者展开合作，根据居民意见反馈，将民意墙设计为一扇敞开的门的形态，寓意"开门纳谏"，在门两侧的窗口安装 LED 显示屏，实时展示民意。

民意墙由社区居民义工管理，在广泛收集意见的基础上，统一汇总给社区，社区将最为突出，最能代表居民广泛意愿的民意及相关问题的处理结果反馈到民意墙上，接受居民的监督。民意墙这一房前屋后改造的微空间，如今却成为振兴社区民意反馈的重要平台。

● 海沧区山后村房前屋后改造案例

海沧区山后村位于城郊地段，村庄自然环境优美。然而，伴随着城市化进程的不断推进，村内传统的公共空间逐渐被村民住房建设活动所侵占，村庄整体风貌与建筑环境不佳。在美丽厦门共同缔造的过程中，山后村村民从房前屋后改造做起，或是整饰住宅墙体立面，或是整理门前空地，通过对身边微空间的改造活动，共建美丽山后。

针对村内缺少纳凉休憩的空间，有村民主动向村委会提出，将自家门前堆砌石材与杂物的空间清理出来，将其改造为村民休闲区。在村委会的支持与引导下，村民们一起动手进行整理，将地面进行平整与铺装，并在其上摆放石桌石凳。由于常常有老人带着孩童在此处纳凉玩耍，讲故事，有村民提议为其取名为"讲古台"，寓意村庄故事的代代相传（图4-10）。

为营造更为良好的村庄风貌，有村民主动提出将自家门前的围墙进行改造。在其提议下，邻里间相互帮忙，或是敲砖拆墙，或是贴敷瓷砖，将原本裸露、厚重的红砖墙改造为美观、通透的新围墙（图4-11）。在村民房前屋后改造的努力下，山后村村庄风貌得到了明显改善，而共建的过程，则使村民间的相互关系更为紧密。

4.2.2 公共空间

公共空间往往是最能突出地方文化的空间，同时也是培育认同感的重要场所。其作为居民共享的空间，是居民互动沟通、交流活动的场所，也是居民共同利益与共同意志的重要象征。因而，公共空间在社区规划与建设中占有重要地位。这些公共空间包括：

（1）传统的公共空间：社区内通常拥有已经建成且长久以来被居民视为重要活动场所的公共空间，这类传统的公共空间在乡村内颇为常见。包括如祠堂、庙宇等重要的建筑，大榕树、牌坊等标志性元素所处的空间等。这些传统空间的维修与改造，在为居民提供良好的活动空间之余，往往能更深层地激发居民内心的认同感与归属感。

（2）新兴的公共空间：为提高居民生活水平，提升其生活质量，社区，特别是城市社区内常常有满足社区居民健康、娱乐等需求的公共空间。包括体育场、活动中心、家庭综合服务中心等服务设施，以及城市农场、广场、池塘、公园等开放空间。这些新兴公共空间的建设最能体现居民的真实需求，容易激发居民共同参与建设的热情。

居民可通过为公共空间改造与建设提出设想与建议，参与方案拟定，并通过提供人力、物力与财力支持方案实施等举措，参与到公共空间的共建过程中。通过居民共同建设的公共空间，往往更有代表性和凝聚力，能将人们对地方的认知范围聚集在一起，有助于唤醒或重塑社区认同感与归属感。

● 海沧区院前社城市菜地

海沧区院前社属典型的城边村，北临著名景点慈济宫，古厝建筑景观、两岸民俗文化、农耕文化、传奇故事与"闽台两岸文化窗口"的称号使这座村庄拥有浓厚的历史积淀。但同大多数村庄一样，城市化发展使村内大量年轻人口外流，村庄生活渐渐失去生气。在"美丽厦门共同缔造"的影响下，村民陈俊雄牵头组织村内现有的年轻人，决心改变村庄状况。在其号召下，村内 15 个年轻人成立"济生缘"合作社，以土地、资金入股，筹集资金，通过腾挪土地与村民交换，最终整理出 25 亩土地作为合作社启动区，建设城市菜地。

"济生缘城市菜地"主打无公害蔬菜，通过"三种方式"对外进行租赁：①净地 20m² 出租，由市民自己来种，每年收费 2000 元；②合作社帮市民种和管，周末有空时，市民自己来管，相当于"半托管"，每年收费 2400 元；③菜地委托合作社代管，合作社定期配送，一个月送 40 斤左右，一年 500 斤，收费 3000 元左右。在此模式下，院前社城市菜地经营逐渐成熟，吸引了诸多市民前来参观与租赁，越来越多的村民也加入其中，或是将自家用地并入，或是做菜地托管员，或是加入到菜地农家乐经营中，城市菜地经营蒸蒸日上（图 4-12）。如今，城市菜地成为村民共同经营的"公共空间"，不仅为村民获取更多收益，更成为村民日常交流活动的重要空间。其将村民重新团结在一起，使这座历史文化积淀深厚的村庄，重新找回几近消失的认同感与归属感。

● 海沧区祥露社区古厝重建

祥露社区七房古厝年久失修，因荒废多年而倒塌。社区居民考虑到古厝倒塌后，一方面影响村容村貌，另一方面被居民占用屯放杂货，引起很多矛盾纠纷。居民主动提议要修缮古厝，并成立七房古厝修建理事会，召开理事会讨论改造方案。由于改造工程量较大，单靠一部分热心居民是没办法完成的。于是七房古厝修建理事会向社区居委会反映改造古厝的想法，希望社区居委会帮助。社区居委会经过广泛征集群众意见后，认为如果能将古厝改建成面向群众的老年文化活动中心，以满足社区日益增长的文化休闲需求的话，将愿意出资出力参与建设，工程得到了广大居民的支持。

由于工程量较大，工程又是居民自行提出的，所以在建设过程中居民很注重建设成本，也纷纷出资出力，共同参与建设，涌现了很多感人事迹。如，居民自发捐款筹资，先后共自行捐款 30 余万元；为了降低修建成本，在理事会的劝导下，原先拿走古厝倒塌后露出来的条石、木柱、雕花等原材料的村民，纷纷将有关原材料退还重新使用，同时还腾出100 余 m² 的空地；材料运送过程中，由于村道狭窄，大型土方车进不去，居民就用自家的小货车把材料一点一点地运进工地；居委会也主动对接，积极向周边企业募捐，得到了厦门卷烟厂 15 万元的资金赞助。在古厝重建的过程中，政府、居民、企业等实现广泛交流，相互关系日益密切，即在建设美好环境之余，促发和谐社会的发展（图 4-13）。

● 思明区前埔北社区未成年人活动中心

前埔北社区内工薪阶层多，子女放学后父母仍在上班的情况较为普遍，对于趣味型、教育型社区活动空间有需求；其次，父母希望有专业的早教、专业教育服务，以促进少儿、幼儿的成长。基于这些需求，前埔北社区居委会与居民共同向区一级政府申报社区文化活动中心的"以奖代补"项目，在获批后，将社区内一栋高四层、面积约 450m² 的楼房改造为中心的活动场地。社区征求居民意见，将服务中心内容设定为网络及书籍阅览、社区早教、科技教育、心理咨询服务等。全楼所有项目向小区居民免费开放，以促进未成年人心、脑、情（MBC）全面开发（图 4-14）。

服务内容一：网络及书籍阅览室，位于一楼，每周一至周日开放。阅览室与市少儿图书馆联网互通，以确保少儿可以在社区阅读图书馆的书籍。管理方面，向社区居民招募志愿者进行日常管理运营。

服务内容二：社区早教室，位于二楼。通过与社区内的幼儿园合作，每周一至周日早上由幼儿园支援两位老师进行幼儿早期教育授课，并确保有需要的幼儿每周至少享受一次服务。

服务内容三：科技教室，主要项目为陶艺吧、科普智慧墙等。三楼科普设施从相关公司采购，并请该公司工作人员每周三、六、日到场对科普教育进行指导与培训。陶艺吧由社区志愿者管理，每天下午4～6点向居民开放，丰富孩子的课余活动。

服务内容四：沙盘心理咨询室。向专业心理咨询机构购买服务，让7～15岁的少儿及其父母一起参加，按照"丛林法则"组成小组开展活动，在促进父母与子女关系的同时，也让夫妻感情更加亲密。

如今，未成年人服务中心成为了前埔北社区居民重要的公共活动场所，孩子们在这里相互认识、成为伙伴，家长间的距离也相互拉近。一个公共空间的建设，却激发了整个社区邻里和睦的氛围。

4.2.3　基础设施

基础设施的不完善，往往是当今社区，特别是农村社区建设面临的最为严重的问题，同时其建设往往最契合居民需求、最关乎居民利益、最牵动居民心弦，因而成为美好环境共同缔造中，共建的重要内容。这些建设项目通常为道路、步道、给水排水、电力等市政设施建设，需要依托政府相关职能部门的介入才可实施，是政府切实服务于居民，满足居民需求的项目载体。

在基础设施建设过程中，居民可通过为建设方案提出意见与建议，共同商议建设细节，主动配合与参与建设活动等方式，成为共建美好家园的一分子。在此过程中，政府与居民形成良好的互动氛围，社区生活环境得到有效改善。

在基础设施建设活动中，需要将其他建设活动与之融合，共同考量。可将设施建设活动与社区产业经济的提升、健康卫生的发展、地方文化的挖掘、丰富活动的举办、老年人的服务、幼龄儿童与未成年人的安全与教育等方面联系起来，如建设步道时，考虑老年人需求，建设平坦的无障碍路面；考虑居民健康，采用适宜行走或跑步的材质铺设；考虑地方文化，可在步道周边种植本地特有的植物或建设具有本地特色的建筑小品等，进一步深化与丰富设施建设的内涵，切实实现以共建服务于社区居民的目的。

● 思明区前埔北社区慢行道建设

全市第一个融合休闲和健身双重理念的公园落户前埔北社区，即前埔北健身公园。前埔北健身公园占地16000m²，有8片遮阳门球场、2个室外灯光篮球场、1个室外健身排舞场、1个五人制人工草皮足球场、1个室外排球场、2个室外羽毛球场、6张室外乒乓球桌，还有轮滑场、健身步道，以及27件固定的室外健身器材，这些场所，都免费向居民开放（图4-15）。

在公园建设完成并投入使用的过程中，有细心的群众发现，环绕公园的步道建设欠缺合理，只有跑步道而没有慢行道，步行与跑步的人在同一个空间里相互干扰，影响到使用的效果与乐趣，甚至会带来安全隐患。群众向社区"两委"提议，应当在跑步道旁边增设慢行道，为有散步需求的居民提供场所。社区"两委"就此提议广泛征求群众意见，大家表示支持。目前，前埔北健身公园慢行道建设已完成，很多居民与家人一起出来散步，享受散步的快乐（图 4-16 ）。

4.3 共管

共建并非是居民参与社区规划的结束，而恰恰是更深层次社区建设的开始。在空间环境改造与建设的共建背后，需要共管为其提供有效的支撑，以此建设群众参与的长效机制。共管主要涉及组织建设、管理制度、志愿精神、行动计划等内容。

4.3.1 组织建设

在共谋与共建的过程中，越来越多的社区能人与热心居民涌现出来，在社区管理问题日益突出的情况下，组织的建设无疑是凝聚居民力量，实现社区长效管理的有效手段。在社区内进行组织建设可通过以下方法：

（1）基于现有组织：在探寻社区资源的过程中，挖掘社区现有的组织。依据社区发展的实际需要，完善现有组织，使其更好地参与到社区的建设与管理过程中，充分发挥其能力与价值。

（2）针对特定需求：针对社区问题与居民需求，建设新的社区组织，如管理居民物业事务的居民自治小组、业主委员会、治安巡查小组，或丰富居民文化休闲生活的书法兴趣小组、社区艺术团等，构筑良好的群众参与平台，丰富与完善社区治理体系。

（3）社会组织合作：积极与社区服务、社区建设相关的社会组织展开合作，通过购买服务，或设立组织分部等方式，为社区引入更为专业的组织机构，并通过相关社会组织对社区居民、义工等群体的培训，在构筑合理而完善的社区管理服务网络之余，培育社区本地参与社区建设、提供社区服务的专业力量。

● **思明区城市义工协会**

思明区通过长期实践调研发现，以往所谓的志愿活动，其参与者多数是"被志愿"的，未能真正实现志愿活动的价值与意义。为改变这一现状，区委宣传部、区委文明办面向社会广泛召集真正自愿致力于志愿服务的热心人士，并通过群众推荐，积极吸纳已有的志愿者模范，以其为骨干，于 2012 年 12 月成立思明区义工协会。

协会会长王忠武，被誉为"全能志愿者"，从无偿献血志愿者到反扒志愿大队副大队长，从水上救生志愿大队队员到思明区城市义工协会会长，数年来，他对志愿者活动的热情从未消减，还常常带着自己的女儿一起参加义工活动。在他的影响下，全家总动员，连身边的亲友也被发动加入了城市义工队伍。丰富的志愿者经验与赤诚的奉献精神，使其成为义工心中当之无愧的"领头羊"，在他的引导下，协会逐步向专业化与规范化发展。

"法庭义工"许幸福，"全家齐上做志愿"的沈雅玲，带领"铁三角"团队，维护渡口秩序 10 余年的"市十佳志愿者"蓝永生等，他们都是志愿服务者的榜样与楷模。正是在这样一群社会服务中的"先锋者"的带领与鼓舞下，城市义工成为了一个充满正能量的群众组织，激发了男女老少的参与热情。

思明区城市义工协会内顾问由区委区政府领导，日报编辑、媒体负责人担任，会长、副会长及秘书长职务则全部由群众志愿者担任，建立起自主运作模式。在街道、社区基层管理组织的邀请与支持下，义工协会立足社区，组建社区志愿服务队伍，定期到社区开展志愿服务活动，实行分组活动制，将城市义工根据居住地就近分派到各个社区，以社区为单位组建活动小组，通过活动为自己所居住的社区提供志愿服务，从而凝聚居民情感，建立新型人际关系。更为重要的是，在这一过程中，互帮互助的志愿精神传递给更多人，营造出和谐温馨的社会氛围（图 4-17）。

● 思明区厦港街道综合服务中心

厦港街道通过家庭综合服务中心的建设，就街道残疾人多、老年人多的特色，通过政府购买服务的方式，依托专门的社会组织，进行服务供给、活动设计与空间布置等，提供一系列具有针对性的居家服务。如组织片区内残疾人来此，教他们进行手工品制作，如串珠等，为其提供获取收入的渠道；有专门的食堂提供低价的餐饮；为社区内的志工提供工作室，使其有定期提供义务理发等服务的空间；有专门的绘画工作者，教社区居民学习书法与绘画等，此外，棋弈室、体育室、电脑室等的设置，为居民提供更为全面的服务。在此过程中，除社区居民积极参与志愿活动外，辖内的企业也积极捐款支持，形成政府、居民与企业互动合作的良好局面（图 4-18）。

如今，服务中心成为当地八大组织及爱心人士提供服务的地方，避免人们想做志愿却找不到地方的尴尬。在此过程中，社区义工力量渐渐成长，属于社区本地的社会组织渐渐萌芽，逐渐渗透到服务中心日常管理以及更广泛的社区服务中。思明区厦港街道综合服务中心的建设为本地社会组织的建设奠定了基础。

4.3.2 管理制度

社区规划与建设的重要目标是建设美好人居环境的同时，实现良好的社会治理。作为社区治理重要的支撑体系与长效机制，共同缔造的过程中，管理制度的建设是各项建设项目推进过程中，不可缺少的内容。

共同缔造中，管理制度的建设主要涉及政府、组织与居民三个层面：

（1）政府层面：上层政府应针对社区建设的实际需求，修改或制定相关的管理制度，完善制度体系，以鼓励居民的广泛参与，保障社区建设活动的顺利开展。

（2）组织层面：社会组织应当建立符合法律规范的各项管理制度体系，依据组织成员的共识拟定管理制度，以此规范组织的建设与发展，并赋予其生命力，促进其不断向专业化的成熟方向发展。

（3）居民层面：居民可针对社区环境卫生、休闲活动、停车管理等内容，通过社区居委会或居民自治组织，组织社区群众召开居民会议，共同商议拟定居民自治公约、物业管理公约等，作为社区居民约束自身生产生活行为的共识性条例。

● 思明区小学社区商家自律联盟公约

小学路商家自律联盟公约

为提升小学路商家自我管理水平，强化商家自律经营，形成商家自治、居民监督、居委会协调、职能部门配合的良好机制，经商家协商，特制定本公约。

第一条 本公约所指的商家为小学路沿街所有以营利为目的的商铺。

第二条 商家日常经营以自治为主，并接受城管、工商、消防、公安、环保等职能部门的监督与指导。

第三条 商家应自觉负责经营区域的环境与卫生，做好"门前三包"工作。

第四条 商家在经营中，应配备消防器材，设置消防安全疏散指示标志、应急照明设施和应急疏散通道。

第五条 商家应诚信服务，除了承诺商品明码标价、货真价实、服务最优外，积极参加社区的公益服务活动。

第六条 每户商家均应选派一名负责人或一名代表参与组建店家自律联盟。

第七条 社区应定期或根据情况需要不定期组织相关职能部门、物业、商家自律联盟召开联动会议，协调解决商家在经营中遇到的难题，推动经济发展。

第八条 本公约自2013年11月1日起实施，并视开展情况适时予以修订。

● 海沧区绿苑小区居民公约

海虹社区绿苑小区居民公约

为了营造小区整洁、美观、舒适安静的环境，保障居民的利益和安全，特制订此居民公约，望各位居民自觉遵守，互相监督，切实人人落实并执行。

第一条 爱护小区的公用设施和一草一木

1. 不随意践踏草坪和采摘花木。

2. 不在人行道和草坪上踢足球、玩排球，以防砸坏灯具等公共设施。

3. 负责教育和监督装修工在搬运建材时，不损坏单元门、扶梯和过道墙面。

第二条 讲文明、讲卫生，保持小区环境整洁美观

1. 不向阳台外泼水、扔垃圾。

2. 不在公共场地晾晒衣服。

3. 不随地吐痰、不乱扔香烟头、纸屑、果壳。

4. 按要求分类投放垃圾，不将垃圾袋堆放走廊或乱丢或置于垃圾桶外。

5. 负责教育和监督装修工文明装修，不乱倒垃圾。为保持共用走廊清洁，装修时要关上户门。

6. 自行车要停放有序，不能停放在绿化带内。

第三条 自觉遵守小区内的停车规定

1. 小区内行车必须限速、安全行驶，不能乱鸣喇叭。

2. 外来车辆，原则上不准长时间停在小区，更不准在小区内停车过夜，特殊情况需报物业审批。

第四条 自觉遵守我市有关饲养宠物的规定

1. 养犬的居民需在养犬办登记备案，并出示牌照。

2. 按规定，宠物出户必须由主人手牵看护，拉绳不超过 2m，避免咬伤或惊吓小孩和路人。

3. 宠物粪便应随时清除。

4. 宠物不能影响他人正常休息，如有影响，主人必须妥善处理或停止饲养。

5. 小区内禁止饲养鸡、鸭，业主应遵守并监督此项规定的执行。

第五条 遵守房屋装修的有关规定，同时还应做到以下几点

1. 不搞影响小区外观形象的装修。

2. 考虑到居民的休息，规定的装修时间在 8：00 ～ 19：00，中午 12：00 ～ 13：30 不能搞影响他人休息的装修。

3. 装运材料的汽车和搬家车只能停在路边，不能开进院落，以免压坏台阶。

第六条 严格遵守小区治安和防水防盗的有关规定

1. 不随意把户主的证件交给装修工代替出入证。

2. 不把单元门钥匙交给装修工。

3. 住户将住房外租，必须经物业核查，批准后报派出所登记。

4. 注意随手关闭单元门，如出现可疑人员，应立即报告。

5. 原则上不能允许装修工住进住户家中，更不允许在装修房中使用大功率电器或明火烧菜做饭。

6. 如发现赌博、吸毒、卖淫嫖娼等情况立即报告小区保安。

请绿苑小区居民住户自觉遵守居民公约，为有效地改善小区居民的居住环境和生活质量，创建平安文明小区而共同努力。

4.3.3 志愿精神

志愿精神，一直以来是群众参与社区建设重要的内在动力，也是和谐社会重要的精神基础。因此，在美好环境共同缔造社区事务管理等方面，应创造培育社区居民志愿精神的条件。培育志愿精神，可从以下方面入手：

（1）支持组织发展：鼓励、引导社会组织积极参与到社区志愿服务与管理的过程中，着力培养与支持志愿服务类、公益类组织的成长与发展。

（2）建立轮管机制：鼓励与引导社区居民以认养、认管、轮值等方式参与社区植被、空间与事务的管理，并建立相应的轮管机制。在轮管活动推进的过程中，逐渐培育社区居民的志愿精神。

（3）开展联谊活动：组织开展社区联谊活动，进一步促进社区居民相互交流与认识，从而促发邻里互助、邻里联防等社区共管氛围的形成。使社区居民从邻里协作做起，逐渐具备成为社区管理者与美化者的能力，以建设邻里和睦的社区，为美好人居环境与和谐社会的建设积蓄精神动力。

● 海沧区自行车绿道认捐认管

海沧区围绕"不一样的厦门"定位和"活力海沧"目标，从群众生活习惯及需要出发，建设公共自行车系统，铺设绿道，打造"慢生活"。

在"美丽厦门共同缔造"理念引导下，社会各界热情关注海沧公共自行车系统建设，纷纷提出要参与到共建共管工作中来，通过站点冠名、驿站捐建、自行车认捐、绿地认养、义工轮值等形式出工、出力、出钱、出主意。截至 2013 年 11 月 28 日，社会各界认捐自行车 703 辆，认建站点 13 个；还有 300 多人报名参加义工轮值，在周末到驿站帮忙，负责讲解、车辆调动等工作。自行车道两旁的绿化养护由就近小区的居民认养，每两条柱子间代表一个自然单位，由一户居民认养，负责浇水除杂草以及认养区域的卫生保洁等工作。

通过居民共同参与的共管活动，海沧区绿道及周边环境得到良好的维护，如今成为海沧区及外来游客休闲健身的良好空间。

● 思明区后江社区"爱心餐"

思明区后江社区居住群体以高收入人群为主，但社区内仍有许多需要社会关注与帮扶的困难家庭。共同缔造过程中，社区基层组织从人性关怀的角度出发，一改以往的帮扶方法，以一种充满温情的方式，为社区中需要帮助的群体提供服务。后江社区居委会牵头，组织社区内商家结成爱心联盟，为社区困难户及辛苦工作的环卫工人提供餐饮服务。社区内居民在爱心联盟成员店内消费时，店家会向他们介绍"待用餐"的相关事宜，居民可以按原价一定的折扣（如咖啡店为 6 折，山东面食店为 7 折）购买一份"待用餐"，供给需要帮助的人们。店家会将这些"待用餐"以券票的形式粘贴在爱心联盟标志牌下。社区会对社区内的环卫工人及困难户发放爱心联盟卡片，他们可以凭这张卡，撕去待用餐券，到爱心联盟成员店享有"待用餐"。

后江社区"爱心联盟"的建设，发动社区居民力量，通过充满关怀与温情的方式实现相互帮助，以待用餐为纽带联结社区不同群体，促发社区共融，营造出脉脉温情的氛围。

4.3.4 行动计划

欲实现社区规划各项建设活动与管理活动有条不紊的进行，对其活动内容与时序的安排显得尤为重要，这不但有助于社区规划实施者对社区建设事务的把握，更有助于增强社区规划内容的可实施性，也可让居民看到社区规划方案每一步的实施过程，从而为居民参与社区建设，监督规划实施创造条件。因此，共同缔造的过程中，应重视行动计划的拟定，将社区规划的物质层面与非物质层面的建设活动相互融合，并对其细节内容进行梳理与安排，以此保障各项活动的顺利实施。

行动计划所涉及的事项，可包括社区规划与建设的全部内容，也可仅包含特定社区建设议题与项目的内容；可涉及政府、社会／社区组织、规划师与社区全体居民，也可仅社区其中特定的群体。行动计划是将多元主体的参与及具体的规划方案相结合，将实施事项合理安排在特定的时间节点，保障凝聚多元主体共识的规划项目切实得以实施与落地，突破传统规划单纯罗列规划事项，不具体交代完成主体，时序及方法，导致规划方案难以实施的瓶颈。

● 思明区莲花香墅商家环境改善计划

· 改造店铺排污设施，减少环境污染

在街道办和居委会牵头下，由商家协会组织，开展商家环境改善计划，特别针对大排档、水果摊等店铺，开展排烟、排水等工程改造。在排水方面，严禁商家向沿街道路下水口倾倒废水；排烟方面，要求商家安装烟气过滤装置，尽可能减少油烟的排放；烧烤与大排档等经营者，需要在经营时段后，打扫经营场所的卫生，特别要清理地面油渍。

改造后相关排污需要达到国家餐饮业污染防治的相关规定。经营餐饮业项目应根据污染防治需要设置餐饮业专用烟道、油烟净化装置、油水分离设施或处置装置和降噪减振设施，并按环保部门要求排污。油烟排放应符合《饮食业油烟排放标准》（GB 18483—2001），污水排放应符合《污水综合排放标准》（GB 8978—1996）和《厦门市水污染物排放控制标准》（DB 35/322—2011）。

改造结果申请以奖代补，补贴改造费用。

· 推进店铺与房前屋后的自我美化与改造，营造良好的街区环境

商家通过自己动手或邀请专业设计人员参与等方式，进行店铺与房前屋后的自我美化与改造。店铺整饰可涉及墙面、地面、墙柱、飘篷、灯箱、广告牌、门窗等方面的修整与装饰。房前屋后改造则可涉及庭院、围栏、花坛、绿地的修缮与美化。

店铺的美化与改造可以向日本鱼旨寿司店学习，将房前屋后的公共空间整理为居民交流场所，营造有特色的庭院。

对美化结果实施评比，并申请以奖代补，补贴改造费用。

· 协商确定营业时间，杜绝扰民行为

在商家协会与业主委员会组织下，商家与居民共同协商确定商家的营业时间。可按照不同的经营业态或经营方式来确定。如经营行为完全在建筑内进行的商家，其营业时间较经营行为涉及露天空间的商家更长一些，在遇到特殊经营时期，如世界杯期间，酒吧等场所可适当延长营业时间等。

· 推广垃圾分类处理，推动绿色发展

在网站上发布绿色健康的消费理念，通过商家协会号召、鼓励商家以身作则，进行店内垃圾分类处理，特别是厨余垃圾与普通垃圾的分类处理；同时，向消费者推广绿色健康消费理念。

· 开展门前三包活动，实行责任制管理

商家是莲花香墅重要的成员，营造莲花香墅的美好环境，需要商家充分发挥主人翁精神，划定责任区，对责任区内的环境卫生、环境秩序和绿化进行维护与管理。可参考《厦门市"门前三包"责任制管理办法》。

4.4　共评

美好环境共同缔造成效最终的评判指标是群众满意度，一个使社区居民都十分满意的社区规划才是好的社区规划。因而，共同缔造的过程中，共评是必不可少的重要环节。群众对社区规划及建设的评价，其一方面是对阶段性工作的总结与回顾，帮助人们了解该阶段工作的优点与不足，及时调整下一阶段的行动计划，并为社区工作积累经验；另一方面，在共评环节对奖励机制的引入，将为共同缔造建立起长效的激励机制；进一步激发群众与组织的参与热情。

4.4.1 评比标准

凡是涉及评比事项时，为确保评比结果的科学性、公正性与客观性，均需要拟定相应的评比标准。共同缔造是政府、规划师、社团、群众等多元主体共同参与社区规划与建设，实现社区治理目标的过程，与传统规划和管理有着较大的差异。因而，政府应对以往单纯从政府层面自上而下拟定的社区工作评比标准作出适当的调整，使其契合共同缔造下社区工作的实质内容，满足不同类型社区建设的评比需要。这些评比标准主要包括：

（1）社区管理绩效的评比标准：为规范与敦促社区基层组织进行社区建设，政府往往拟定诸多社区管理绩效的评比条例，依照具体标准对社区基层组织工作进行评估。然而，在社区建设日新月异的今天，传统的评比标准或为社区基层组织工作增添不必要的负担，或对其工作提出不符合实际的要求，阻碍社区基层组织充分发挥其代表居民利益，为居民服务的作用。在共同缔造过程中，以社区居委会和党委会为代表的基层组织，发挥着重要的发动、组织群众、联系社区各主体的重要作用。因而，在美好环境共同缔造中，需要从有利于社区发展的角度出发，拟定更为合理、相对灵活的社区管理绩效评比标准。

（2）建设项目评优的评比标准：共同缔造中，社区建设往往涉及诸多以群众为主要参与者的小项目，以及涉及居民利益的公共事务，如房前屋后改造、立面整饰、社区组织建设等为主的建设项目评优，以鼓励群众广泛参与。这些项目的评比，应由政府、社区工作人员、规划师与居民代表等多元主体，从特定项目的实际需要出发，拟定出具有针对性、适用性的评比标准。届时，多方共同参与到评比活动中，依照评比标准客观评分，评选出大家最为满意的建设项目或实施个体与组织，树立起社区规划与建设的示范与典型，供以借鉴与学习。

（3）社区事务评比的相关标准：当前，社区内涉及群众利益的社区事务，由于缺乏公开性与透明度，或涉及人情世故，往往有失公正。一则造成公共资源的不合理分配，二则促发不公正、不守信的社会风气滋生。共同缔造鼓励社区居民共同参与相关社区事务评比标准与评比流程的修正，恢复评比应有的公正性，同时形成居民相互监督、相互约束的自治力量。

● 海沧区山边村低保评议会

2013 年 8 月，山边村村干部赴云浮、深圳等地考察，受云浮乡贤理事会在参与新农村建设中发挥积极作用的启发，在山边村建设由在机关、银行、学校等单位工作或退休的乡民组成的乡贤理事会。乡贤理事会是以参与农村公共服务，开展互帮互助服务为宗旨的公益性、服务性、互助性的农村基层社会组织，其在镇党委、村党支部的领导下开展工作，接受村民委员会的业务指导，主要负责协助调解邻里纠纷、协助兴办公益事业、协助村民自治等事务。在山边村自治实践中，如山边村低保户民主票决活动的开展，乡贤理事会发挥了重要作用。

近年来，山边村工业经济日益发展，村民生活水平大大提高，不少低保户已经脱离了低保标准，却仍然享受低保待遇。造成政府公共资源的流失，影响了部分真正需要低保津贴的村民的利益。在区、镇两级相关部门在认真调研、制定切实可行的工作方案、村干部等入户走访调查、宣传低保政策的基础上，乡贤理事会组织召开低保对象民主评议会，变过去政府做主为村民自己做主。在入户调查的基础上，通过宣讲政策、介绍情况、现场评议、宣布结果、签字确认五个环节，由村民代表、包村领导和镇民政干部组成的28名评议代表，根据现场实际情况用票决的方式对21户申请家庭是否推荐纳保进行现场评议。最后，李玉端、李荣祺等12户低保申请对象获得参会评议人员三分之二通过，其余9户被否决。村民们说道："以前看着有的人明明生活条件很好，却占着低保名额，真正需要的人却拿不到钱，心里觉得很不好，但是碍于情面，大家都不愿意说，现在有乡贤理事会带头，大家敢把心里话说出来了，是很好的。"山边村在乡贤理事会的带领下，尝试了广大村民齐参与，共评共议，以评促"保"的新方法，推动了山边村自治的发展。

4.4.2　奖励机制

评比的目的之一在于依照评比结果，予以先进个体或组织以奖励，形成"比学赶超"的参与氛围，从而激励社区居民与组织为社区规划与建设投入更高的热情，这是美好环境共同缔造激发群众广泛参与的重要手段。

这一目标的实现有赖于奖励机制的建立，应从政府层面，针对社区规划与建设的特定事项，设立公正而明晰的奖励标准，明确奖励资金的来源、规范奖励资金的管理，形成简洁易行、切实具有激励效应的奖励机制。如制定"以奖代补"的具体标准与细则，以"以奖代补"的形式对社区、社区组织及居民等积极参与社区规划与建设，并取得广泛认可、切实发挥效用的建设项目，通过奖励的形式予以补贴，并将评比结果与奖励金额于社区内公示，接受社区居民的监督，以此促发更大范围内的激励效应，形成社区各主体踊跃参与的良好氛围，以此支持由居民自发、自愿参与社区规划与建设活动的不断推进。

为充分发挥奖励机制的效力，政府与规划师可针对社区发展的具体事项，开展诸如竞赛、评优等丰富多彩的活动，为群众参与社区规划与建设提供更多且更具吸引力的平台与机会。

● 思明区曾厝垵规划竞赛

为鼓励与激发群众充分发挥个人才智，参与到更广泛的社区规划与建设过程中，思明区区政府、滨海街道办事处与曾厝垵社区联合中山大学城市化研究院团队，于2015年2月在曾厝垵社区内，以"演变中的公共空间—出乎意料的转角处"为主题，以"民众参与、自下而上、注重实事"为原则，针对曾厝垵发展存在的空间建设问题，开展标识系统与公共空间节点设计竞赛（图4-19）。竞赛的主要内容如下：

①曾厝垵标识系统：外围引导—入口指示—五街十八巷指引；

②曾厝垵交通组织：交通线路引导、停车设施（团体旅游停车点、出租车停靠点、社会停车场等）；

③公共节点：如曾氏宗祠门前广场、中山街入口广场、渔桥曾厝垵侧广场、加油站旁空地、曾厝垵共同缔造工作坊根据地（L形露天场地）5个指定的公共空间。

受竞赛奖励的吸引，曾厝垵内各群体积极参与竞赛活动。竞赛通过现场察看、确定现状问题和具体设计节点、分组方案设计、方案首轮提交、方案调整、方案最终提交等过程，共收到各类方案 23 份，在经过方案公示与方案评议后，分别选出一等奖、二等奖、三等奖与优秀参与奖作品，颁发奖状与奖金。曾厝垵竞赛活动奖励机制的建立，促发了更广泛、更深入的群众参与，进一步推进了曾厝垵美好环境与和谐社会的建设。

4.5 共享

通过"共谋"、"共建"、"共管"、"共评"，社区居民切实参与到共同缔造过程中，推动了一些项目，建设了一些组织，开展了一些活动，经历了从埋下种子、栽培到开花结果的过程，在其后，便是收获成果的"共享"过程。

共享作为共同缔造的重要环节，指明了共同缔造的本质内容，即从为广大社区居民打造更为舒适、安全与便捷的生活环境的角度出发，构筑政府、规划师与群众三方良性互动平台，实现社区治理、社区规划、群众参与及群众利益多方多赢的有效实践，而并非服务于政府的政绩目标或特定利益团体不合理的利益诉求。

共享要求社区规划与建设的成果是社区居民根据实际需要可平等享有的，因而除非出于特定的管理需要和服务范围及适用群体的限制，不得人为地、刻意地依照社区居民的户籍、收入、阶层等状况设定障碍，这是共享之"共"另一层面的表现。

共享之成果从社区层面来讲，是美好的社区环境、和睦的邻里关系、融洽的社会氛围；从社会层面来讲，是政治、文化、经济、社会、生态的全面建设与发展，是社会治理体系与治理能力不断现代化的发展，是和谐社会从蓝图走向实践的进步。

● 美好家园共建共享—以海沧区兴旺小区居民访谈为例

"美丽厦门共同缔造"以来，在政府、两委、居民与企业的共同努力下，兴旺社区民声话仙场、健身园、知心亭、下沉广场、圆梦廊、文化巷等都以全新的面貌展现在社区居民面前。美丽厦门共同缔造的成果，社区居民一起分享。生活在小区多年的庄女士，言谈之中，表达出共同缔造以来共享社区成果的喜悦之情。

问：您来自哪里，什么时候来到兴旺小区的？

答：我来自漳州，2003 年开始入住兴旺。

问：在您来兴旺前，有没有在厦门其他小区生活过？

答：有，半年前在雅桥花园。

问：那您在这里的生活跟雅桥的有什么不同吗？

答：说实话，我觉得兴旺这边的更融洽，邻里之间很好相处，不会那么冷漠，也不会有排斥感。我刚来的时候，当时居委会还没进来，有些人物业费没有交，说是物业做得不好。我是交了，然后有人就会问我"你干吗交啊，这些乱七八糟的事情我们干吗要做！"2007 年居委会来了之后，他们跟物业协调，也跟居民协调，从而处理好了物业费的问题。

问：在您生活中，有没有哪些故事让您特别感动的？

答：这段时间的实践中，有个老人让我挺感动的。这次不是有那个领养植物、认管空间吗，他就自己来这里锄草、主动打扫认养的空间，过得很快乐。我看到这一幕真的很感动。

以前我看到地上有垃圾想捡起来又怕别人说我假，装成很好人的样子。后来我看到别人捡，我就想如果我自己做又有何妨呢？后来我看到纸杯、瓶子都会顺势拿到垃圾桶，慢慢都变成一种习惯。

问：这是一种好的氛围，有利于社区的持续发展。而且每个人都会觉得保护环境整洁是自己的责任，从而可以更好地守护家园。这几个月以来，举办了很多活动，比如绿地认养、空间认管等，您有没有参与哪些活动，能否给我们介绍下？

答：有啊，比如店铺外面的这些空地就由我管。我们这里有个"民声话仙场"的活动，就在旁边空地上举行，我是发言人之一。我就住在这里嘛，我跟其他人都相处得来。比如说，有一个婆婆来抱怨她媳妇这段时间回家脾气都不怎么好。媳妇又刚好跟我说最近工作不顺心，很压抑，来找我倾诉。我刚好可以扮演协调者角色，跟婆婆说并不是家里原因，帮她们协调。

问：您是不是对这个片区的人都很熟悉？怎么想到参加这个活动的？

答：我来这里很久了，我什么个性邻里也都清楚，特别我是开店的，所以他们都喜欢来我这里闲聊。然后有一次居委会来我这里聊天，我说我这里作为一个闲聊的地方也挺好的。现在这里做了个亭子，我喜欢看《读者》，看了20多年了，看完后可以放到亭子里给大家看，不然也是浪费。对我来说，我那些杂志看完了拿去卖也卖不了几个钱，如果有人来跟我一起喜欢它，对我来说这种共同的分享会更有价值。

问：就是刚才说的这个"民声话仙场"的地方。我们看到您跟其他人的关系都挺好，也很热情，那社区其他人之间的关系如何？

答：人总是有与自己的喜好、个性相投的朋友，他们会聚在一起。聚集的地方不是单纯我这里一个，有很多个。我们这里不会冷漠，都是很融合到这个社区的。我先前说我原来在雅桥花园的时候，就没有现在这种感情，交流得较少。

问：最近几个月一直在做美丽厦门共同缔造，您有感受到什么变化吗？

答：我们是自觉融入，从一开始就融入到这个社区。之前不是说那个老人嘛，他70多岁了，自觉在捡垃圾、捡石头、浇水。这一幕让我很感动。我们就是爱这个社区，爱这个家。这已经是潜移默化的过程，这几个月来更是一种升华，让我们的环境更加漂亮。

● 鹭江街道居民共享老剧场文化公园之乐

厦门市鹭江街道营平片区内具有老厦门记忆的老剧场旧址，原本计划改造建设为停车场。社区居民在知悉这一消息后，主动与街道负责人联系，指出在老城区内拥有如此大面积的公共空间实属不易，希望能够将其建设为片区居民活动的公园，这一建议得到了重视与认可。在广泛征求居民意见、咨询专业人士、制订建设方案的基础上，鹭江老剧场文化公园建设完成，成为密集的老城区内难得的开敞空间，吸引片区内许多居民来此休闲与活动，并获得广泛的好评。

为使居民更好地享有共同缔造的丰硕果实，鹭江街道与天树创意公司，以及片区自治小组合作，结合营平片区作为老厦门的传统商业点与居住地的特征，取其特有的集市文化，在老剧院文化广场内定期开展"旧物早市"活动，将旧物、日常用品、古早味、老手艺聚集在此。鹭江街道工作人员邀请片区内厦门著名海鲜市场摊主，在公园早市内开展"鱼市讲堂"活动，向社区居民及前来的游客介绍挑选海鲜、制作海鲜的方法（图4-20）；邀请片区内及厦门市内有名的旧物店店主开展"推开时光之门"活动，向大众展示极富生活记忆的旧物，共同回忆逝去的时光（图4-21）；邀请片区内有意参与的美食达人开展"泡面考"活动，展示泡面的多种烹饪方法，为原本充满生活气息的营平片区，增添了一缕生活的情怀。丰富多样的社区活动带来了丰富多样的生活体验，为社区居民生活增添了乐趣。

"共谋、共建、共管、共评、共享"作为共同缔造的重要内容，清晰地展现了共同缔造过程中实现群众参与的路径与方法，进一步阐述了共同缔造过程中社区规划与建设的内涵。综上所述，美好环境共同缔造的工作路径在于：

"以群众参与为核心"——决策共谋、发展共建、建设共管、效果共评、成果共享。群众参与是核心内容，和谐与幸福家园的构建离不开群众的参与。群众参与、群众主体的共同缔造是推动美好环境建设的基本原则。

"以培育精神为根本"——勤勉自律、互信互助、开放包容、共建共享。只有培育精神，才能够把文化、体制不断传承下去，让共同缔造成为居民生活的方式与习惯，实现美好环境建设的可持续发展。

"以奖励优秀为动力"——启用补贴、奖励先进，树立标杆、典型示范。通过奖励优秀来激发群众共同缔造的热情，促进群众参与到共同缔造的过程中。

"以项目活动为载体"——群众实践、社区实施，政府资助、以奖代补。群众参与不是口号，而需要有实实在在的行动予以支持，作为人居环境建设重要内容的项目与活动，是共同缔造群众参与的重要载体。

"以分类统筹为手段"——区分类型、突出特色，统筹资源、协调推进。针对不同社区不同的特点、不同的问题，准确判断并把握核心问题，进而开展共同缔造，而不是采取统而泛的方法，在忽视地方特色之余，将社区规划变为固定的、标准化的操作范式。通过统筹各种力量、各种资金，为共同缔造各项建设活动积蓄力量与资金支持，保障其顺利开展。

图 4-1　海虹社区居民在下沉广场对应位置贴上写有问题的便签纸，形成"问题地图"

图 4-2　海沧区自行车系统建设意见征求、活动宣传与问卷派发

图 4-3　思明区东山社社区规划师培训会议　　图 4-4　思明区辅导员培训大会现场

图 4-5 思明区莲花五村社区龙华里小区公园改造前（左）与改造中（右）

图 4-6 思明区莲花五村社区龙华里小区公园改造后

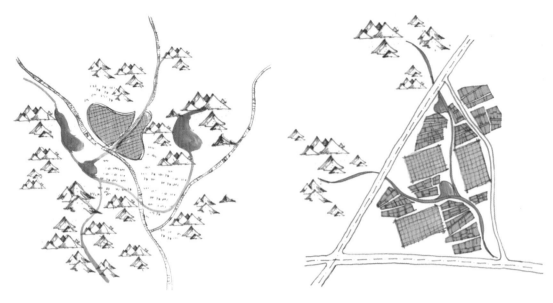

图 4-7 思明区东坪山的理想空间   图 4-8 海沧区院前社的理想空间

图 4-10 海沧区山后村讲古台改造前是堆积杂物的空间（左），改造后成为居民休闲娱乐的好场所（右）

图 4-11 海沧区山后村改造前裸露、厚重的红砖墙（左）与改造后相对美观、通透的新围墙（右）

图 4-12　海沧区院前社城市菜地（左）与在此举办的丰富活动（右）

图 4-13　海沧区祥露社区古厝改造前（左）与改造中（右）

图 4-14　思明区前埔北社区未成年人服务中心开展的爱心课堂、亲子早教课等丰富多彩的活动

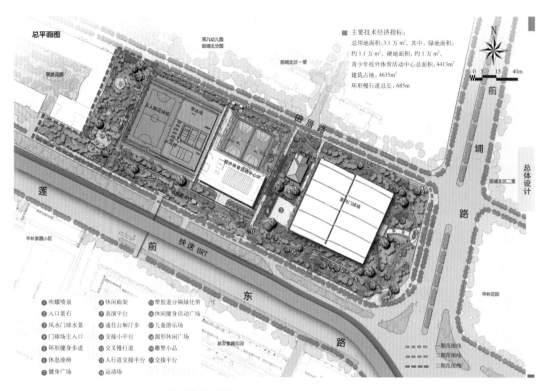

图 4-15　思明区前埔北健身公园经居民共同商议修改的建设方案图

图 4-16　思明区前埔北健身公园改造后的慢行道成为社区居民建设活动的良好场所

图 4-17　思明区城市义工协会成员广泛参与公益活动

图 4-18 思明区厦港街道综合服务中心志愿者服务于社区居民

图 4-19 社区规划师竞赛项目

图 4-20　鹭江街道老剧场文化公园旧物早市之"鱼市讲堂"

图 4-21　鹭江街道老剧场文化公园旧物早市之"推开时光之门"

第 5 章

共同缔造工作坊：参与式规划的新模式

开展共同缔造工作坊的目的在于通过规划师引导群众参与,让不同社会群体得以发声、利益得以体现,以规划为媒介实现多元主体的共同价值。然而,群众参与并不是一帆风顺的,也并非规划师一厢情愿就能促成,因为群众很难被组织起来。在一个社会不断破碎的时代,缺乏机会往往是群众不能够有效参与的重要原因。在此背景下,搭建参与平台,让多元主体特别是群众群体平等共享参与机会,成为促进群众参与,凝聚社会力量的关键。共同缔造工作坊,正是通过规划师角色的多元化转变,构筑良好的规划参与平台的实践,是参与式规划的新模式,也是美好环境共同缔造的创新方法。

5.1 群众的参与

美丽厦门共同缔造的实质是坚持以人为本,坚持一切为了群众、一切依靠群众,通过群众参与的方法,凝聚群众共识,把群众的智慧集中起来,让政府真正了解和尊重群众的需要、群众的想法,把群众的所需所盼与政府的所作所为统一起来;汇聚群众力量,将群众的力量集中起来、发挥出来;转变政府角色,集中力量将公共服务做到位;塑造群众精神,增强群众的责任感、自豪感、归属感,以参与促进融入融洽,以参与铸就和谐。

群众参与是美好环境共同缔造的行动,群众参与渗透在城市建成环境的规划、决策、建设过程。群众参与不仅是市民使用城市空间的重要过程,也是城市美好环境中体现社会共同体的具体行动;群众参与是美好环境建设与和谐社会建设的纽带;群众参与是"人"的城市更深层的内涵所在。

5.1.1 群众参与规划的传统

群众参与是美好环境共同缔造的重点,是动员群众、发动群众、组织群众的重要方法,群众参与贯穿于整个过程和各个活动之中,强调的不仅仅是参与带来的效果的优化,更为重要的是强调参与过程中的价值。群众参与是美好环境共同缔造推进规划变革的核心,只有通过参与才能够体现出共同缔造中的协商、合作和自上而下与自下而上的合作。

城市发展与建设本质上是对空间资源的使用、收益进行分配和调整的过程,空间为社会各利益群体提供了谈判协调的载体,在这个载体上需要体现价值诉求、主体利益,还需要平衡政府、市场、社会群众的诉求,要顾及长远与眼前、效益与公平、局部与综合、个体与群体的诸多矛盾,还要统筹政治、经济、社会、生态、文化、技术等的关系。

尽管中国的封建传统强调的是等级序位制度,但从春秋战国时期开始,传统的统治深受儒家思想影响,其中"庶人之议",即倡导民意与民议,如《左传·襄公三十一年》引《泰誓》的"民之所欲,天必从之",《孟子·万章上》引《泰誓》的"天视自我民视,天听自我民听"等,这类思想的影响极其深远。中国古代政治思维极其重视"庶民之议",主张统治者体察民情、广开言路,顺应民意。在执政过程中,或多或少会将百姓的意见纳入考虑并作出符合民情的决策。这为后来的"以民为本"的政治理论奠定了重要的基础(张分田、孙妍,2011)。《荀子》有"兼听齐明,则天下归之",《法言》有"汉屈群策,群策屈群力"等。

群众参与是当今社会协商的基本要求。"有事好商量，众人的事情由众人商量，找到全社会意愿和要求的最大公约数"成为群众参与的原则。群众的参与是群众充分表达意见，参与城市决策的重要途径，在此过程中，大多数人的意愿为人尊重，少数人的合理要求亦受重视，从而促进城市建设走上顺应民意、合乎实情的发展道路，使城市空间成为真正的市民空间。

从欧美的经验来看，群众参与的大规模实践来自二战以后，社会出现新的问题，如种族隔离、贫困集中、失业、住房失修、犯罪以及多重财政压力等，欧美当时的城市建设领域过度追求城市的商业利益，并且以牺牲社会和政治发展为代价进行物质空间开发。这种举措虽然让社区和城市中心看上去漂亮，却无法扭转导致城市衰退的经济问题和社会问题。在20世纪60年代晚期和整个20世纪70年代，政府开始出资帮助以群众参与为核心的社区规划。通过资助市民参与和社区组织，以及促进公共、私人部门合作，这些资金被用来鼓励社区成员参与街道清洁或者防止犯罪等活动。比起传统的规划，群众参与为主的社区规划项目在吸引市民参与方面表现出很多优点，得到了不同群体的支持。20世纪60年代，达维多夫以多元主义为思想基础所提出的倡导性规划理念，成为这一时期以群众参与为核心的典型规划主张。

1965年，达维多夫在其"规划中的倡导性和多元论"一文中指出，规划工作是不可能完全没有价值取向的，规划也绝不是一种纯粹技术性和客观性的过程。他认为："当代社会财富、知识、技能和其他社会利益的分配，其公正性显然是有正义的。财富和其他社会商品应当分配到不同的阶级群体之中，这种问题的解决方案不能通过单纯的技术手段得出，而必须从全社会的高度提出问题和看待问题。"对此，孙施文指出，在现代城市规划，尤其是在综合理性规划模式中，城市规划的内容所反映出来的是规划师或者是城市政府所认为的最佳方案，这一方案的确定通常与居住在这一地区的居民并没有直接的关系，而其确定的结果却恰恰是对这里的居民造成影响的，无论这种影响是好还是不好，居民都无从选择，都不是他们自己的意愿的体现。这是达维多夫提出倡导性规划的重要出发点，在其看来，这样的规划过程实质上是掩盖了个别群体的利益。实际上，不同的社会群体有各自的利益要求，如果他们的要求得以实现的话，那么结果将会产生许多根本不同的规划方案。这是群众参与对规划带来的最直观的影响，同时体现出倡导性规划的核心意涵，即解决城市问题的办法应当具有社会属性，规划不是单纯理性的技术，而是一种提供给大众的社会服务（于泓，2000）。

5.1.2　群众参与的发展意涵

群众参与并不是对各种规划都能起到重要作用，在自上而下的目标驱动的规划中，政府虽然很强调群众参与的重要性，但是政府部门的繁杂程序和复杂职能以及相互协调需要的大量时间，使得群众难以长期有效地参与其中，群众的智慧很难得以充分体现。

事实上，社区居民拥有城市未来发展的关键信息，也比任何人都关心自己身边的事情和事务，群众参与最重要的作用在于，识别社区发展的机会和有利条件。群众通过共同参与可挖掘城市发展的机会，同时识别发展的问题。以前居民所掌握的信息与意见是通过规划师被动挖掘的，因此在规划中往往不能发挥重要的作用。但是，随着互联网技术的出现，群众的意见及群众自发的行动可以成为规划决策框架中的一个重要部分。在互联网时代，群众可以更大范围地获得城市与社区发展的信息。这使得群众能够参与到更广泛的城市决策之中，使其渴望能够使用自身或主流资源来改变身边的空间，如建设街区、街道和社区。群众参与作为美好环境共同缔造的核心内涵，也由此对城市发展与规划变革产生深远影响。

1. 群众参与是谋求共同利益的重要保障

城市是社会各群体的承载空间，城市规划作为调控城市资源的重要载体，不可避免地面临多样的利益诉求，而承担协调多元利益的职能（吴祖泉，2014）。同时，正如乌托邦思想所强调的，城市规划作为一场社会变革，本应由诸多行动者共同参与，以集体组织或群体力量来推进与实施。因而，城市规划本就是依托群众参与，协调多方利益，谋求共同利益的过程。

然而，面对日益繁杂的社区事务，在制度并不能面面俱到地覆盖各项建设与管理活动时，群众参与作为群众表达利益诉求的重要渠道，首先，为实现更广泛的群众利益提供基本保障。

群众参与予以不同背景、阶级、利益团体的人，在共同平台上平等对话的机会。不同群体可围绕特定议题提出各自的意见、想法与利益诉求，这些想法与诉求在群众参与之初有所差异。这种差异必将引起不断的讨论与协商，直到不同群体的想法逐渐趋于一致，即不同群体通过共同协商，在维护个体利益与尊重他人利益间找到利益的平衡点。这决定群众参与的成果是不同群体共同利益的凝聚。

群众参与的多主体参与，形成参与过程中相互监督与约束的力量，一定程度上抑制过度追求个人利益的行为，更好地保障群众参与所得的决议与成果能代表更广泛的群众利益。因此，群众参与，从本质上讲是不同群体观点与理念不断接近的过程，是不同利益相互协调与融合的过程。故而，群众参与是谋求共同利益的重要保障。

2. 群众参与是建设美好环境的重要手段

美好的人居环境需满足人们生产生活的需求，作为长期生活在该空间环境内的群众，对于各类需求有更贴切、更真实的把握。因而，当群众参与围绕特定空间的改造与建设进行时，无论是其协商过程，抑或是协商成果，均可反映群众真实的诉求，从而促进宜居宜人的空间环境建设，为美好环境建设奠定基础。

群众参与建设的空间环境，在为人们生产生活带来诸多便利之余，更为重要的是，其因融合群众参与而成为富有认同感与归属感的空间环境。群众参与让空间环境建设成为群众各展才华的舞台。来自不同地区、不同年龄、不同教育水平的群体以特定空间为载体，对其建设活动或是激烈讨论，或是共同完成，从客观上讲，将一定程度上降低空间的建设成本；从主观上讲，则使空间因承载共同回忆，凝聚共同努力而具有特殊而丰富的内涵，使空间超越其本身的特定功能，成为重构与维系社会关系的重要载体，成为表达与传递社会文化的重要符号。因而，群众参与赋予单一的空间环境以更为丰富的人文意涵，即赋予其美好环境的特质。

群众对于群众参与下建设的空间环境有着更为深厚的情感，因而更易主动承担起相应空间后期的维护与管理工作。群众会通过共同约定等方式形成相互规范与约束的力量，自觉维护空间的美好与整洁，并且更乐意奉献自己的力量，进一步美化空间、改造空间。因而，群众参与是建设美好环境的重要手段。

3. 群众参与是激发社会活力的重要力量

群众在参与过程中种种行为活动的进行，有赖于其知识储备与能力基础。为更好地表达诉求与维护利益，无论是主动学习，抑或是受人熏陶，群众会在参与过程中潜移默化地提升个人的能力，如分析能力、组织能力、表达能力、协调能力等。群众才智得以发挥、群众潜力得以挖掘，群众素养在日常生活中得到锻炼，社会素质因此得到提升，从而为社会发展提供更优的人才基础。

群众参与是群众观念不断接近的过程，同时其个体本身也随之由分散走向团结。因而，群众参与实际上是通过将群众组织起来，逐渐形成有序的组织结构，从而将潜在的社会活力激发出来，形成一股能量雄厚且影响持续的社会力量的过程。这股社会力量在承接政府职能，完善事务管理等方面有着巨大的潜力，是推进社会不断进步与发展的有效动力。

正如彼得·霍尔所言，美好城市是使人拥有职业安全感与像样住房的城市，也具有社会弹性的城市。这种弹性来源于城市为群众创造良好的社交环境，通过群众参与，促发基于社交关系网络的社会团体与组织的建立（彼得·霍尔，1982）。这些经由群众参与形成的稳定而持久的群众力量，是帮助城市攻克发展难题，度过发展难关的特殊力量。发达国家的规划实践经验表明，城市问题，如交通拥挤、低收入人士无房问题等，不需要通过规划措施解决，有效的城市管理（道路使用收费、个别团体自发为低收入人士提供住房）也能解决问题（朱介铭，2012）。可见，在群众参与过程中，人与人的社会关系可逐渐转变为社会资本，推进城市的进一步发展（吴缚龙、李志刚、何深静，2004）。群众参与是激发社会活力的重要力量。

4. 群众参与是推进规划变革的重要动力

群众在规划多个环节的广泛参与，要求规划师工作理念与方法随之转变。以群众参与为核心的规划，要求规划师不得以个人价值观代表社会大众的价值观，而应考虑各种利益集团的需要，建立有效率的群众参与体系，支持群众在此体系内扮演更积极的角色，引导群众通过讨论达成适宜的方案与政策；要求规划师与众多社会团体广泛合作，以此促进"规划的不断改进，并为各种各样的社会团体公开地提供多样的选择，使这些团体的支持者转变为规划的有力支持者"（达维多夫，1965）。

群众参与规划对社会公正性带来积极影响，其有效促发规划对弱势群体的关注，保障规划成果代表群众广泛的利益。同时，其所形成的推动力量与监督力量，将敦促公共规划机构改进工作，形成公共机构改进规划质量与提高工作效率的动力。此外，群众参与规划可避免当前规划方案备受诟病的现象，鼓励那些对规划多加指责的群众制定更优良的规划成果，"而并非仅仅将规划不好作为规划师的职责"（达维多夫，1965）。

群众参与使长期以来城市规划被科学理性所掩盖的社会属性恢复其本来的面目，其改变规划师的立场与角色，改变规划的具体工作流程与方法，并由此促发规划背后社会管理与社会发展的变化，有效地促进规划的进步与发展，成为推进社会变革的有效动力。

群众参与是城市发展的核心内容，其核心精神是群众在决策中具有更高的地位。美好环境建设是以群众参与为方法，以"以人为本"为原则，以实现广泛的群众利益与诉求为目标，通过经济、政治、文化、社会、生态等方面的发展实践，建设而成的与人类生产生活相互融合、为其生存与发展提供有力支撑的美好城市，这正是美好环境共同缔造致力于建设的城市。

5.2　共同缔造工作坊

5.2.1　共同缔造工作坊的内涵

参与式规划最早起源于英国，亦被称作为城市规划的群众参与过程，在过去的 60 多年中，从无到有，发展得如火如荼。在西方，"参与式规划"被定义为一种社会、道德和政治的实践行为，是个体或组织通过使用各种工具，不同程度地参与到规划和决策过程中，以满足参与者的需求，保障其利益（Horelli，2002；Susskind et al，1999）的方法。参与式规划是城市规划的一种模式，强调各利益群体全面参与到社区规划，其规划内容包含社区事宜、社区发展、社区管理、环境改善、公共空间提升等诸多方面，因而常常被视为社区发展的一部分（Lefevre 等，2000）。

传统的城市规划模式多为专家、学者、商业地产公司和政府等多方集中讨论并制定决策，并最终在社区中实施规划方案。这种自上而下的模式往往忽略了生活在社区中的民众的真实需求，虽然在效率上具有明显的优势，但是显失公平。面对持有不同意见的利益群体，参与式规划的出现避免了潜在的单方决策失误（Langton，1978），通过各利益相关方、特别是社区中的群众参与，展开广泛的合作，获得各方的咨询和反馈意见，以达到"对症下药"的规划效果，是一种自下而上的方式。

共同缔造工作坊作为参与式规划的新模式，两者的核心意涵一脉相承，即以社区为基本单位，基于社区规划与建设事务，依托社会各主体的广泛参与，特别是群众参与，共同制定符合多方愿景的规划方案，探寻推进社区可持续发展的方法与策略。

参与是工作坊的核心内涵。共同缔造工作坊强调多元社会主体，特别是群众群体，通过多样化的规划参与活动，与政府、规划师等传统规划的主导者，从宏观的发展愿景、发展路径与制度建设，到微观的建筑整饰、空间改造与节点设计，从物质层面的规划引导，到非物质层面的管理建议，进行充分交流与沟通，从而达成多方的共识，构筑规划方案的重要基础，确保规划方案对群众诉求与群众利益的充分表达与融合，实现不同主体间利益的均衡。

多元是工作坊的重要特色。共同缔造工作坊有赖于多元社会主体的共同参与，这些多元的社会主体，不仅包括政府、规划师、居民、社团等主体，也包括不同社区内，以游客、商家、住户为代表的更为细化的不同利益群体。这些利益群体间的矛盾与冲突，常常是社区问题产生的根源，其对于社区规划与建设的诉求，也往往代表更广泛的群众群体的共同期望。工作坊的参与，是不同社会主体与利益群体共同的参与。

同时，共同缔造工作坊面对的是复杂、动态发展的人居环境系统。其规划行动往往涉

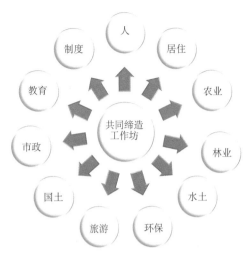

图 5-1　共同缔造工作坊融贯多学科图

及地区发展的政策、环境、交通、建筑、景观、环保、市政等多方面内容。诚如吴良镛先生在《人居环境科学导论》中提出的，"由于经济、社会、城市的蓬勃发展和存在的问题，仅仅一般理解的建筑学与城市规划学等已不能适应当前学术发展的需要"，共同缔造工作坊兼顾物质与非物质规划的特质，及相对细化的规划要求，决定工作坊需要融合不同学科、不同高校的力量，通过相互合作来实现。因而，工作坊的多元内涵，还体现于所涉及内容的多元化及团队成员构成的多元化（图 5-1）❶。

　　工作坊的本质是参与平台。受制度惯性等主客观因素的影响，在规划领域，政府与群众之间往往难以实现有效的沟通与互动，其核心原因在于政府与群众之间缺乏"面对面"交流的良好平台，即双方缺乏对话的机会。共同缔造工作坊强调以规划师为媒介，搭建规划师、政府与群众的三方互动平台，打破传统规划单一的自上而下过程，而实现自上而下与自下而上的互动与结合。因而，共同缔造工作坊的本质，是规划师、政府、群众等多元主体间针对具体规划事项，实现平等互动与交流的参与平台。在此过程中，政府职能逐渐转变。

　　此外，共同缔造工作坊作为美好环境共同缔造的有效实践，是对规划变革的实际探索。因而，工作坊的核心过程与成果，仍紧密围绕规划展开，工作坊是推进社区规划的载体。但要明确的是，共同缔造工作坊的规划过程是多元主体参与多项规划活动的过程，其成果是基于不同利益群体的共同商议、凝聚多方共识，从而更具合理性与实施性的方案成果。

　　从参与、多元、平台与规划的视角来看，共同缔造工作坊以问题为导向，以群众参与为核心，以空间环境改造与机制体制建设为手段，依托规划师构筑政府、群众、规划师、社团等多元主体互动平台，引导各主体以多样化方式参与到规划的多个环节，促成各主体社会联系的建立与发展共识的达成，通过各主体协商共治制定规划方案并落实。

5.2.2　共同缔造工作坊中规划师角色的转变

　　共同缔造工作坊融合参与式规划的核心思想，实现对传统规划实践的诸多突破与创新。工作坊进程的顺利推进，有赖于一直以来作为规划制定与实施中坚力量的规划师角色的转变。

　　传统规划中，规划师被视为"具有权威的专业者"，时至今日，面对规划变革的实际需要，这种角色定位被不断讨论与反思。达维多夫在"规划中的倡导和多元主义"一文中指出，"城市规划师应当有意识地接受并运用多种价值判断，以此来保证某些团体和组织利益，从而担当起社会利益代言人的职责，对不同团体利益进行识别与调停。"赛杰、英尼斯围绕规划本质的讨论，

---

❶　本章除图5-1、图5-2、图5-8、图5-9、图5-10、图5-15、图5-16外，其余的图均集中位于本章最后。

提出"规划是规划师运用多项沟通技巧，尽可能与所有拥有资源开发投资权利的行动主体进行交流，达成协议的'沟通'过程"，表达出规划师角色转变的意愿。弗里德曼更明确提出"规划师应当具有一种与普通百姓平等交谈的能力，一种能融入邻里研究的能力，一种能在项目优先决策中取得共识的能力"，通过对规划师技能的补充，对规划师角色进行重新定位。

因而，基于共同缔造工作坊的内涵，在具体的实践过程中，规划师角色由单一的规划主导者，转变为更为多元的组织者、协调者、引导者等角色，充分发挥联结政府、群众、社团等多元主体的作用，从以往的物质规划的主体转向利益调节的主体。正如达维多夫所言，"不同的利益群体有不同的需求，规划师应当借鉴律师的角色，放弃中立的立场和笼统的群众代言人地位，成为社会不同群体的辩护人与代言人"、"规划不应当以一种价值观来压制其他多种价值观，而应当为多种价值观的体现提供可能，规划师就是表达这些不同的价值判断并为不同的利益团体提供技术帮助"。因而，共同缔造工作坊，并非是规划师单纯基于居民需求的调查或居民访谈来确定规划方案的实践过程；而是在规划师的组织与引导下，让多元主体置身于社区特定的社会环境，立足于社区发展实际，以社区问题为导向，发动、组织各群体参与规划方案设计与制定，并共同考量规划方案的可行性的过程。作为规划师，在工作坊过程中，不应强制约束群众按照政府或自己的意愿参与规划讨论与社区建设，而应当予以群众表达各自意见与想法的充分自由的空间，以此获得最真实的群众反馈；不应将群众意见仅停留在前期调研的纸面上，而应当尊重与重视群众的想法与建议，依托专业知识与技能，切实将其融入规划方案的设计与制度当中。

共同缔造工作坊中，规划师角色的转变，体现并融合于规划师的工作重点之中：

(1) 共寻发展问题。秉承"最了解社区问题的正是生活于社区的居民"的想法，规划师通过实地调研、走访座谈、问卷调查等多种方式，与居民、政府等主体共寻发展问题，确定工作坊突破点，推进社区"再认识"、切实了解居民意见与需求、促发居民对社区事务的关注，形成共识。

(2) 挖掘社区资源。社区资源包含自然、人才、资本、文化等诸多要素，是社区发展的有力支持，也是社区的特质所在。规划师结合实地调研与反馈信息，充分挖掘社区资源，以此整合发展要素，引导社区结合发展实际，探索适宜的特色化发展道路。

(3) 发动与组织群众。共同缔造工作坊的核心是群众参与。但群众参与并非依托群众自愿或规划师单方努力即可实现，需要规划师通过多样的讨论、咨询会议，丰富的参与活动发动与组织群众，实现共同参与。

(4) 担当政府与群众的媒介。共同缔造工作坊强调自上而下与自下而上的结合。在此过程中，规划师应充分发挥引导、联系与协调作用，通过多方交流会议与活动的开展，搭建政府与群众、社团的互动桥梁，促成多方共识与合作。

(5) 培育基层规划力量。通过共同缔造工作坊的参与，一批热心于社区事务的居民在潜移默化中掌握一定的规划常识。规划师通过课程培训、项目指导等方式，培育社区规划师，形成可持续的基层规划力量。

5.2.3 共同缔造工作坊的意义

工作坊作为参与式规划的新模式，是美好环境共同缔造的方法创新。工作坊采取自上而下与自下而上相结合的方式，是一个多数人共同参与的规划建设过程。参与者在参与过程中能够相互对话、共同调研与分析、思考，提出方案与行动计划，并一起讨论如何推动方案与计划的实施与落地。同时，工作坊强调方案的弹性与实施性，并通过将社区规划变成居民的共同行动，以此重构人与人的社会关系，实现和谐社会的建设，这是对美好环境共同缔造核心理念的践行。

共同缔造工作坊是可适用于不同地区、不同发展阶段的社区规划与建设的方法。以工作坊为平台，可以探讨单一节点、邻里单元、特定公共空间以及整个社区的未来愿景。在此过程中，可针对特定的节点、邻里或是片区，从整体上分析其存在的问题与改造的可能，在尽量保留可利用条件的基础上，尽可能缓解和消除社区内部各种组织与群体之间，围绕空间与管理产生的矛盾，提出解决问题的方法与路径。

共同缔造工作坊与传统社区规划相较，其公开透明性、参与性与灵活性为社区的未来发展"创造共同分享的愿景"，可由此促成共同的发展目标和短期、长期的发展策略。同时，工作坊过程中，在政府与规划师引导下，依托多样化的开放平台，各主体可理性分析愿景建设中可能面临的问题与障碍，厘清相关议题与重点，共同探讨实现愿景的方法，并通过集体行动付诸实施。即工作坊通过规划师等与城乡建设相关的专家、学者与热心人士共同组成的规划团队的介入，可引导不同利益群体建立共识，促发社会协作与融合，重构良好的社会网络联系。

共同缔造工作坊可避免某方利益遭受损害，保证各利益群体在社区规划中的利益均衡，因而具有更广泛的接受度，规划更易顺利施行。作为规划对象的直接使用者，居民可以从最直接、最真实、最直观的角度为规划方案提供咨询意见，使规划方案更"接地气"，避免规划师经验主义的消极作用。

同时，共同缔造工作坊可培育基层规划力量。通过工作坊的参与过程，群众不仅更充分地了解自己的社区状况，且可学习到规划知识与技能，从长远角度来看，更有利于社区的未来发展。工作坊要求政府、规划师、社会学者、群众等多方的共同参与，在规划过程中促使各方建立起良好的合作关系和沟通机制，并促成政府与群众、群众与群众之间的和谐关系，从长远角度来看，也更有利于社区的可持续发展。工作坊充分发挥各方的智慧，融合多方的价值观，因而更符合社会伦理和美好环境、和谐社会共同发展的需求。

5.3 共同缔造工作坊的组织架构与工作流程

5.3.1 共同缔造工作坊的组织架构

原则上任何个人或组织均可提议开展规划工作坊活动，然而基于群众与组织参与意识尚未成熟，牵头开展工作坊活动的主体，依旧是政府以及探索规划变革的专业人士与实践者。随着群众参与的逐渐深化，更为多样的工作坊模式将逐渐涌现。尽管模式不同，但均将采取大体如下的组织架构。

（1）主办者：主办者可由政府机构或者专业组织者承担，作为工作坊的主要负责人，负责工作坊主题的拟定、工作坊成员的组织、筹募活动经费、动员群众参与、协助开展系列交流与方案讨论设计会、工作坊成果的跟踪落实等工作。政府在共同缔造中除提供协作与支持外，也可出台相关政策，鼓励并支持相关社区规划与建设活动的顺利推进与实施。

（2）地方利益团体：工作坊是促成不同利益者协调的平台，通过多次交流与沟通，促使不同利益者达成共识，并且在共识下形成共建的过程。因而，地方利益团体是工作坊核心的参与人员，其是否参与决定了工作坊的成果是否能够代表各主体共识、成果是否能顺利实施等。居民是社区中的生活者、生产者以及共同缔造的主力。营造好的社区首先需要社区居民准确表达需求并对社区发展有所期许，同时理解和支持外来工作团队的工作。

（3）协调团体：工作坊活动开展的主要责任由主办者（可视之为工作坊的"责任组织"）承担，但需要取得相关利益者的配合，一般通过建立协调团体的方式来处理这项问题。协调团体包括规划师、社区热心人士以及各群体或组织代表，着力于处理协商过程中，多元主体从各自利益角度出发，而导致的利益冲突与纠纷，确保工作坊活动过程中，参与氛围轻松与融洽。

（4）专家小组：具体工作坊活动的开展，比如参与式规划活动等，需要由专家组成的小组来负责组织与推进活动的进行，并引导参与者达成共识。这个小组可以是固定的顾问团，也可以是针对某项特定主题而设立的专题小组。小组成员包括来自各地的具有各种技巧与经验的专家、地区相关领导、大学规划系的师生等；而小组主席的人员需要认真选定，在相应的规划活动期间，小组主席应对规划的成效承担主要责任。工作坊的专家小组涉及各个领域的专家，如组建由人类学、社会学、城乡规划、建筑设计等专业老师组成的联合团队，共同参与社区规划与建设。

（5）支援团体：支援团体包括社会义工组织、企事业单位等，主要发挥协助相关工作顺利推进的作用。工作坊活动需要组织不同的群体参与，社会义工组织往往在协助活动开展方面可以起到突出作用；其次，工作坊需要筹备经费，除了来自政府的预算外，企事业单位的赞助也是有效的途径。支援团体往往是熟悉规划地区的组织，协助工作坊团队与地区人力、物力等资源、经验丰富的民间团体等的对接。

（6）专家咨询平台：主要由各领域的专家组成。工作坊讨论的事物往往会随着某项议题的深入而延展到不同领域，特别是到实施阶段，更需要涉及具体可行的方案。因此，工作坊需要有不同领域专家组成的咨询平台，为涉及规划、地理、景观、市政等各方面的问题提供知识或技术支持，对具体规划的制定与实施提出建议。

5.3.2 共同缔造工作坊的工作流程

共同缔造工作坊是由大量的"聚会讨论"与"一连串的主题活动"组成，强调的是规划师、政府、群众等主体深度互动与参与的过程。它不再仅是单独依赖个人的观点与传统规划程序和思路，而是借由不同领域、不同利益群体的社区成员共同参与，通过严密地组织为期 1～2 个月的活动，以具有创作力的合作方式，共同达成一致对社区未来发展的共识，并提出新的行动策略和治理制度。

工作坊的操作与进行的方式，通常都是随着不同的议题发生，而操作手法的基本模式与架构是相似的（图 5-2），大体可以分为以下三个阶段。

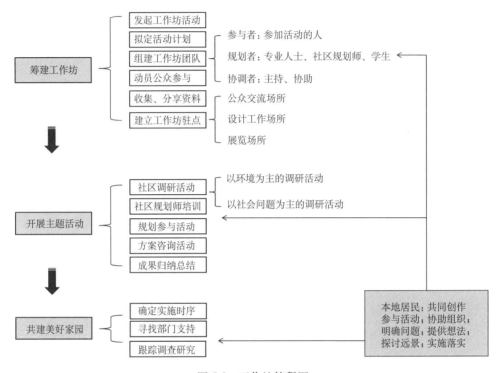

图 5-2　工作坊流程图

1. 筹划工作坊

1）发起工作坊活动

工作坊的发起一般有两种形式。一是由关心环境改善的个人或组织来发起工作坊行动，一是由政府针对社区发展存在的问题举办工作坊。活动发起的同时，发动主体需要提出工作坊需要解决的问题或者希望实现的目标，明确工作坊的核心任务。同时，需要提出工作坊的经费预算与筹募经费的途径。

2）拟定活动计划

拟定科学合理的活动计划（并非具体的行程计划表）是筹划工作坊过程的一项基本工作。活动计划的拟定，可保障活动有序而有效地开展，避免因无计划的活动开展，不必要地耗费物力与财力，阻碍工作坊工作的推进。在决定开展某项活动后，需要明确活动的目的、活动的时间、参与活动的主体，及各主要负责人或团体的具体工作职责。

在明确各项活动的安排之余，活动计划应当具有一定的灵活性，如当工作坊活动与当地节庆活动冲突时，调整工作坊活动时间，保证工作坊活动是当时当地主要吸引群众参与的活动，确保群众的广泛参与，确保参与质量。同时，针对某些容易受不定因素影响的活动，如受天气影响的室外咨询活动，应在计划内拟定相应的应急方案。

3）组建工作坊团队

一般来说，工作坊团队的成员有三类，分别为参与者、规划师与促成者。在工作坊各项规划活动中主要发挥参与作用的即为参与者，如社区居民代表、商家代表等。而具有专业技能，能制订相关方案，为社区出谋划策、组织与参与工作坊各项活动的专家、学者及专业人士，即为规划师团队的一员。牵头发起、协助规划师组织、发动群众参与，为各项活动提供场地、资金等保障的成员则为促成者。促成者同样参与工作坊的各项活动，并直接影响参与者的相关决定。组建工作坊团队是构筑工作坊主要参与力量的过程（图 5-3）。

4）动员群众参与

群众参与的范围与程度是决定共同缔造工作坊开展的顺利性及其成效的关键。因而动员群众参与，成为工作坊筹划阶段重要的工作内容。在动员群众参与的过程中，规划团队可采取丰富多样的宣传方式，并且向社区居民与团体传递这样的信号：参与工作坊是一个共同为社区发展出谋划策，切实满足群众需求的轻松愉悦的参与过程。从而鼓励群众出于自愿参与工作坊活动。

5）收集共享资料

在工作坊活动的筹备阶段，规划团队需要向参与者提供充足的参与信息，这十分重要。工作坊的共同参与基于成员对规划片区的发展脉络有清晰的认知，特别是对其发展历史的充分把握，这要求工作坊团队成员在工作坊开展之初，对相关信息进行收集与共享。

对资料的收集要有所选择，避免过多、过杂的信息阻碍成员创造性的思考。而具有摘要性质的资料，则需要在活动举办前二周内提供给规划团队中的参与者与促成者，其他资料则需提前备好，确保在相应活动的开展过程中随时提供。

6）建立工作坊驻点

工作坊驻点，不仅是工作坊团队推进各项工作的办公点，也是群众参与交流与设计的场所，因而对空间的面积与通畅性有所要求，需要根据社区房屋建筑的实际状况，从协调便利、空间适宜等角度出发确定。由于工作坊驻点在工作坊活动后，往往成为群众共同参与的空间符号，承载群众共谋、共建、共管、共评与共享美好家园的回忆，因而可在工作坊活动结束后，以团队工作过程中留下的图纸、工具或会议记录等物品，用于建设社区展览馆等公共空间。故选择工作坊驻点时，也应尽可能选择社区内较为显眼的建筑空间。

2. 开展主题活动

工作坊的主题活动主要有现场调研、咨询会、座谈会（包括圆桌形式、核心小组形式、小型室内群众咨询等）、研讨会（包括与专家、政府的研讨会，大型户外群众咨询）、方案设计、方案交流等诸多内容。不同形式的参与活动的举办，其目的均在于为群众提供广泛的参与机会，确保规划成果切实体现群众意见与想法。

这一系列活动围绕"群众参与"，体现工作坊以人为本的理念，为社区居民反馈真实诉求与切身利益提供平台。所有活动都面向全体社区居民开放，以群众参与讨论为主，规划师协助其将愿景以图纸的形式表达出来，并经过多番讨论确定最终方案。通过这些活动，参与者可以互相交流意见，"头脑风暴"，激发创造力，共同创造，并逐步达成共识后，拉近相互关系，助力于工作坊活动的顺利进行。

1）社区调研活动

规划工作坊面对的是复杂的环境与社会问题，需要通过调研认识地区所处的社会环境，并且绘制社区资源图、社区地图等。以社会实践问题为主的调研包含两部分主要内容：以环境为主的调研和以社会问题为主的调研，具体调研的方法包括实地考察、访谈、座谈等。

在实地调研的过程中，规划师团队应当较传统规划更为细致，在对相关信息进行记录与标注方面，也应采取新的方法，如着重标注存在严重问题的空间、可利用的节点资源等内容。

在社区调研的过程中，规划师团队需要注意，应首先选择社区内居住时间较长，熟知社区发展的居民了解基本情况，而不是一开始就进行宽泛的居民访谈或问卷调查。在对社区发展的核心问题与基本现状有所了解后，再进行更大范围的问卷调查与访谈，进一步丰富调研信息与内容（图5-4）。

在充分了解与把握社区发展概况后，规划团队可组织社区内主要的利益群体，进行特定议题的座谈，进一步了解居民诉求，梳理各利益群体间的矛盾，寻找工作的突破点。除此之外，规划团队也需要积极与政府部门进行交流、合作，一来获得政府部门对社区发展的建议与想法，二来获得丰富的基础资料。这些资料主要包含人口数据、就业结构、产业发展情况、未来项目计划等。主要用以丰富团队对社区的印象途径，并由此判断与甄别不同主体反馈信息的真实性和准确性。同时，也可帮助团队了解社区社会阶层状况，在规划中对弱势群体予以更多关注（图5-5）。

2）社区规划师培训活动

普通居民直接参与规划活动，在涉及相对专业的层面时，有着一定的参与困难。团队可通过组织开展社区规划师培训活动，通过深入浅出的案例介绍等多种形式，使居民对规划有初步了解，进一步保障参与过程的顺畅。如基于推进海沧区海虹社区下沉广场工作坊的推进，2014年11月9日，台湾大学与中山大学团队组织召开两岸社区工作坊培训课程，邀请刘可强、张圣琳、简旭伸、蔡富昌四位在社区规划与建设方面有着丰富经验的专家学者，从台湾社区设计的理念与实务、大学在地行动、社会发展与社会创新、台湾社区经验看海沧共同缔造，对社区居民进行培训，让社区居民对工作坊活动的方法与过程有初步了解，积极参与为社区发展出谋划策的过程中（图5-6）。

3）规划参与活动

以筹建工作坊环节中确定的工作坊驻点为主要场所，围绕规划方案的设计与讨论开展规划参与活动。规划师建立三维模型或实体模型，邀请团队成员与社区不同群体代表进行方案的讨论。参与者将自己认为应当改造的空间或管理的事务，对照具体模型指出，规划师将这些意见以纸片或标志的形式记录下来。多元主体针对具体建议进行广泛的讨论与协商，最终形成相对一致的意见。随后，基于对政府与群众意见的归纳与总结，规划师从空间环境改造与机制体制创新入手，将共识意见通过具体方案落实。

在形成初步方案后，团队组织多番意见征询与讨论会议，对方案进行不断补充与完善，形成更具可行性的规划成果。这不仅是规划方案修改的过程，更是多元主体交流与互动不断深入，共识不断深化的过程。

4）方案咨询活动

通过规划参与活动，得出相应的规划方案后，工作坊团队进行大型方案咨询活动，征求更广泛的社会群体的意见与建议。相关方案咨询活动，最好选择在群众普遍知道的场所空间内进行，确保吸引大量人流。具体空间可是室内空间，也可是室外空间。然而，前者通常会有容纳人数的限制，因而选择在群众最易看到或日常活动的室外空间，如公园等处开展活动更加适合。

室外方案咨询会是一个相较于规划参与活动更为开放的活动，不仅可由参加过工作坊活动或者生活在当地的居民参与，还可吸引关心相关社区发展的社团与个人参与。这种舒适开放的氛围，容易打消群众的顾虑，使其更容易融入活动当中，畅所欲言，与规划师面对面进行交流，积极地提出各种建议与想法。在此过程中，规划师可收集到更多群众的想法与意见，获得进一步优化方案的依据。而更为重要的是，室外方案咨询会中，群众围绕具体方案成果，会相互间交流与讨论，这使得咨询活动成为促发居民交流的载体，有助于邻里和睦氛围的形成（图 5-7）。

由于室外方案咨询会的目的在于吸引更大范围、更多类型的群众参与其中，因而咨询会的时间、地点均需要事先确定与宣传通知，非不可控因素影响，通常不应随意变更。

5）成果归纳总结

良好的报告是引导工作坊活动进入下一步的关键。工作坊的成果报告需要清楚地表达规划的内容以及背后的思路，而不是简单地展现成果。工作坊成果最终交回到居民手中，作为社区未来建设与发展事项推进的依据。一般而言，工作坊成果的框架应包含以下内容：社区简介和历史、社区资源、社区问题、工作坊系列活动（走向共识之路）、发展愿景、行动计划等。

3. 后续活动

在经过上述活动过程，形成相应成果后，规划实施主体需要根据方案建设项目的实际需要，探索具体的实施方法，寻求方案实施部门的支持，特别是在经费保障与实施政策方面的支持。例如，曾厝垵工作坊设计好渔桥建设方案后，街道办与社区向区政府反馈，通过与公路局、财政局等部门的广泛合作，实现方案的实施。此外，规划实施主体应明确规划提出的各项建设项目的实施顺序，原则上以群众最满足、诉求最强烈的项目为优先。

工作坊团队在完成工作坊内容后，可根据实际需要，对规划片区或社区进行跟踪调查，明确相关规划方案与规划行动是否与最初的设想相符合，切实政府、群众与规划师的共同期望。如果发现实施过程中有与预期偏差之时，团队可进行进一步分析与研究，通过适当调整方案与实施行动，确保社区形成合理的发展路径。

5.4 厦门莲花香墅工作坊

莲花香墅位于厦门市思明区的中心，距离高崎机场 6.5km、高铁站厦门北站 21.9km、高崎火车站 7.5km、厦门火车站 3.1km，交通联系便捷。莲花香墅由莲花北路、菌青路、香莲路和嘉莲路围合而成，内部道路有嘉莲里和凌香路，围绕莲花公园分布有多栋精致的别墅。

5.4.1　发展历程

见图 5-8。

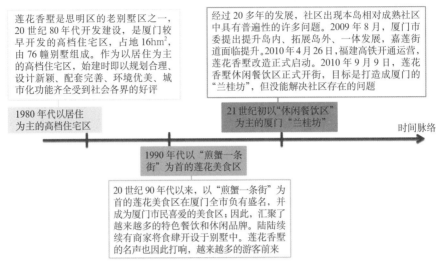

图 5-8　莲花香墅发展历程示意图

1. 第一阶段：1980 年代，以居住为主的高档住宅区

莲花香墅是思明区的老别墅区之一，由东区联合开发公司于 20 世纪 80 年代开发建设，是较早开发的高档住宅区，占地 16hm²，由 76 幢别墅组成，莲花别墅围绕着莲花公园分布。莲花香墅隶属莲秀社区，作为以居住为主的高档住宅区，始建时即以规划合理、设计新颖、配套完善、环境优美、城市化功能齐全受到社会各界的好评。

2. 第二阶段：1990 年代，以"煎蟹一条街"为首的莲花美食区

1990 年代以来，以"煎蟹一条街"为首的莲花美食区在厦门全市负有盛名，成为厦门市民喜爱的美食区；因此，汇聚了越来越多的特色餐饮和休闲品牌。陆陆续续有商家将食肆开设于别墅中。莲花香墅的名声因此打响，越来越多的游客前来。

3. 第三阶段：21 世纪初，社区发展遭遇瓶颈，政府介入但成效不佳

经过 20 多年的发展，社区人口日益增长，公共配套设施日益不足，部分小区缺乏物业维护而显得破旧，车辆快速增长导致停车难、交通拥堵等问题，这些问题在本岛相对成熟的社区中具有普遍性。2009 年 8 月，厦门市委提出提升岛内、拓展岛外、一体发展，嘉莲街道面临提升。2010 年 4 月 26 日，福厦高铁开通运营，莲花香墅改造正式启动。2010 年 9 月 9 日，作为思明区"九·八"开工开业项目的重头戏之一，莲花香墅休闲餐饮区正式开街，目标是将其打造成厦门的"兰桂坊"，但却没解决社区存在问题。

5.4.2　工作坊的背景

在莲花香墅获得发展的同时，片区面临如何促进进一步发展的问题：

（1）片区知名度待提升。虽然莲花香墅已有餐饮业发展基础，但是与厦门这座美丽的海滨城市其他餐饮片区、商业服务片区相比，莲花香墅的特征并不突出，尤其是在来厦游客中的知名度不高。

（2）片区设施待完善。莲花香墅目前存在景观环境、休闲设施、标识系统、停车设施待完善的问题。

（3）社区管理待创新。莲花香墅片区社区成员多元，包含本地居民、本地业主、侨台业主、餐饮消费者、休闲客等，片区的进一步发展需要凝聚多元主体的共识，有必要探索新的社区管理模式。

（4）人文要素待营造。商业的发展往往凭借区位，但商业的升级则必须依托人文要素，换言之，特别的文化要素往往成为商业空间的标识、品牌，香港兰桂坊、北京三里屯莫不如此。莲花香墅最大的人文特征为侨台业主聚集所形成的台湾人文特色，如何将这些人文特色营造为名片是片区长久发展的关键。

因此，由中山大学城市化研究院、香港理工大学、台湾逢甲大学、厦门市城市规划设计研究院的 17 位师生组成莲花香墅工作坊，开展了系列活动。

5.4.3　工作坊的流程

图 5-9　工作坊活动进程

归纳本次工作坊开展的活动，主要分为三部分（图 5-9）。

1. 前期调研：认识不同人眼中的莲花香墅

工作坊团队在 6 月 8 ～ 10 日、19 ～ 20 日两次前往莲花香墅开展驻地工作，通过实地调研、讨论会、入户访谈等方式，了解居民、商家、政府眼中的莲花香墅。实地考察的目的是使规划师亲身经历周边环境和加深对社区的了解，使参加者熟悉其地理和环境的特征、社区文化、研究地点及周边环境的情况。

2. 初步方案评议：共谋发展之路

针对不同人眼中莲花香墅存在的问题以及对莲花香墅的不同愿景，团队提出共同缔造莲花香墅大公园的思路,让居民有良好的居住环境、商家有和谐的经营氛围、游客有优美的步行体验;并提出以下六大计划与社区代表们探讨其可行性:交通改善计划、产业提升计划、空间美化计划、和睦邻里计划、友善商家计划和社区规划师培训计划。

通过这次会议,也让居民与商家切实了解到共同缔造工作坊的含义和目的。也许对他们而言规划是很遥远的事情,但这一次,让他们意识到群众参与是发展和提升莲花香墅的重要部分,发展计划应建立在社会的共识上,例如:交通应以"人"为本、慢行生活,车库对社区构成安全隐患需及时还原原貌,商家经营不能扰民,商家与居民和谐相处等。共同缔造工作坊的主要目的是取得群众对发展莲花香墅的意见,并意图提供一个社区居民、商家、本地团队、专业团体及政府等发表愿景和意见的开放平台。促进大家参与规划,且主导规划。共同缔造便是以群众为主力,对自己家园开展的系列"规划与行动"。

3. 室外群众咨询:多方直接对话

8月30日下午3点半,在思明区嘉莲街道莲花香墅片区内莲花公园北门广场,展开了莲花香墅美好环境共同缔造工作坊室外群众咨询会。本次咨询会采取全开放的形式,户外会议的形式更是促进了居民、工作坊成员、政府管理者之间直接与透明的交流,也加大了宣传的接受面,让每个人都能了解到片区发展的美好愿景。通过展板的方式向居民、商家与政府管理者展示了莲花香墅片区未来的几大发展计划,并且大家针对莲花香墅的未来发展展开激烈讨论。咨询会一直持续到下午5点半,居民们对于方案提出的"大公园"理念表示很大的认同,同时也为方案提出了许多宝贵意见,最终大家对小区未来的发展达成了共识。

本次咨询会与以往不同之处在于采取户外会议的形式,居民们均畅所欲言,透明与直接的交流方式也打消了居民的顾虑。群众直接参与规划,并且推动规划,使他们迸发极高的热情,是对美丽厦门共同缔造方法论的进一步探索与实践。

5.4.4 共识与愿景

工作坊并不是为了活动而做活动,而是希望通过居民、商家参与活动,促使大家关心并且热爱自己的社区,在规划中形成共识,并且在活动中可以相互合作,从而增强对社区的认同感。通过本次工作坊系列活动,让莲花香墅的居民、商家、游客都形成"莲花·香·墅"的大公园愿景:以"莲花"作为主题,以"香"、"墅"作为体验对象,凝聚居民、商家、游客各方力量,共同营造莲花香墅大公园;让每个进入莲花香墅的人,都能感受到这是带有"莲花"价值符号的、别具特色的、轻松愉悦的体验空间(图5-10)。

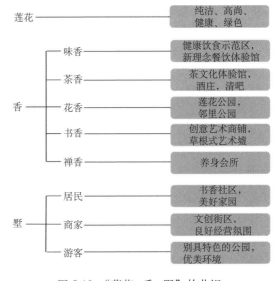

图5-10 "莲花·香·墅"的共识

莲花：象征着纯洁、静谧、高尚、健康、绿色。在喧嚣的城市中，莲花香墅应该成为闹中取静的一片绿洲，让人留"莲"忘返。

香：包括味香——提倡健康饮食；茶香——茶道与茶文化体验馆；花香——莲花公园、邻里公园等；书香——书香社区、艺术墟等；禅香——养身会所。

墅：古有两个含义，一是指"田庐、村舍"，来源于曹植的"剧哉边海民，寄身于草墅"。二是指"在本宅之外营建的田庄园林"，来源于《晋书·谢安传》。在这里引申为物质环境，包括别墅、小区、公园等。对于居民而言，"墅"体现为书香社区，是美好的家园。对于商家而言，"墅"体现为文创街区、健康饮食区等，让人安居乐业。对于游客而言，"墅"体现为莲花香墅大公园，让游客一进来就置身于美好的公园环境当中（图 5-11）。

5.4.5 行动计划

在"莲花·香·墅"的共识下，工作坊提出了三个策略：①以公共空间带动环境治理与群众参与，完善地面人行步道系统，串联片区主要节点，营造莲花香墅大公园，让莲花香墅在城市化中彰显"地方特色"。②通过社区治理改善社区形象，营造具有认同感的社区，重焕和睦邻里，提升社区品位。③丰富莲花香墅产业业态，提升产业竞争力；通过友善商家计划促进商家与居民之间的交流，共同营造美好家园。

在此基础上，拟定了交通改善计划、产业提升计划、空间美化计划、和睦邻里计划、友善商家计划、社区规划师培训计划等，通过行动计划推动莲花香墅美好环境与和谐社会的建设。

1. 交通改善计划

目前，莲花香墅人车混行、停车无序，导致交通秩序混乱。其一，车主为走捷径，绕开嘉禾路，通过凌香路—嘉莲路段穿行，导致片区内存在较多过境车流。其二，莲花香墅是个免费停车场，外来停车越来越多。其三，步行道体系不完善，步行空间被车辆占用、树木分割，路人行走存在恐惧心理。

本次工作坊规划构建连贯、完善的步行体系，提供安全的步行环境；同时，串联主要公共空间，结合环境提升，营造莲花香墅大公园（图 5-12）。

除了提倡绿色出行，针对目前莲花香墅片区交通混乱情况，工作坊对其交通进行梳理，并提出三种解决思路：一是将莲花香墅片区变为步行街区，除了居民，其他人的车辆禁止通行；二是结合交通需求，将部分道路改为单行道；三是保持现状通行能力，但设法让进入莲花香墅片区的车减速，礼让行人。根据入户访谈、咨询会、问卷等方式的调研结果，居民、商家对第三种思路更认可。因此，让车慢下来，让莲花香墅成为以人为本、人车共生的良好街区，成为大家的共识。

规划在莲花香墅内的主要道路，包括嘉莲路、香莲路、凌香路等按照 30～50m 间距设置减速带。通过减速带减缓车速，一方面减少为走捷径穿行莲花香墅的车辆；另一方面营造安全的氛围，让路人走得放心。

莲花香墅之所以"停车难"，主要是其成为周边地区"共享"的"免费停车场"；来这里吃饭的、周边办公的都见缝插针停车，甚至小区门前都停满了外来车辆，导致居民进出不便。对此，本次工作坊提出几个策略，以期改善莲花香墅混乱无序的停车状况，具体包括划定停车位，界定公共空间与停车空间边界；发放小区车辆准停卡，并收取适当停车费，作为小区管理经费；规范路面停车，对车位进行统一收费与管理。路面停车对外来车辆开放，通过入口 LED 显示器提示车位剩余数，前来消费的顾客停车需要服从统一管理、安排，停放在指定位置。

2. 产业提升计划

莲花香墅原是高档的居住小区，片区内分布着 76 栋别墅。别墅业主多为侨胞，委托当地人进行出租管理。伴随"煎蟹一条街"名声的不断提升，越来越多的商家看中了这一片宝地，租下别墅开餐饮店、酒窖、养生会所等。与此同时，小区底层出现很多烧烤摊、大排档等，产生的油烟、噪声扰民严重，卫生环境不断恶化，消费者车辆增多造成的交通拥堵等，加剧了居民与商家之间的矛盾。此外，莲花香墅目前除了餐饮，其他商业业态较少，丰富性不足。

针对莲花香墅的资源与问题，围绕莲花香墅的味香、茶香、花香、书香、禅香，向存量餐饮产业中植入健康、创意元素，引入和培育增量创意产业，从空间上将各产业活动串联，围绕"大公园"布局，从创意到观光，满足客人吃、住、娱、购各类需求，打造一体化互动体验场所。具体包括：①挖掘健康时尚要素，发展健康餐饮业；餐饮业的提升既要迎合健康时尚的潮流，同时又得体现莲花香墅"香"的特质，需要注入体验餐饮的理念，从味觉和视觉两方面，使餐饮店铺成为莲花香墅体验空间的有机部分。②注入文化创意元素，打造厦门新名片。聚集文艺气息，以单栋建筑为单元，以点带线的方式活化整个内街。借助优质的环境要素，利用莲花香墅与台湾的侨胞联系，不断吸收高层次的文创青年进驻街区，开办工作室、举办艺术展等，提升莲花香墅的文化创意气息。

莲花香墅以"莲花"象征的高雅、健康为主题，围绕"打造体验式的互动空间"的理念，划分为健康饮食区、文化创意区与养生区等主要功能区。

3. 空间美化计划——以入口广场为例

目前，莲花香墅片区入口处的标志性建筑不显眼，没有明显的入口标示，不单空间辨识度不强，入口的正确位置也不清晰，街道识别性较弱，街道的种类单一，并没有特色性区分，即使进入该片区也仍不知身处其中。

工作坊提出，入口广场分为四个功能区，即为入口广场区、公共停车区、信息中心及公共广场、嘉莲里文创街区入口处（图 5-13）。其中，另外一个亮点的改造是，整个入口处建筑立面风格的整饰和招牌风格统一设计。建筑的立面通过垂直绿化手段把现有的空调外部装置作隐藏处理，形成条状的绿化风格，与莲花北路上的建筑风格和绿化处理保持一致。一层的立面，透过局部增加木条装饰作为不同功能区的分割。信息中心的增设，使得入口处的功能更加丰富，配合信息中心前的下沉广场设计，有利于人流的集散，并为居民和游客增加更多的公共交流空间（图 5-14）。嘉莲里文创街区入口处，借助墙面设计的独特性，文创街区的商家可在此处墙面绘制自己的作品和主题，吸引不同喜好的游客进入嘉莲里文创街区。

4. 和睦邻里计划

通过在莲花香墅进行的居民问卷、访谈及座谈会议所反馈的问题与诉求信息可知，莲花香墅治理所需解决的核心问题主要在于非法出租、违建等行为的管理以及小区物业事务的管理。这些问题发生的主要原因在于长时间管理缺位后果的积累、老旧小区设施老化等不可避免的问题（图5-15）。

因此，和睦邻里方案的思路为：以空间环境建设为载体，营造良好的社区环境；开展和睦活动，成立业主委员会等自治组织，融入制度建设，实现小区事务的管理。和睦邻里计划的主体在于：居民、基层自治组织以及政府职能部门。

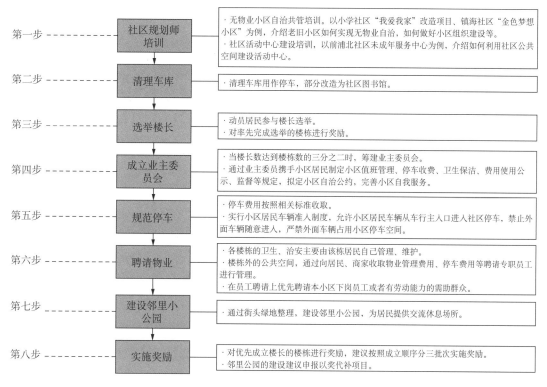

图 5-15　和睦邻里的行动指南

5. 友善商家计划

莲花香墅片区汇集众多商家，吸引越来越多的人们来此消费。伴随于此，一方面，由于商家缺乏自我管理，带来污水、油烟、噪声等环境问题，为片区居民的生活带来困扰；另一方面，停车位等公共资源有限，商家对于停车位等空间的需求日益扩大，与居民展开公共资源的争夺，导致双方心存怨怼。如何改善片区商家与居民间的关系，营造和谐美好的生活氛围,需要由商家迈出"破冰"的步伐,即推进友善商家计划(图5-16)。

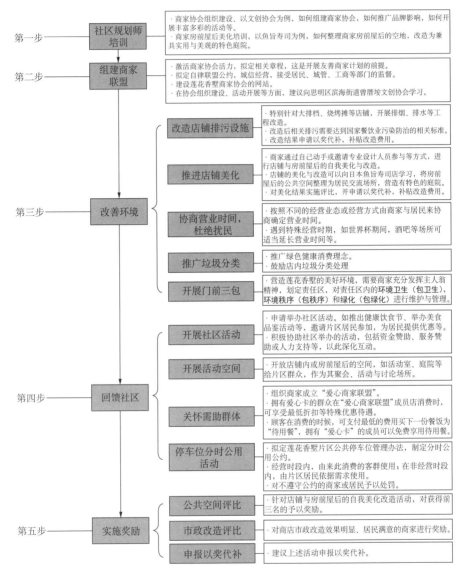

图 5-16　友善商家行动指南

6. 社区规划师培训计划

由街道办事处与社区居委会邀请拥有社区营造经验的人士,组织片区内商会成员与商家代表参加友善商家培训课程。培训课程涉及物业管理、公共空间建设、商家自治等多项内容。

课程 1:无物业小区自治共管课程。主讲嘉宾为思明区小学社区负责人、思明区镇海社区负责人。培训对象为社区业主委员会、楼长、居民等,以小学社区"我爱我家"改造项目、镇海社区"金色梦想小区"为例,传授老旧小区如何实现无物业自治,如何做好小区组织建设等内容。

课程 2：社区活动中心建设课程。主讲嘉宾为思明区前埔北社区负责人。培训对象为社区业主委员会、楼长、居民等，以前埔北社区建设为例，讲述如何利用社区公共空间建设社区未成年人服务中心等内容。

课程 3：社区物业管理培训课程。主讲嘉宾为物业公司负责人，培训对象为社区业主委员会、楼长、居民等，主要讲述如何做好社区物业管理，包括环境卫生、治安等内容。

课程 4：商家协会组织建设课程。主讲嘉宾为思明区曾厝垵文创协会负责人，培训对象为莲花香墅商家协会成员、商家代表等，以文创协会为例，主要讲述如何组建商家协会、如何推广品牌影响、如何开展丰富多彩的活动等内容。

课程 5：商家房前屋后美化培训课程。主讲嘉宾为日本鱼旨寿司店负责人，培训对象为莲花香墅商家协会成员、商家代表等，以鱼旨寿司店为例，主要讲述如何整理商家房前屋后的空地，改造为兼具实用与美观的特色庭院等内容。

图 5-3　美丽曾厝垵共同缔造工作坊的规划团队

图 5-4　莲花香墅工作坊团队入户问卷调查访谈　　图 5-5　莲花香墅工作坊政府部门座谈

图 5-6　台湾的蔡福昌老师进行社区规划师培训讲座

图 5-7　莲花香墅工作坊室外方案咨询现场

图 5-11　莲花香墅愿景图

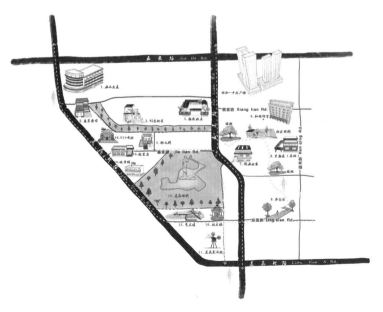

图 5-12　以步行体系串联主要节点资源，形成莲花香墅大公园

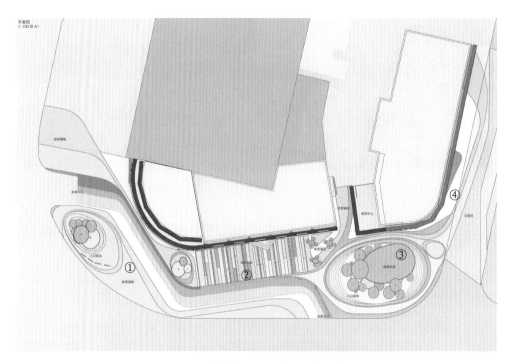

图 5-13　莲花香墅入口景观设计平面图

图 5-14　莲花香墅入口信息中心设计图

第6章

美好环境与和谐社会共同缔造的实践案例

6.1 老旧社区

计划经济时期，为服务于当时当地社会经济快速、稳定发展而大量建设的单位小区，在市场经济体制改革的住房商品化过程中，逐渐退出历史舞台。作为单位制的重要产物，单位小区日常管理惯由单位承担，特别在小区公共空间的建设、公共事务的管理、公共活动的组织等方面，单位发挥着重要的主导作用。随着住房改革进程的推进，单位逐渐从小区内剥离，单位小区在面临设施基础薄弱、空间规划滞后、公共空间狭小等问题之余，受到管理缺位的挑战。更为突出的是，小区居民围绕单位形成的紧密联系的社会关系纽带，在房屋商品化过程中，伴随新居民的入住而不断割裂。原本有序的社会与空间秩序逐渐瓦解，小区处于涣散状态，难以组织起集体性的活动。以单位小区为前身的无物业老旧社区，成为当前城市居住空间的典型代表之一。

特有的发展历程也为此类社区的发展提供了基础支持。虽然相互关系逐渐疏离，但长期以来，社区空间作为承载居民诸多生活回忆的地方，成为居民情感寄托的一部分，传统空间社会化的痕迹依然存在。故而，面对社区无序的社会空间现状，居民的社区情感尚存，仍怀有对社区环境改善的共同愿望。同时，社区内原本依托单位发展而形成的，如党组织、工会组织等具有一定发展基础的群团组织大多存在。良好的社区公众参与基础，使政府发动与组织公众参与的工作在此类社区中更易开展。

受特定建设时期与目的的影响，此类社区公共空间相对狭小，单位小区为数不多的房前屋后空间对于社区而言尤为宝贵。同时，在长期空间社会化的过程中，以单位小区为基础的老旧社区内，公私空间界限相对较为模糊，公共空间私人占用等现象屡见不鲜，常常导致社区内公私利益的纠纷。因此，在老旧社区中，房前屋后空间改造不仅是改善与美化社区环境的关键，更是梳理社区社会空间关系的有效手段。其更能引起居民关注，从而凝聚民心民智、激发群众参与。同时，房前屋后空间改造也成为规划师参与社区建设的重要渠道。以房前屋后空间为代表的社区微空间改造，是老旧社区共同缔造的重要抓手。

在"美丽厦门共同缔造"工作中，老旧社区以社区微空间改造为抓手，形成较为完善的自治自管自建体制。小学社区在社区两委的指引下，充分结合老旧社区的人情基础与设施老化、服务缺乏的实际问题，建立了"居民自治小组＋党员和事佬＋社工组织＋志愿团体"的自治体系。完整的自治体系，有效引导着居民对公共空间的建设与管理，促进了以居民共识为基础的多项管理章程的推出，推进了社区美好环境与和谐社会的共同发展。与小学社区相似，镇海社区在政府、居民与规划师的共同推动下，建立了"2+3+4+N"的社区治理框架，在充分发挥居民自治能力的同时，尤其重视党员参与的力量，一系列党群组织的建设与相关会议的召开，有效地解决了老旧社区内居民日常生活的难题，充分发挥了党员的先进性与带头作用。

由老旧社区以空间改造与建设实现自治的经验来看，完善的自治体系是老旧社区"复兴"的重要内容。根据社区自身的发展实际，建立多样的自治互助小组，如物业小组、车主管理小组、公共空间管理小组等，可有效完善社区自治体系，使"美好环境与和谐社会共同缔造"的理念深入人心。

6.1.1 小学社区

鹭江街道小学社区位于厦门市思明区厦禾路以北,社区内新旧小区结合,有无物业小区 12 个(图 6-1)。社区内沿小学路片区的无物业小区,多为建设于 20 世纪 80 年代初、90 年代末的单位房。以小学苑小区为例,小区内共有 5 栋楼房,本为包括思明区外贸食品厂在内的三家单位宿舍,在"房改房"后成为小学社区典型的无物业老旧小区。小区内基础设施老旧,公共空间无序,无物业管理带来的治安隐患、垃圾杂乱、停车混乱等环境问题日益突显,由此引起的居民间的相互摩擦与矛盾日渐突出。

在"美丽厦门共同缔造"过程中,在区政府的号召与指引,以及街道与社区的发动、组织与帮扶下,小学苑小区居民自发成立居民自治小组,依托广泛的群众参与,促发微空间改造,促进美好环境与和谐社会共同发展(图 6-2)。

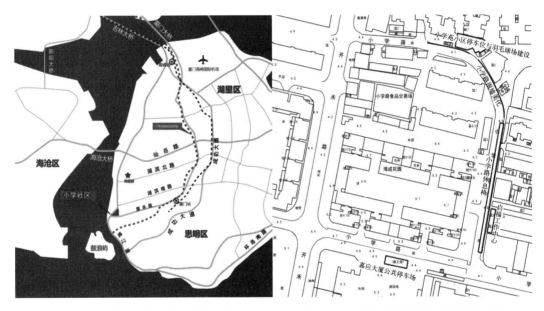

图 6-1　鹭江街道小学社区区位图　　　　图 6-2　小学社区微空间改造节点分布图

1. 居民自治小组引导居民共管共建

面对小区无物业管理而导致的诸多问题,小学苑小区居民自治小组在与社区两委交换意见时提出,结束小区无物业管理的乱象,通常有两种方式,一是引入专业的物业管理公司,对小区各项物业事务进行管理;二是依靠居民自己的力量进行管理。前一种方式成本较高,且小区作为长期无物业的老旧小区,设施基础差、管理难度大,少有公司愿意入驻;而后一种方式,物业事务管理的商量空间大,灵活性较强。居民可只选择那些问题最严重、最需要定期管理的事项进行统一的物业管理即可,其他诸如垃圾倾倒等事务,则可通过居民自我约束实现。居民自治小组愿意承担起相关事务的安排与协调的工作。这一提议得到社区两委的支持。居民自治小组随后拟定相关物业事务管理的方案,并与社区工作人员挨家挨户为小区居民进行解说,征求大家的意见。在获得绝大多数居民的同意后,小学苑小区物业管理办法得以实施，代表小区物业管理共识的形成。

1）停车空间与活动空间的协调管理

为保障物业自管的顺利推进，居民自治小组与居民对小区内长期影响居民日常生活的微空间，共同进行改造。针对停车混乱的问题，居民将小区停车空间划分为停车位，按照小区内车主 150 元 / 月，小区外车主 300 元 / 月的标准收取停车费用，一个月收入 8000 余元。小组将收取的费用作为小区物业管理资金，建设小区安全闸门，并雇佣小区内的失业人员从事安保与保洁工作。维序员本为小区居民，因而在进行安保管理时更为尽责，更易与居民相互融合，在协调居民间摩擦时也更得心应手（图 6-3）。

图 6-3　在小区居民物业自管下得以改造与管理的停车场

小学苑小区的羽毛球场，在无人打球时被用作居民跳舞的场地。广场舞的音乐声影响到周边居民的日常生活，为此两个群体常有冲突。在自管过程中，小组与居民协商，将羽毛球场地进行平整与重新划分，更利于居民的日常运动。同时，召集舞蹈队成员与周边居民聚在一起，商议场地管理的方法。经过多番讨论，双方均作出让步，约定每日上午 9:00 ~ 10:00 为舞蹈时间，舞蹈队可在此活动，但应控制音乐音量，其余时间不得扰民。微空间的改造让原本冲突频发的空间变为邻里礼让、互助共赢的空间，而改造后的空间也因此受到小区居民的关注，人们自发对其进行卫生保洁与维护管理。在此基础上，小区居民对房前屋后的改造更为投入，他们腾挪出楼栋前的空地，摆放三角梅等花卉，为原本缺少绿化的小区增添生机。

2）沿街老旧石墙的改造

在物业自管取得良好成效后，小学苑小区居民参与社区建设的热情逐渐高涨。在对小区进行微空间改造，实现邻里关系调节、生活质量提升的基础上，小区居民将目光投向了小区周边微空间的改造上，对与小区相邻的小学路老旧石墙进行改造与整饬。

小学路是小学社区内联系各小区的一条重要道路，其环境对社区整体景观有着重要的影响。小学路沿街的老旧石墙墙体装饰早已脱落，墙面裸露，苔藓斑驳。小学苑小区居民通过居民自治小组，将自己改造老旧石墙的想法反馈给社区两委，希望社区帮忙找到可以指导改造活动的人。据此，社区两委邀请到华侨大学美术系的学生，与居民共同改造老旧石墙。在将墙体基本粉刷后，华侨大学学生根据居民提出的建议，设计了 22 幅能够表现社区文化特质的绘画作品，将其临摹到墙面上。小学社区辖内大同小学的学生积极参与其中，用画笔为画作上色，最终绘成长81m的"中国梦美德墙"。原本有碍观瞻的老旧石墙，在社区、居民、学生的共同改造下得换新颜。在居民共同参与改造的过程中，每个人都感受到依靠自己的力量改变家园并非难事，只要同心同力就可实现。这项改造活动特别对参与的小学生产生了积极影响。在与父母经过这片石墙时，他们会牵着父母驻足观赏，向父母展示自己填色的图画，在看到部分颜色脱落时，也会与父母一起填补。美好家园共同建设的种子通过微空间改造的过程在小孩子的心中生根发芽（图6-4）。

为进一步美化小学路沿街景观，在社区居民的建议下，社区两委与小区居民自治小组共同牵头，与社区商家共同拟定《小学社区商家自管公约》，以此对小学路沿街外墙空调、沿街弱电等进行规整，统一沿街商铺广告牌，并对商铺沿街堆放的杂物进行清理，对小区内的沿街房屋进行了墙体美化。同时，社区居委会联合相关职能部门对辖区道路进行修复，铺设人行道彩砖，规范道路停车，使得小学路沿街景观更为美观、空间更为有序。小学路街道景观的改造，在为社区居民营造更为良好的生活环境之余，让居民体会到改造"微"空间可促发的"大"变化。

图6-4　过去小学路斑驳的老旧围墙（左），在孩子们的一笔一划下"改头换面"（右）

2. "党员和事佬"协调优化社区空间

小学社区内共有党员300余人，党员基础良好。在共同缔造的过程中，社区党员组成"党员和事佬"小组，参与到社区建设中，协助居民自治小组进行日常管理，并协调社区居民相互间的矛盾。社区居民王阿姨作为"党员和事佬"的一员，通过调节居民间矛盾，推进微空间改造，解决居民冲突问题的同时，实现居住环境的空间优化。

王阿姨居住于小学社区嘉英大厦，小区内原本设计施工的公共停车位，由于道路建设的原因被搁置。近年来，随着小区车辆数量的增多，大多数小区居民希望可以重启公共停车位的建设项目。但小区内一位居民却以此举破坏绿化为由坚决反对，多次干扰施工进程，与小区居民爆发冲突。小区自治小组在左右为难的情况下，请王阿姨出面帮助协调与解决。王阿姨通过深入走访了解到，该居民反对公共停车场建设的真实原因在于其拥有多个私人停车位，新停车场的建设将影响到其车位出租的收益，破坏绿化的反对理由只是借口。在此情况下，王阿姨坚定立场，支持自治小组的决定，并私下与居民代表一同劝解、说服反对的居民，最终得到其谅解与同意。小区公共停车场顺利建成，小区乱停车的现象大大减少。在大家共同协商的推动下，居民间剑拔弩张的气氛得到缓解，小区空间效用提升，小区整体环境得到优化。

在协调小区纠纷与矛盾之余，党员和事佬也积极参与到社区事务管理中。在小学路沿街空间改造活动中，党员和事佬、居民自治小组、社区两委共同在社区内发起居民参与微空间改造的倡议，在得到诸多热心居民的积极响应后，党员和事佬予以居民的改造活动充分的支持与帮助。社区居民林女士即为诸多热心居民的一员。在日常出行中，林女士发现，在小学路沿街活动的老人较多，但路边却没有供给他们中途停歇的空间。在与党员和事佬及社区居委会成员商议后，林女士在街边绿带内开辟出一小块空间，自己出资安置木椅，供人往来休息。一段时间后，林女士又发现，因缺少遮挡，当阳光较烈时人们不愿坐在木椅上休息，她又出资在木椅后侧建设了凉棚，并种植与悬挂爬藤类植物，构筑小小的荫凉空间，原本单调的休息空间更为宜人、更为美观。如今，林女士一手打造的微空间，成为社区居民休憩聊天的小天地，也成为小学路沿街靓丽的风景，优化了沿街空间（图6-5）。

图6-5　小学社区居民捐设的沿街木椅与凉棚，成为沿街靓丽风景

3. 社工组织建设促进住区活化

小学社区在政府、社区基层组织、党员与居民共同推进微空间改造的过程中，实现了物业自管、街景美化与空间优化，同时引进社工组织，但其建设美好人居环境的努力并未至此而止。社区着眼于完善社区服务与提升生活质量，积极与社会组织展开合作，通过组织活动与服务中心的建设，为居民创造更具乐趣与活力的住区环境。

1）组织建设促进社区融合

思明区城市义工作为思明区新兴的志愿团体，长期以来致力于特殊群体的义务帮扶。基于此，小学社区与城市义工建立合作关系，邀请其为小区内的单亲家庭与独居老人进行心理辅导与生活关爱。居民自治小组、社区两委收集辖内相关群体信息，提供给城市义工组织，由其派出义工进行针对性的帮扶。思明区城市义工协会副会长杨冬梅，本职为海关公务员。她热心于公益事业，温和的音色、微笑的脸庞、恬静的性格，使其成为义工大家庭中亲切的大姐姐。她利用自己心理辅导的专业能力，为小学社区居民调节家庭纠纷，解决沟通难题。

小学社区内一户外来务工家庭，父亲因病逝世，母亲一人兼职多份工作，养育双胞胎儿子。由于深感生活不易，母亲望子成龙心切，常常敦促孩子学习，使正处于叛逆期的孩子倍感压力，渐渐对母亲恶言相向。母亲认为孩子不能体会自己的苦楚，找到杨冬梅倾诉。了解情况后，杨冬梅认识到根本原因在于母亲没能找到合适的渠道与孩子交流。但出于对母亲的尊重，杨冬梅并未直接指出母亲的问题，而是引导母亲尝试更为平等与缓和的方法多与孩子交流。在初见成效时，杨冬梅与这位母亲进行深入交流，告诉母亲孩子需要自己的空间，不要让过分的呵护阻碍孩子成长。在她的帮助下，母子多年的心结逐渐解开，一家三口重回其乐融融。杨冬梅说，这种被信任、被依靠的感觉，也让自己感到充实与温暖。

除心理辅导外，城市义工协会与小学社区与 37 个困难家庭结对，开展"身边好邻居"等活动。协会以每家 2 人为一组，帮助结对家庭整理家务、辅导功课，还与社区独居老人"拉家常"。整个过程中，城市义工并未将自己视为帮扶者，而是结对家庭的亲友，免去结对家庭的窘迫与尴尬。随着与结对家庭感情的日渐深厚，义工不再是每周固定两次，而是只要有时间便会到"新家人"家中拜访，义工的家人也逐渐参与其中。结对家庭成员倍感温暖，也加入其中，义工队伍逐渐壮大（图 6-6）。

图 6-6　思明区城市义工于小学社区组织与参与"身边好邻居"活动

2）组织培育激发住区活力

社会组织的入驻为小学社区带来的不仅仅是更为完善的服务与更为丰富的活动空间，更重要的是，其通过具体实践工作，唤起社区居民内心深处参与社区建设的热情，为小学社区本地社会组织的成长奠定基础。

随着参与社工活动的社区居民日益增多，社区两委、党员及居民代表认为应当为"潜在的社工"提供更好的学习、交流平台，培育社区自有的社会组织，社区将社区内闲置的一间仓房腾挪出来，通过基本的粉刷与布置，将其改造为小学社区社会组织服务中心，作为小学社区社会组织孵化中心，有意愿组建社会组织的居民与团体可到中心进行咨询，获得专业社工的指导。孵化中心成立后，不时有居民来此咨询成立社会组织的方法、要求、流程等问题，社区居民踊跃参与社区规划与建设的氛围更为浓厚，为住区注入积极向上的活力。

4. 服务中心建设完善社区服务体系

社区组织在小学社区的发展逐渐完善，为了给社区居民提供更具专业性、针对性、更为贴心周到的社区服务，社区两委、党员与居民自治小组代表共同商议，决定与广州市海珠区启创社会工作发展协会合作，建设家庭综合服务中心，为社区居民提供心理咨询、幼儿早教、图书阅览等多项服务。在鹭江街道和社区两委的支持下，对小学路 31 号门店与二层共 300m² 的房屋进行改造，依据社区居民需求开辟丰富的活动空间，并依照不同活动需要对空间进行整饰与布置。

1）专业性社工服务完善社区服务体系

启福鹭江街道家庭综合服务中心于 2014 年 6 月启动，采用政府购买服务的方式，由启福社会工作服务中心承接运营。启福鹭江街道家庭综合服务中心有着专业的社工团队，针对鹭江街道 7 个社区的居民特点，设置了相关的社工服务，如青少年服务、老年人服务、残疾人服务等，体现"融合"和"展能"的服务特色，并帮助各个群体组建了多个兴趣小组，使各个群体都能够在活动中和谐交流。

在服务居民的同时，家庭综合服务中心还推出了"义工发展项目"，实现"社工—党工—义工"三工联动，更好地为居民服务。除此之外，通过社工组织与居民的亲密接触，以及众多活动的组织，其能够更好地动员居民自治和群众参与的积极性。

2）灵活的空间布置丰富服务中心空间功能

启福家庭综合服务中心位于小学路 31 号，共两层，对原有房屋进行改造，并根据居民意愿对原有空间进行分割，开辟不同的活动空间，满足社区居民多样化的需求（图 6-7）。

图 6-7　小学社区启福家庭综合服务中心一、二层平面图

服务中心一楼入口处是形象墙和接待前台，活动区包括影视休闲区、棋牌休闲区、网络休闲区、书法绘画区、宣教培训区等，还开辟了个案室，用相对独立的空间为需要的社区居

民提供专业性、针对性的服务，保护居民隐私，使社工的询问、心理辅导等工作更容易方便地进行。为体现人文关怀，一楼楼梯间旁还设置了残疾人卫生间。除了活动空间之外，服务中心一楼还为社区居民提供了茶水吧等休闲空间，空间功能丰富多样，为服务中心提供多样化的服务奠定了基础。由内侧楼梯向上，服务中心二楼包括活动区和办公区，中间采取隔板进行隔断，两种功能互不影响。二楼还有休闲露台，供社区居民休闲、赏花、品茶等。

服务中心的功能区并没有明显分隔，开放式的空间有利于不同活动在服务中心的顺利进行，相对于思明区的其他社区服务中心，启福家庭综合服务中心这种开放式的空间安排更体现了社区融合的理念，老人可以一边进行活动一边照看小朋友，这种以建构关系为目标的空间运用是促进社区融合的一种有力手段，服务中心成为社区居民关系从无到有、从生到熟的良好媒介。

3）政府购买服务补充功能所缺

启福家庭综合服务中心是通过政府购买服务的方式，由启福社会工作服务中心承接运营的。思明区街道、社区的特点是辖区广、人口多，相对来说群体特征比较复杂。原本基层社区已由街道和社区两委构成了相当完整的管理体系和基本完整的服务体系，但缺乏解决具体问题和化解潜在危机问题的相关服务，社工组织的引入，可以运用专业知识、独立于政府运作的运作方式来补充完善社区服务体系。启福家庭综合服务中心通过一系列的针对性服务，例如残疾人"家居改造"计划、青少年"家庭—学校—社工组织"联动服务等，来补充完善政府服务的不足，使社区居民能够获得全面的社区服务，更好地与社区融合在一起。

社会组织以家庭综合服务中心为工作点，为社区居民提供各项服务，并组织居民参与如编花比赛、公益集市、冬令营等丰富多彩的家庭活动。在此过程中，一些社区居民对社工工作产生了浓厚的兴趣，逐渐有居民在闲暇时间与社工一起作活动准备（图6-8）。

图6-8　小学社区启福社工与社区义工共同举办的传递爱心公益市集

小学社区作为无物业老旧小区居多的社区，从居民成立自治小组进行物业自管，党员成立党员和事佬队伍进行矛盾协调，再到社会组织入驻进行服务完善等，小学社区不断以多元主体的共同参与推动社区微空间改造。通过房前屋后、公共节点等居民身边微空间的改造，社区将其内环境基础差、邻里矛盾大的问题空间，变为服务于居民生活，促发居民和谐共处的空间；将其内原本闲置、未能发挥所用的空间，变为提升居民生活质量，促进居民社区参与、组织建设的空间。社会驱动下的微空间改造，赋予空间建设更丰富的社会意涵，成为推动美好环境与和谐社会共同发展的有效实践。

5. 公共空间更新与改造

在小学社区通过共同参与驱动微空间改造的过程中，共同缔造的影响力由社区拓展开来。与小学社区同属于鹭江街道的营平居民区，受美好环境共同缔造的启发，通过对鹭江老剧场公共空间的更新与改造，为片区居民提供建筑密集的老城区内，难得的休闲与活动空间。

鹭江老剧场本是集演出、电影放映、舞厅、卡拉 OK 厅、乒乓球室、KTV、老人活动室为一体的综合性演出剧院，曾是厦门老城区文化生活的重要场所。其占地面积 $1600m^2$，建筑面积 $2608m^2$，是营平片区，乃至老厦门人儿时记忆的重要场所。

1906 年，鹭江剧场于大同小学原校址处建设完成。1942 年时改为金城戏院，提供歌仔戏、京剧，甚至越剧、福州班等多种戏剧剧目的表演，常常座无虚席。1954 年，戏院改名为鹭江剧场，仍以出演歌仔戏、高甲戏等地方戏为主。1980 年 6 月，由于戏曲逐渐淡出人们的视线，电影成为休闲消费的新宠，为维持营生，剧场开始兼放电影。2003 年以后，受现代影城的冲击，鹭江剧场难以经营，故将部分场地出租给游戏厅勉强谋生，但最终仍难逃停业命运。由于年久失修，鹭江剧场建筑被鉴定为危房，2013 年厦门市土总公司对鹭江剧场进行拆除和收储，随后剧场旧址一度被当做停车场使用。

1）从"停车场"到"文化公园"

厦门市土总公司对鹭江剧院进行收储后，老剧场旧址一度成为停车场，环境卫生脏乱。针对这一问题，营平片区居民提出"原鹭江剧场被规划成停车场，造成脏乱差现象，建议改建成便民活动场所及公共安全疏散场地，改善周边居民的生活环境"的诉求。2014 年 7 月 15 日上午，市委王蒙徽书记接待陈培琼等 6 位居民，在征求居民意见的基础上，作出"旧城拆迁腾出来的土地要尽可能还给百姓，将原鹭江影剧院地块无偿交由思明区建设老人活动中心"的批示。基于此，鹭江街道充分征集群众意见，积极推进方案设计、修订完善直至施工改造。期间街道共组织召开居民意见征集会 3 场，征集居民意见 200 余条，并根据居民意见将鹭江剧场项目改造定位为建设开放型的文化公园，遵循着"居民可用、文化可传、简洁不简单"的原则进行方案设计。

考虑到当地居民的需求，结合鹭江片区的历史文化特征，街道与规划设计团队明确，将该地块打造成为具有剧场文化特色的公园。主要具备以下功能与特质：

（1）增加居民活动空间。根据居民的意见、建议，方案在公园内不设任何建筑物，最大限度地把广场空间留给周边居民活动。在公园树下、绿藤下放置若干老电影院样式的休闲座椅，将花坛边缘设计为可看可坐的石台，切实增加周边居民活动空间，提高日常休闲生活质量。

（2）传承老街历史文化。新公园整体结构模拟原鹭江剧场的场地入口大厅、观众席、舞台的布局关系，分为入口区、公园开放区和主景区，体现进入剧场、电影散场的人流通道和正在放映的电影等状态的历史元素。新设的文化展示墙如同一卷展开的电影胶片，使居民可以在公园内感受到浓厚的文化气息。

（3）拓展周边休闲配套。将两侧收储的可用楼房改造成老人活动场所，以工作室、博物馆等形式引入民间老艺人或文创青年等社区能手，提升文化公园的氛围，让市民在这里可以寻找到老城的记忆。

在政府、规划师与居民的共识引导下，规划设计团队设计与制定具体建设方案。最初，文化公园因位于大元路而被取名为"大元居民广场"，有居民提出，文化公园改造要融入老剧场的怀旧文化元素，其取名应当与老剧场文化相关。经过居民的广泛讨论，文化公园最终命名为"老剧场文化公园"。在政府、规划师与居民的共同推动下，老剧院文化广场于2014年8月底动工，至11月底顺利完工。

2）老剧场文化公园

公园主入口由于场地高差，设置扶手栏杆，更好地为周边特殊人群（残疾人／老人）提供服务，栏杆细节设计源于电影胶片（图6-9）。入口两边花坛的形状模拟散场的人流。以"灰色"为主色调，对公园两侧建筑的外立面进行统一粉刷（图6-10）。

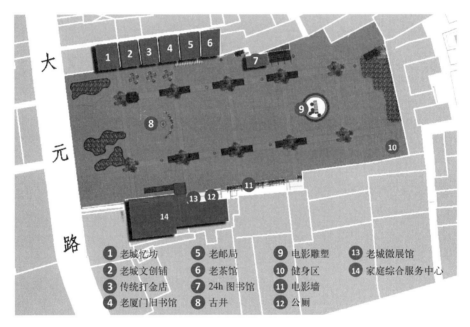

1 老城忆坊　　**5** 老邮局　　**9** 电影雕塑　　**13** 老城微展馆
2 老城文创铺　**6** 老茶馆　　**10** 健身区　　**14** 家庭综合服务中心
3 传统打金店　**7** 24h 图书馆　**11** 电影墙
4 老厦门旧书馆　**8** 古井　　**12** 公厕

图 6-9　鹭江街道营平片区"老剧场文化公园"设计平面图

图 6-10　老剧场文化公园建成的老剧场花坛

　　位于公园中间的古井，历史悠久。据传，康熙年间有名为吴英的孤儿被乡邻赖大妈收养长大，后官至福建水师提督。为了报恩，吴英回乡为赖大妈建了座大房，取名赖厝，如今推测公园内的古井是在那时被掩盖起来的，距今 300 多年。据此，古井取名为"赖厝古井"，成为公园具有文化渊源的亮点，也是方案所突出的节点（图 6-11）。

图 6-11　老剧场文化公园成为公园亮点的赖厝古井

　　在公园南侧设置两个景观橱窗。橱窗形如一卷展开的电影胶片，置入电影院的**海报**、电影票、京剧脸谱、老式放映机等旧物进行展示（图 6-12）。橱窗上方充分利用楼梯平台的小空间，搭建一个小型舞台作为闽南讲古场、木偶戏表演场所。此外，通过老城元素的植入，方案拟定将公园北侧二、三楼近 200m^2 建设为居民活动室，作为启福家庭综合服务中心的一个分站，为营平片区居民提供更为完善的生活服务。

图 6-12　老剧场文化公园展示各类剧场记忆的橱窗

　　此外，公园里内设 20 多米的展示墙，按照年代分别展示老厦门地图、老厦门风景、风貌建筑和人文图片等，让参观者能够透过图片走进老厦门。推开这扇剧院大门，里面是老城微展馆，陈列着营平片区手绘地图、风貌建筑、老街巷等照片和旧物，并循环播放营平历史纪录片，使居民和游客可以在场内体会到浓厚的老厦门韵味（图6-13）。

图6-13　老剧场文化公园缀满记忆的照片墙

公园外墙上悬挂屏幕播放露台电影，思明区人民剧场每周三、周五晚上会定期来此播放两场老电影，并于每月在公园小型舞台上进行木偶戏、南音等具有闽南特色的表演。公园中部建设了一个相对空旷的小广场，用于居民开展广场舞等文艺活动。公园两侧树荫下，设置有老电影院座椅样式的休闲木椅，还增设了24h书屋和健身器材供居民使用，方便周边居民的活动与休闲。

公园后侧立有一艺术雕塑，以"放映电影的人"为题材，镂空的放映机和人喻意这里曾是老厦门著名剧场的历史，实体墙贴挂着由瓷板烧制而成的旧剧照与电影海报，是用现代的表现手法表达对鹭江剧场的怀旧情怀。

公园北侧的6间空房分别建成"老城忆坊"、老城文创铺、传统打金店、老书屋、老邮局、老茶馆，同时在门前开辟出一小块区域，引入一些剪纸、捏泥、糖画等闽南传统手工，并展示销售老厦门手绘地图、老城区书签、名片、路名牌等街巷游配套商品和鱼皮花生、蛋花酥、贡糖等闽南小点，使公园具有更为丰富的人文意涵与服务功能。以荒岛旧书店为例，街道与书店老板合作，免费为其在公园内提供店面，书店老板则负责经营，并为社区居民提供免费借书的服务。

文化广场还引入了"24h图书馆"，与思明区的"24h图书馆"系统接轨，为居民提供更加完善的图书借阅服务。

如今，老剧场文化公园成为社区居民与社区组织广泛活动的人气场所。在社区组织牵头，政府部门积极的配合与宣传下，公园内定期开展"老剧场旧物早市"活动，吸引了周边居民与商家的广泛参与，也逐渐引起片区以外的厦门市民的关注与参与。"鱼市学堂"、"旧物集市"、"泡面节"等贴近生活又别具老厦门风情的早市活动，让昔日破败的剧场旧址恢复了往日的热闹氛围（图6-14）。

老剧场文化公园为给周边居民提供专业化的社工服务，在文化公园内的一栋二层小楼中设立了家庭综合服务中心，为社工组织提供活动空间，也可作为鹭江文化公园内活动的准备空间，家庭综合服务中心内设活动区，可为青少年、老年人等提供丰富的参与活动，是鹭江老剧场文化公园必不可少的居民互动空间。

老剧场文化公园在充分争取民意的情况下，在政府的带领和引导下进行了一系列改造，

图 6-14　老剧场文化公园丰富多彩的活动

共同将老剧场广场建设成文化公园，并在社工组织的带领下组织多场活动，唤醒老厦门的深刻记忆。老剧场文化公园经历了半个多世纪的变迁，这次的改造一方面保存了原有的历史文化记忆，一方面为老城区居民提供了良好的休闲场所，受到了广泛认可与肯定。老剧场文化公园不仅是片区内独一无二的公共活动空间，而且是片区内居民共同参与生活空间改造的一个见证，老剧场文化公园为居民提供了美好的环境，也为丰富居民生活提供了公共空间，更是促进居民和谐交流的场所。

结合居民意愿，营平片区下一步将以老剧场文化公园为示范点，进一步对大元路、大同路、开元路进行提升改造，从而营造一个兼具闽南民俗、民味、民艺、民风和历史风貌的活力老街区。

6.1.2　镇海社区

中华街道镇海社区是思明区典型的"后单位社区"，社区居民以机关、事业单位与企业职工为主，辖内 80% 的楼院是无物业管理的开放式老旧小区（图 6-15）。无人管理下日益恶化与混乱的社区生活空间，让社区居民不堪其忧，屡次萌生搬离社区的想法。此外，镇海社区老人数量较多，60 岁以上人口达 1011 人，占社区总人口的 11.4%。老人特殊的生活需求与社区薄弱的设施基础与滞后的空间建设相矛盾，成为社区建设的又一大问题。

面对发展难题，中华街道办事处与镇海社区两委，在充分发挥辖内机关、事业单位数量较多，社区中各类党组织架构成熟的优势之余，积极挖掘热心社区事务的能人、达人，鼓励与引导其组建社区组织，促发政府、单位、党员、居民等多

图 6-15　镇海社区区位图

元主体依托社区搭建的交流平台，实现互动与合作。基于楼院、小区、社区各层级组织的建设，镇海社区群众参与社区建设的行动，由楼院空间延伸至公共空间，进而扩大到社区空间，推进了老旧社区内美好环境共同缔造的实践。

1. 楼院组织建设与空间改造

镇海社区金色梦想小区位于思明区鸿山东侧，原为政府单位房，在经历住房改革后，成为社区内典型的无物业开放式老旧小区。因长期缺乏物业管理，小区基础设施严重老化。楼院防盗门年久失修，入室盗窃案件频发，一度占社区盗窃案件总量的2/3。楼道灯多数损坏未能及时换修，导致居民夜晚出行不便。居民将问题反馈给社区，社区公开招募物业管理公司入驻管理，但由于小区居民以退休职工及外来务工人员为主，难以承担公司所定的物业管理费用而未能成行。

1）物业自管与楼院内部空间改造

社区两委逐渐意识到欲改变小区发展现状，应当借助居民的力量。为把握小区内居民自治的潜能与基础，社区两委通过入户走访等方式，收集信息与意见。在走访过程中，社区两委了解到李家旺老人的先进事迹。检察院退休职工，现年76岁的李家旺老人，为维护小区治安，每日夜里在小区内巡逻检查。为避免打扰家人的休息，老人睡在客厅里，已经坚持13年之久。被问及原因，老人表示，自己是一名共产党员，在工作时兢兢业业，退休后也要发挥余热，尽到共产党员服务人民的职责。受此触动，社区两委意识到党员参与社区建设的巨大潜力，与李家旺老人共同对社区党员进行摸底统计，并出面鼓励与发动党员参与社区事务。在社区党委的引导下，李家旺老人以居住范围划分党支部，并以楼院为单位，牵头建设楼院党小组。与此同时，社区两委从楼院空间入手，发动与组织居民建设楼院自治互助管理小组，通过与楼院党小组相互协作，共同承担楼院物业事务的管理工作。

在社区两委的广泛宣传与引导下，金色梦想小区成立居民自治互助管理小组。小区内一位手臂残疾的阿姨主动提出担任小组组长。采纳小组长的工作意见，社区两委与小组长以梯为单位，共同选出若干名梯长，作为小组成员，协助推进物业事务管理工作。为提高小区治安水平，小组成员挨家挨户征集意见，成功劝说居民各自出一部分资金，自己更换各楼栋已损毁的防盗门（图6-16）。此外，小组还担负起收取水电费、集资换修楼道灯等物业管理工作，小区楼院空间变得整洁、有序。

图6-16　镇海社区居民自治互助小组推动下更换的楼栋防盗门

在自治互助管理小组与楼院党小组的影响与带动下，小区居民也积极参与到物业事务管理和楼院空间维护的工作中，居民在两大小组的组织下，定期清洗供水管道，相互监督、清理门前垃圾。小区居民反馈："现在只需每月向小组缴纳 20 元的物业管理储备金，小区各项物业事务均被管理得井井有条，同时小组会定期公示储备金支出明细，接受大家的监督。如今在小区中生活，让人感觉到人情味更浓，也更安心、舒适。"

2）楼院周边空间改造

居民自治力量对物业事务的管理，一方面实现了楼栋内部空间的改善，另一方面促发了社区居民对楼院周边空间的改造行动。金色梦想小区位于鸿山山麓，小区地势高低起伏，串联各楼栋的楼梯数量多、坡度大，不利于老人出行安全。针对这一问题，楼院党小组、自治小组与社区两委讨论，决定使用物业管理储备金，为小区公共楼梯增设扶手。

小区内三户居民，更是别出心裁，将自家种养的花卉植物搬移到楼栋外围的转角空间处，并自发承担照料花卉、清扫场地的任务。原本堆满杂物的转角空间在其打造下，成为小型的花园，居民结合小区名称，为其取名为"梦想花园"。"每当走到这个拐角，我都会停下来看看里面的花，感觉人的心情也变好了"，小区居民王阿姨如是说。梦想花园的建设激发了居民房前屋后改造的热情，在社区的引导下，居民组织与热心居民或是为裸露墙体进行彩绘，或是在道路拐角的小块空地上种植植物，通过房前屋后的微空间的点滴改造，改变了老旧小区原本苍白无趣的风貌，为小区注入共同缔造带来的生气与活力。

在围绕楼院空间进行的管理与改造过程中，金色梦想小区空间环境得到明显改善，居民互帮互助的自治氛围初步形成。为进一步巩固物业自管的成果，并进一步激发居民更广泛的参与，社区两委与楼院党小组、自治小组共同商议决定，针对部分需要依靠专业人员进行的物业管理事务，诸如家政服务、水电维修等工作，通过组织辖内拥有相关服务技能的居民，成立相应的社区组织。由社区组织提供菜单式物业服务，居民根据自己的实际需求进行服务"购买"。组织成员来自于小区内部，不仅可以快速、便捷地提供服务，并且较其他专业服务收费更低，服务更可靠。更为重要的是，菜单式服务成为居民交流与沟通的新渠道，小区原本互助互惠的邻里氛围逐渐重现。目前，镇海社区已成立包括水电工服务队、家政服务队在内的菜单式物业社区组织 19 个，在完善物业管理、促发居民融合方面取得了良好成效。

2. 小区空间优化与公约缔结

楼院自治力量在物业事务管理与房前屋后改造方面的成功，促发居民自治热情由楼院空间逐渐延伸到小区空间中。

1）小区公共空间的微空间改造

金色梦想小区建设以来，因楼栋相对密集而缺少公共空间建设，居民没有休闲聊天之地。对此，自治小组、党小组与社区两委商议，决定"螺蛳壳里做道场"，充分利用小区内面积小，但相对平整的荒地、空地，建设公共空间。这个消息传出后，居民纷纷找到自治小组，推荐可以使用的地块及适宜建设的项目。小组将居民意见统一收集整理，在与社区两委结合地块实际情况与项目可行性，筛选相关建议的基础上，大家决定在小区入口下沉阶地上，建设居民设想的休闲亭。中华街道出面联系专业的规划设计师，由其与小区居民代表共同讨论并设计休闲亭具体的建设方案。设计方案经过几轮磋商最终确定，并在居民的广泛支持下顺利实施。原本闲置，甚至被当做垃圾堆放点的空地，变为良好的公共活动空间。居民为其取名"梦想亭"，一则与小区之名呼应，二则寓意休闲亭建设实现了居民的梦想和心愿（图6-17）。

图6-17　原本闲置的空间在改造为休闲亭后，成为居民聊天娱乐的良好场所

梦想亭的建设大大激发了居民参与小区空间改造的热情。继梦想亭之后，在社区、组织、居民与规划师的共同推动下，小区建成九竹巷话仙长廊。九竹巷话仙长廊原本是小区步行坡道上相对平缓的一块露天阶地，小区居民特别是老人行经此处，常常坐在路边休息聊天，久而久之成为小区内自发形成的公共空间。然而，由于未放置座椅，居民背对悬空的阶地坐在路沿上聊天，安全隐患大。在居民的建议下，社区两委与自治小组、党小组商议，在此加盖顶棚、增设石桌石椅，于路沿处加设围栏，将其建设为"九竹巷话仙长廊"。长廊建设完成后，成为小区居民聊天、下棋、书法、绘画的热闹场所，自治小组等社区组织也会在此召开会议，与居民共同商议小区建设事宜。社区两委还邀请规划师对长廊建设提出完善的建议，并采纳相关建议，将长廊靠山一侧增设护坡，并以花卉、植物适当点缀，增加长廊的安全性与美观性（图6-18）。

梦想亭与话仙长廊的建设予以小区居民新的启发，即可以通过微空间改造，充分利用闲置用地，为小区增加绿意，弥补小区绿化的不足。有居民主动与自治小组商议，和邻居几人出资将小区内一块堆积杂物与垃圾的空地清理出来，自行协商划分土地，种植果蔬与花卉。一来为小区增添绿色空间，二来居民自己清理杂草、规整土壤、浇水施肥，承担空间管理的责任。小组将此意见与社区两委、党小组商议，得到一致认可后，这一项目迅速得以实施。在种上花卉、果蔬后，居民常常在一起交流植物的长势，分享种植的经验，共同管理这片土地。昔日无人愿意停留的荒地变为充满生活气息的绿地，也吸引了小区的孩童的目光。孩子们放学后，会聚集到菜地周围玩耍，询问正在耕作的居民所种果蔬的名称。

图 6-18　九竹巷改造完成后，成为居民开展丰富多彩的社区活动的重要场所

受此启发，社区两委征得居民同意，与辖内双十小学合作，将绿地建设为"绿色科普实践园"，作为小学生进行植物认种、除草耕作等体验式教育的场所。居民自发推进的微空间改造，在丰富小区空间功能之余，创造了更为丰富的教育价值。同时，鉴于小区内缺少健身场所，小区居民结合"绿色科普实践园"的建设，在菜地一侧平整出一块空地。区体育局积极配合居民自发的空间改造活动，捐赠、安装多种健身器材，协助居民建设完成小区"户外休闲健身区"（图 6-19）。

图 6-19　在绿色科普园内耕作的社区居民，为社区增添了一抹独特的绿色

2）小区自治公约的拟定

小区微空间改造的成果，让居民感受到共同缔造的魅力，激发了居民将空间改造由项目建设延伸到自治管理下的空间秩序重构。在社区两委的引导与协助下，居民自治小组与楼院党小组牵头，以小区建设问题为议题，具有针对性地组织辖内居民代表召开居民议事会议，讨论与确定解决问题的具体方案。2013 年 9 月 2 日，社区居委会与自治小组共同组织小区车主代表，召开关于"石泉路 12 号斜坡以上停车问题"的议事会议。会议中车主代表各抒己见，最终决定由社区在斜坡处增设停车栅栏，划清地面停车线，并在楼道的门口和消防通道处设立严禁停车标志。在此基础上，车主代表牵头成立车主自管小组，通过各自遵守停车规则、相互监督管理的方法规范小区停车行为的解决方案。相关建议一经

采纳实施，便取得了良好成效（图 6-20）。

图 6-20　社区居民召开居民议事会，讨论小区停车问题，取得良好成效

受车主自管小组建设的启发，居民自发组建如宠物自管小组等特色自管小组，通过自我管理、自我规范的社区组织建设，进一步改善与维护小区空间环境，这种参与意识逐渐深入人心。为维护共同努力创造的美好环境，九竹巷金色梦想小区居民自治小组、楼院党小组、居民代表与社区两委商议，共同拟定《九竹巷金色梦想小区——维护公共环境设施居民公约》。公约凝聚居民共识，促使居民自觉遵守相关规范，共同管理与维护小区的生活环境。在此基础上，为维护小区自治组织的建设成果，规范组织工作的开展，各主体更进一步拟定《镇海社区九竹巷居民自治公约》，建立保障居民自治顺利推进、持续作用的长效机制。

3. 社区广泛参与与自治提升

镇海社区从楼院空间到小区空间的美好环境共同缔造实践，促发了社区空间内更为广泛的群众参与。结合辖内机关与事业单位数量多的优势，社区两委在楼院党小组的建设基础之上，以社区党委为主体，发动、组织与联合辖内单位党组织，共同建立社区大党委会议制度。以此为平台，将辖内单位纳入社区自治力量，以社区微空间为载体，推进美好环境与和谐社会的共同发展，充分发挥党组织的先进作用。

1）大党委会议推动的空间改造

厦门市第一医院内有一片荒置用地与辖内小区相邻，因长期缺乏有效管理，逐渐成为社区居民堆积垃圾的地方，给邻近小区居民生活带来诸多烦扰。楼院党小组将这一情况反馈给社区党委，社区党委将其纳入每季度召开的大党委会议议题中。在社区党委的协调下，楼院党小组与第一医院相关负责人充分交流沟通，最终决定第一医院将该空间交由小区自治组织改造与管理，其主要协助居民自治组织进行定期的卫生监督与检查。在达成共识后，党小组与自治小组在小区内广泛征求意见，使用居民自发筹资的 7200余元进行空间改造，通过绿带、花坛等建设，将垃圾地改造为良好的休闲空间，成为小区居民散步的必经之处。

社区大党委会议对社区美好环境建设的促进作用，已逐渐超越小区空间的范围，而延伸到更广阔的社区空间中。社区居民与辖内单位向社区党委反馈，社区内主要道路石泉路由于市第一医院一侧大门开放带来的大量人流、车流而时常拥堵，为辖内单位员工与居民出行带来不便。在此情况下，社区召开大党委会议对此问题进行讨论，建议市第一医院在不会对患者就医带来较大影响的情况下，考虑关闭这扇侧门，缓解道路压力。市第一医院听取各单位意见，原本需要多方协商、经过长期协调才可以解决的问题，在共同缔造过程中在短时间内得到和平解决（图 6-21）。

图 6-21　镇海社区大党委会议推动下从拥挤（左）到通畅的石泉路（右）

除参与大党委会议，共同讨论与解决社区问题外，辖内单位也积极与社区合作共建，为社区居民提供良好的生活服务。双十中学与社区共建"青少年爱心辅导站"，为社区青少年提供课程辅导与心理辅导服务。石泉干休所与社区共建"革命传统教育基地"，为社区居民了解我国革命历程与革命传统提供平台。辖内单位的参与激发了辖内企业共同缔造的热情，政府相关职能部门也积极参与配合。辖内企业与社区合作，在镇海社区建立关爱基金，用以赞助老人庆生等社区活动。市人防办在社区内建设"社区百姓课堂"，设立"居民文化活动中心"，丰富居民精神文化生活，为社区居民提供良好的学习与活动场所。

2）社区自治力量的整合

镇海社区从楼院空间做起，在楼院自治力量的推进下进行微空间改造，其影响力逐渐扩大，将区自治驱动下的微空间改造活动由楼院延伸至小区、社区，在此过程中，越来越多的社会主体参与到美好环境共同缔造中，群众参与的意识也广泛深入人心。伴随着不同层面的微空间改造活动，各自治组织与议事会议职能逐渐明确，各层级社区自治力量逐渐形成特有的框架雏形。镇海社区在梳理与整合社区各层级自治力量的基础上，构筑"2+3+4+N"的社区治理框架。"2"是指居民议事会议及社区大党委会；"3"是指社区居委会、社区党委以及社区工作站 3 个常设组织；"4"是指 4 个自治主体，包括业主委员会（社区内 2 个成形的物业小区）、辖内单位、楼院党小组、楼院居民自治互助小组；"N"包括特色自管小组、社区社会组织、居家养老日间照料站、关爱基金等。各层次自治力量相互协作，有序地参与到社区规划与建设活动中。明晰的自治框架，结合相关治理制度的建设，为社区美好环境与和谐社会建设提供长效保障。

6.2 新社区

全球化的浪潮带来产业、资本、劳动力等社会经济要素在空间内的快速流动，商业化的发展则将这种快速流动的影响以空间的形式固定与展现出来。在双重影响下，以商品房小区为代表的城市新社区，其所容纳的人口不再仅为本地的城市居民，更多的是来自不同城乡地区的流动人口，城市社区成为不同群体共同生活的居住空间。受不同背景、不同职业、不同文化等影响，生活在同一社区内的居民有着各自相异的认同感与归属感，居民相互间无情感交流与社会关系基础。社区已不再是传统意义上有相同认同感与归属感的群体聚居生活的"地方"，而成为存在多元认知，缺乏有效共识的生人社会的生活空间。伴随着房屋出租、买卖等商业交易，社区内部也出现相对频繁的人口流动，为社区共同认知的建立带来新的挑战。多元认知下，居民间不同的生活需求、文化信仰、风俗习惯与社区想象，在同一空间内相互碰撞，一则引发不同群体间的摩擦与矛盾，二则驱动承载不同功能需求的社区空间向多样化发展，为社区空间建设提出新要求。

然而，在全球化与商业化的资本影响下，规划越来越将社区抽象化，居住区规划在资本的冲动下越来越以容积率为最终的目标，社区空间逐渐脱离与人的互动，设施和环境都成为商品化的附属物，成为提高商品房价值的配套。社区人口多样性下，老年人、年轻人、孩童，以及汽车与步行等不同需求备受忽视，空间成为仪式性的空间，人则被抽象成为附属的符号，而被迫成为空间的附属物，即仪式空间的一部分。人们日趋多样化的需求未能落地，空间承载人的功能需求的实质意义未被发挥。

同时，商品房小区存在的诸多矛盾，反映出城市社区更深层的建设问题。商品房小区内居民在购买房屋时，需要严格按照每单位面积的房屋价格支付费用，这种对面积的强调，在居民脑海中形成了明晰的空间界限。因而，商品房小区空间有明确的内外、公私之分，住房内部空间与小区公共空间有着明显的区别。居民因定期向房地产开发商或物业管理公司支付物业管理费用，认为公共空间的管理与自己无关，公众参与难以进行。此时，商业化的管理和政府的管理却直接融合在这个空间内，市场、政府与公众"三驾马车"的矛盾突显。

城市社区在全球化、商业化及空间资本化影响下现存的诸多问题与矛盾，归根到底，是社会与空间的脱离，在公共空间内表现得尤为突出。因此，城市社区美好环境共同缔造的推进，其核心在于社会与空间的互动。即依托空间环境建设的过程，促发社区内各群体交流；依托空间环境建设的成果，为居民提供休闲娱乐、交流互动的良好空间，为实现社区由生人社会向熟人社会转变提供空间载体。与此同时，通过社区内各群体的广泛参与，使社区空间满足多样化需求，使居民打破内心固守的公私空间界线，参与到空间，尤其是公共空间的建设与管理中，为实现美好人居环境的建设提供长效保障（图6-22）。

作为典型的城市新社区，海虹社区与兴旺社区受居民地域、背景、职业、文化因素及社区公共空间缺乏等影响，社区内部情感交流与社会关系趋向薄弱，并逐渐成为缺乏认同感与归属感的生人社区空间。在此前提下，海虹、兴旺社区积极应对，并在区政府、街道与社区两委的引导与支持下，以空间环境改造、社区组织引导与社会力量整合为重要抓手，共同实现社区"美好环境共同缔造"。

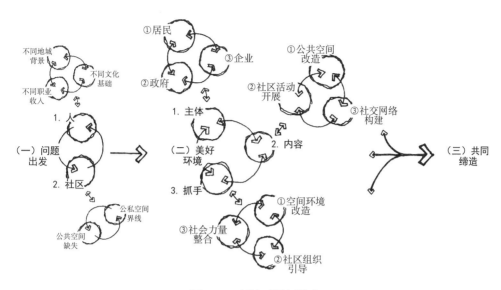

图 6-22　新社区规划模式

在此过程中，通过挖掘居民共同关心的话题，从居民改造意愿最强烈、最能促进居民共同参与的公共空间入手，以居民所关注的活动与空间发动并鼓励社区多元化社会组织、社区能人、社区热心居民等共同参与到社区公共空间与活动中来，以此实现社区公共空间的改造与活动场所的建设。由此促发广泛的居民之间的相互交流，社区不同群体得以互相融合，从而打破社区生人社会下公私空间的明显界限，解除社区在地理空间上的分异，增强居民对社区的认同感与归属感；同时，通过社会交流网络的构建反向促进公共空间的深入建设，从而形成社会与空间的可持续互动与循环。同时，社区组织与社会力量的进入，使得社区治理与改造更加符合居民的切实需求，其开展的一系列组织活动成为居民共同参与社区空间建设与改造的有力抓手，空间改造与空间管理主体的相融合也为实现邻里和谐、社区融合提供了强有力的后期保障，为实现社区美好环境与和谐社会的共同发展奠定了坚实的基础。

6.2.1　海虹社区

海沧街道海虹社区是位于海沧湾的滨海新社区，辖内共有小区 21 个，现代化商住高楼林立（图 6-23）。社区常住人口 1.5 万人，其中流动人口 6000 人，占社区总人口的 40%，是典型的城市社区。

社区内小区住宅质量普遍较好，住户结构较为复杂。以辖内绿苑小区为例，小区内住房有商品房、经济适用房及东屿村"村改居"住房三类，相应住户除厦门本地人之外，还有较多外地人口；除城市居民外，还有部分"村改居"居民。不同地域、不同背景的居民在城市社区空间内以各自住宅为据点活动，加之小区内缺乏宜人的公共空间，居民大多不愿走出家门活动，相互间交流与沟通贫乏，邻里间多为点头之交，小区生活氛围淡漠。习惯于传统集体生活的村民本难以适应新的生活环境，加之生活习惯的不同，更游离于小区

175

之外。小区空间看似是一个整体，内部实则分散。

图 6-23　海虹社区的区位图

　　在"美好环境共同缔造"的过程中，海虹社区绿苑小区在区政府、街道与社区两委的引导与协助下，挖掘居民共同关心的问题，从居民改造意愿最强烈、最能促发居民活动的公共空间入手，通过发动、组织小区居民共同参与改造活动，促发更为广泛的社会交流，推进社会与空间的互动与融合，实现美好环境与和谐社会的共同发展。

1. 公共空间改造促发共同参与

　　结合日常工作经验，海虹社区两委意识到在居民关系网络与情感基础薄弱的绿苑小区，想让居民走出家门参与到社区建设中，单纯依靠传统的宣传难以实现。关键在于找到一个能够让居民关心、有热情参与、并能在潜移默化中形成参与意识的入手点。公共空间作为备受新社区居民忽视但却与其生活密切相关的空间，其改造过程可引导居民将目光从"小家"逐渐投向"大家"。同时，作为与群众利益相关的空间，公共空间的改造较其他小区改造项目更能吸引居民参与，并且为居民共同参与活动提供可讨论、可动手、可看见、可使用的空间实体，进而依托相应的改造行动，成为居民情感寄托的空间符号。基于此，社区两委通过入户访谈、摆台问询等方式，就最希望改造的小区公共空间问题，征求居民意见。

　　1）共谋共建改造人工水池

　　通过整理与归纳居民反馈的意见，社区两委发现，居民改造小区人工水池的呼声最高。绿苑小区人工水池蜿蜒于小区内部，其一侧为小区唯一可供居民聊天娱乐的休闲亭。房地产商本意为居民营造亲水空间，然而因池水是死水，加之缺乏有效管理，水池干涸，散发异味，每到夏日，蚊虫滋生。人们不堪其扰，无法在亭内纳凉。社区两委采纳居民意见，以此作为小区公共空间改造的初步实践。

在社区两委的引导与鼓励下，居民你一言我一语，纷纷讲出自己关于水池改造的意见与想法。当有人提出将水池填平，改为绿化用地时，大多数居民提出了异议。大家认为水环境是小区内不可多得的小景，良好的水环境不但可以为孩子们提供玩水嬉戏的场所，而且可以帮助人舒缓神经、放松心情。经过多番讨论，大家最终决定保留水池，通过清理水池，在池壁开凿活水入口等方法，在现有基础上进行水池改造。社区两委尊重居民意见，邀请施工单位付诸实施。施工过程中，陆续有小区居民利用闲暇时间共同参与。他们与工人一起，清除池底垃圾与淤泥，在水池池壁上凿出孔洞，引入活水，一改水池脏乱的旧貌（图 6-24）。

图 6-24　改造前、中、后期的人工水池

2）居民自主改造池畔"邻芳亭"

看着水池在大家的共同推动下变得干净澄澈，有居民提出，何不将水池旁年久失修的凉亭进行修整，让它与水池风貌融合，成为更为美观、舒适的居民活动空间。这一提议得到许多居民的认可。那么修整凉亭的资金从何而来？正当大家为之议论纷纷时，在小区内居住的一位工程承包者主动提出，自己很早就想为小区的居民做点事情，想改造池边凉亭，但害怕大家说自己逞能，迟迟未有行动，既然大家提出要修整凉亭，自己愿意承担施工项目。该住户自掏腰包购买建材，加固亭顶亭柱，油漆亭身。原本黯然破旧且存在安全隐患的亭子变成敞亮、簇新、安全的休闲凉亭，成为小区居民聚会聊天的重要场所。居民决定为这座亭子取名以纪念该住户的义举。大家众说纷纭，最终决定为表达小区居民邻里和美的意涵，为休闲亭取名为"邻芳亭"。

3）自发推进完善池畔绿化

水池与邻芳亭改造的成功，让更多居民将参与热情投注到这块小天地中。有居民指出，水池和邻芳亭的改造使这片空间集聚大量人气，成为小区居民活动的重要场所，但是尚有不足之处，即由于缺少花卉植物点缀，整个空间缺乏生气，提议在水池边种植花卉植物。社区居民黄鹰展了解到这一情况后，主动向社区两委提出，自己愿意出一部分资金支持居民的种花行动。过去让居民避之不及的水池凉亭，在社区与居民的共同协作下变为绿意盎然的休闲场所。更为重要的是，在此过程中，小区居民感受到共谋、共建家园的魅力所在，对参与社区建设有更高的热情。未能参与其中的居民，看着共同参与下小区环境的变化，也心有所动。潜移默化之中，参与的意识逐渐在居民心中生根发芽，一次公共空间的改造行动，促发了居民的共同参与，也凝聚了民心民力。

2. 社区组织活动促发空间建设

绿苑水池片区空间改造的成功，激发了小区居民改造小区公共空间的热情。而小区舞蹈队领舞台的改造，也让社区两委意识到社会组织活动促发的公共空间改造，在促进社会交流方面有着更深远的影响。

1）满足舞蹈队活动需求的"领舞台"建设

绿苑小区舞蹈队是由小区退休阿姨组建的文艺组织，舞蹈队队员多为小区内的中老年女性，队伍成立之初不足10人。每天下午，队员们会聚集在东屿村安置房楼下的空地上练舞。受视野范围限制，后排练舞的队员常常看不到前排队长的领舞动作，活动过程不甚顺畅。在看到绿苑水池片区改造顺利完成后，舞蹈队队员想到，是否可以向社区两委反映，在不影响居民日常生活的情况下，在练舞场地加设一个领舞台。社区两委接到反馈后，与练舞场地周边的居民进行讨论，在得到同意后，通过筹集资金，在舞蹈队活动场地上用砖土砌起领舞台。为确保活动安全，施工队特意在台面上铺装防滑耐磨的瓷砖。

领舞台的建设，为舞蹈队活动提供了便利，除原本的队员之外，越来越多的居民加入队伍。其中，有居住在小区内的外来人口、有商品房与经济适用房住户、也有"村改居"居民。大家在练舞过程中相互认识，相互间通过不断的交流从陌生变为熟识。在相互熟悉后，舞蹈队队员在练舞之余，也会相互邀约，或逛街、或游玩，俨然成为亲密朋友。舞蹈队队员李阿姨家中需要聘请保姆，在练舞过程中了解到另外一位队员恰好有相关工作经验，且目前赋闲在家，她主动邀请这位队友到家中工作。一个小小领舞台的建设，却带动了小区内不同群体间的交流与沟通，实现了居民情感的融合。一段时间后，舞蹈队队员发现，领舞台周围没有防护设施，队长领舞时有掉下舞台的风险，她们自己筹资在领舞台周边增设围栏，确保活动安全。领舞台空间的建设，是居民依据真实需求在小区空间基础上增设的新公共空间，也是在居民一步步深入参与下真正符合人的尺度的活动场所。社区组织活动促发的微空间建设，推动了社区组织的成长，成为让居民走出家门、互动沟通的有效载体（图 6-25）。

图 6-25 改造前、中、后期的小区领舞台

2）社区活动推动广泛的空间建设

领舞台空间的建设让社区两委意识到，小区公共空间改造应紧扣居民需求，对居民有意愿使用的空间进行改造与建设，将有效促进居民交流与沟通，构筑社区认同感与归属感。

社区两委发现，小区原本用于车辆分流的石墩，被小区居民用作下棋的台面。每到闲时，会有居民三三两两来此下棋。由于没有座椅，居民需要从家中自带小椅。发现这一需求，社区两委出资，将石墩改造为棋盘，并在周边增设石椅。改造完成后，越来越多的居民来此切磋棋艺，围观的居民也越来越多。通过改造，石墩拥有了更为丰富的实用功能，更贴近居民的需求，成为小区居民互动的良好平台（图 6-26）。

图 6-26　改造前的石墩本用于车辆分流，改造为棋盘后，成为小区居民博弈的好去处

　　社区活动促发的公共空间建设与改造，在促进居民融合的同时，也促发了社区组织的发展。绿苑小区居民根据各自的特长与兴趣，组建模特队、合唱团、读书会等社区组织，丰富日常生活。社区两委对社区组织建设予以多方支持，将社区办公空间腾挪出来，供给组织开展活动。

　　绿苑小区年轻妈妈较多，常常带着孩子在邻芳亭内玩耍，小孩子的交流带动了妈妈们的互动。久而久之，小区妈妈们自发组建辣妈团，约定时间在邻芳亭内聚会。大家共享育儿经验，相互帮忙照看小孩，一起聊天诉说心事，相互介绍工作，生活较之前丰富许多。但邻芳亭内活动的人较多，空间也相对狭小，且由于临近水池，小孩容易磕绊，活动不便。辣妈团将这个问题反馈给社区两委。在共同商议下，大家决定在小区内再建新的休闲区，并在休闲区一侧建设儿童游戏区。这块空间的建设，不仅可满足辣妈团的活动需要，也可为小区居民增添更多的公共活动空间。规划师依据社区与居民的要求，选择小区中央的一块硬化场地为建设空间。从妈妈看护孩子的需要出发，设计视线通畅的休闲区建设方案，并在成人休闲区附近，设计建设质地柔软的儿童游戏区，为辣妈团活动的开展提供便利。在享有更好的活动空间的同时，辣妈团主动承担起场所维护与清扫的责任（图 6-27）。

图 6-27　绿苑小区辣妈团推进儿童活动区改造，将缺少实际功能的用地变为高人气场所

社区组织活动促发的空间建设，以满足居民的切实需求为原则，实现"物中有人"的公共空间的建设。宜人的公共空间逐渐将居民从私人空间引向公共空间，并打破公共与私人的空间界限，成为促发居民交流与融合的重要载体。居民相互间的社会关系得以建立，情感交流得以实现，小区内邻里和睦的氛围渐成。

3. 社会与空间互动的改造行动

依托居民参与建设的公共空间，为居民深入交流与沟通提供支持。社会与空间互动下的空间建设，在促发居民认同感与归属感形成方面有重要作用，这在东屿村"村改居"居民通过"东屿亭"建设，重构传统社会关系网络，实现对小区生活环境的适应、及与小区其他居民的融合过程中有所体现。

1)"东屿亭"与"绘画墙"的建设与改造

绿苑小区东屿村"村改居"居民从传统村落迁居到公寓楼盘内，经历了较长的熟悉过程。由于生活方式与生活习惯有所不同，居民更适应在自己的圈子内活动，而不愿与其他居民交流。迁入楼房后，习惯于在村落内公共空间的交流活动的村民失去空间支持，相互间的关系逐渐疏离。村内 3 位乡贤将这些转变看在眼里，记在心里。受小区居民共同参与公共空间改造的启发，3 位乡贤聚在一起，商量在东屿村安置房楼下空地建设"东屿亭"，一来为村民活动提供空间，二来由于与舞蹈队活动空间相邻，可作为舞蹈队队员休息的场所。他们主动与社区两委交流想法，在得到认可与支持后，自己捐资筹建 2 座凉亭，供给小区居民使用。东屿亭建设完成后，村民纷纷从楼上走下来聊天喝茶，小区居民也渐渐来此休憩。通过喝茶、聊天等日常互动，村民间断裂的关系网络重新联结，与其他居民新的社会关系也逐渐建立。在重新唤起村民对旧日情谊的怀念之余，东屿亭作为村民与小区其他居民建立联系的桥梁，帮助村民更快地融入新的生活环境中。

一位东屿村村民有感于共同缔造下社区生活环境的变化，向社区两委提出，希望能够有一块墙面，将村民参与缔造到共享缔造成果的过程用绘画的形式展现出来。社区两委将安置房停车场外侧的"脚印墙"粉刷，作为"画布"。某村民让其学习美术的女婿在外墙上绘制了长达 30 余米的故事墙，详细描绘东屿村村民从传统村落搬迁到绿苑小区、参加舞蹈队活动、共同建设东屿亭、在亭中聊天互动等诸多场景（图 6-28）。

图 6-28 东屿村村民的绘画使原本普通的墙体变成小区内一道靓丽的风景线

如今，东屿故事墙成为小区一道靓丽的风景线，体现出共同缔造过程中，居民参与意识的转变，以及通过共同参与社区建设，逐渐融入社区生活，使城市社区的生人社会逐渐回归乡村传统的熟人社会。

2）下沉广场改造与社区大学建设

海虹社区下沉广场位于沧林东路西南侧，正对海虹社区居委会，背靠绿苑小区，通过地下人行道与隔路的天虹商场相连，是社区主要的公共活动场所。下沉广场的规划设计成为社区居民共同关心的议题。海虹社区依托广场的规划设计，汇聚民智民力，以自下而上、多方协商的方式推进广场空间的改造。

下沉广场作为社区重要的公共空间，却由于缺少遮荫与休憩的公共空间，为居民聚集活动带来诸多的不便。且以木材为主要材质的广场地板与台阶高低不平，存在安全隐患。基于此，在区政府、街道的支持下，社区两委邀请中山大学与台湾大学的规划师组成团队，与社区居民一起完成下沉广场的规划设计工作，以建设符合居民需求与期望的宜人空间。

在实地调研过程中，规划师发现下沉广场周边有诸多闲置的门面房，其中一间门面因摆放乒乓球案台而备受居民青睐。受此启发，规划师建议下沉广场的规划不应局限于单纯的广场空间，而应当将闲置门面也纳入其中，结合广场在社区中的核心位置，开办社区大学。在与政府与居民代表讨论后，决定作下沉广场空间改造的同时结合社区大学的建设，对整个区域进行规划。

在社区两委组织召开的讨论会议中，规划师与社区居民通过访谈等方式了解居民的诉求，听取居民的意见与建议。与此同时，规划师积极扮演引导者、协调者的角色，并充分发挥桥梁作用，促发居民相互之间及与政府间的交流与沟通，促成各方围绕下沉广场的改造达成以下共识：

（1）在硬件方面，利用空置的店铺空间综合打造社区居民大学。

（2）在人员组成方面，建立起完善的师资体系。包括专业教师和社区义工教师。整合、建立海沧街道的达人、能人资源库。课程梳理并提出计划吸引后续进驻的社会组织。

（3）在课程设置方面，通过公益类（如义工组织等）、社会机构办公类（如社会组织等）、带有一定营利性质类（如社工组织等）、纯商业类（如商业店铺等）、兴趣类（如老人的书画艺术兴趣班、小孩的四点钟学校等）的社会组织、社区活动及商家入驻，增强吸引力。

在共识的促动下，社区两委、规划师与居民决定从社区大学的建设入手，活化下沉广场闲置空间。2014年3月，海虹社区下沉式广场通过市场化运作与公益性服务相互结合的方式，成立社区大学，面向社区居民提供有偿、低偿、无偿共三类服务，开展绘画、养生、舞蹈等课程，在保障社区大学维持运营的资金来源之余，完善社区服务，丰富居民生活。社区居民在社区大学的各项课程与活动中，实现了相互间更广泛的交流与沟通。社区大学成为促发更广泛范围内居民融合的良好平台（图6-29）。

社区大学的建设赋予下沉广场闲置空间丰富的功能，也为其带来大量的人气，居民户外活动的需求强烈，下沉广场室外广场空间的改造被提上议程。社区两委与规划师决定，在下沉广场的建设与群众关注的基础上，充分发挥社区大学建设吸引来的不同类型社会组织的作用，与社会组织与居民代表通过参与式规划的方法，进行下沉广场的规划设计。规划师团队推动下的参与式规划活动主要包含居民培训及规划参与两个部分。

图 6-29　社区居民在海虹社区大学内学习自己感兴趣的课程,并在课下互动中相互认识

3) 居民培训

为规划参与活动进行有效铺垫,并进一步向居民传递共同参与社区建设与发展的理念,规划师团队结合实践经验,分别介绍了台南机场国民党军闲置宿舍参与式设计再利用工作坊及中和四号公园的参与式规划的案例。案例介绍使社区居民对参与式规划的过程有了详细了解,激发了群众的参与热情(图 6-30)。

图 6-30　下沉广场工作坊,规划师向居民讲述台湾社区营造案例

4) 参与式规划

在培训会后,规划师将参与培训会的居民与管理人员随机分成 A、B、C 三组进行分组讨论,进行参与式规划设计活动。为营造轻松的氛围,规划师采取游戏的方式开展讨论会。

规划师让各组组员先进行自我介绍,以此拉近彼此间的距离,而后根据各个参与者对广场的优点与缺点的看法,将居民意见归纳总结,分别写在不同颜色的便利贴上。接着请居民将意见记录下来并按照重要性与迫切性进行排序。在此基础上,规划师根据问题的先后顺序,引导居民依次提出关于解决方案的想法,社区两委、规划师与居民共同根据可实施性与建设费用等内容,对方案进行评估,规划师提出进一步的参考意见。在意见汇总的基础上,小组组员共同选出大部分居民最满意的方案,并在图纸上表达出来。

在分组讨论结束之后,各组选派代表上台讲述方案。规划师将方案汇总,并初步提出具体可行的方案,同时在现状模型上将初步方案进行建模,以此方便居民基于更直观的感受进行讨论（图 6-31）。

图 6-31　下沉广场工作坊，规划师团队与村民进行问题与方案的讨论

次日上午，团队组织召开居民初步方案评议会，规划师在会议之初，讲解广场改造初步方案。为使居民更好地了解方案的细节，规划师以通俗易懂的语言，详细讲述如何通过楼梯改动、木质地板拆除、电梯恢复、建造儿童滑梯、增加休憩空间、增加喷泉设计等建设方案，进行下沉广场的改造，以解决居民提出的问题，满足居民的基本需求（图 6-32）。

图 6-32　下沉广场工作坊，改造初步方案的评议

方案汇报结束后，规划师请居民结合方案讲解得到的信息，在广场设计模型上，将最喜欢的部分插上牙签进行投票，并在纸条上写上初步方案中存在的问题。在会议过程中，居民在对初步方案表示认可的基础上，也提出诸多修改及议案与建议，规划师团队对其进行总结，作为方案修改的重要参考（图 6-33）。

利用绘图与制作模型等手法进行规划设计，让居民对规划成果有更直观的了解，便于居民与规划师交流意见与想法，提高居民参与规划的可行性，让居民感受到规划并非只有规划师才可以完成，自己也可以参与到规划过程中，以此改变自己的生活环境。即便利的参与方式，在激发群众参与、促成参与意识等方面有着重要意义。更重要的是，在此过程中，居民的才智与潜力被挖掘与发挥，其在获得参与的诸多乐趣之余，也实现了自我的提升与发展。

184

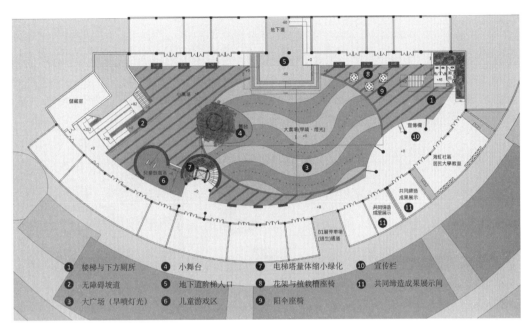

① 楼梯与下方厕所	④ 小舞台	⑦ 电梯塔量体缩小绿化	⑩ 宣传栏
② 无障碍坡道	⑤ 地下道阶梯入口	⑧ 花架+植栽槽座椅	⑪ 共同缔造成果展示间
③ 大广场（旱喷灯光）	⑥ 儿童游戏区	⑨ 阳伞座椅	

图 6-33 下沉广场工作坊确定的规划方案——地下层配置图

下沉广场的参与式规划过程，包括初期的居民培训、分组讨论与展示、初步方案评议会等活动，以丰富多彩的活动，进一步促发居民深入参与社区建设的行为，进一步培养社区参与意识，推动社区融合。其已不单是一场空间改造的活动，更是一场社会发展的活动。

在此过程中，政府、规划师、组织与居民以共同参与具体空间改造的方案设计为依托，形成深厚的凝聚力，迸发多样的创造力，实现规划方案与居民需求的直接对应，为其建设结果能充分发挥服务居民的作用奠定基础。而方案实施后，冷清的广场将变为热闹、有人情味的公共空间，这个富有活力的场所将促发社区居民更广泛的交流与沟通，并且因承载居民共同参与、共同建设、共同享有的回忆，而成为社区认同感与归属感的空间载体，为良好的社会关系网络建设和社区的长远发展提供保障。

海虹社区作为典型的城市社区，从居民改造意愿最强烈的公共空间入手，以公共活动与空间动员居民参与，到社区组织活动场所的建设与居民自发的空间改造，再到社区大学空间的参与式设计，实质上是在不断推动社会与空间的互动，即通过空间改造从过程到成果上促发社会交流，通过社会交流促进空间的进一步建设。在社会空间互动下的微空间改造中，社区内不同群体得以融合，社会关系网络得以建立，邻里和谐氛围得以形成，美好人居环境得以建设。

6.2.2 兴旺社区

新阳街道兴旺社区成立于 2007 年 1 月，是海沧区辖内"年轻"的城市社区。新阳工业园区位于社区辖内，其 1400 余家企业所创造的就业机会，为社区吸引了来自五湖四海的居民，并以年轻人为主体（图6-34）。辖内长庚医院的建设，则为社区注入来自台湾的血液。社区常住人口1684人，流动人口1604人。

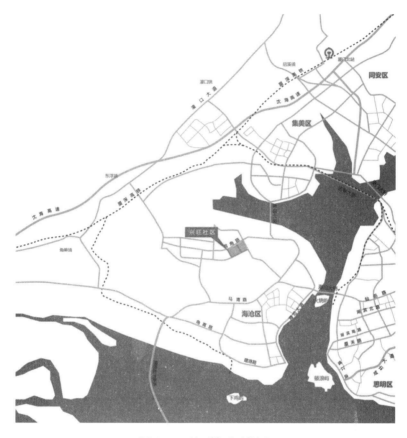

图 6-34　兴旺社区区位图

　　来自不同地区的人们集中居住在社区的5个小区内，却因相互陌生而鲜少交流，成为"疏远"的"近邻"。加之房地产商在小区建设之初，更多地从景观角度出发建设小区公共空间，一定程度上忽略了居民生活的真实需求，导致部分公共空间不仅未能切实发挥功能效用，还为小区管理与居民生活带来诸多不便。居民将公共空间视为与自己的生活无关，甚至会影响自己生活品质的空间。久而久之，在小区社会基础薄弱、邻里关系淡漠的同时，环境随公共空间的衰败而逐渐恶化，美好环境也随之消失。

　　"美丽厦门共同缔造"过程中，兴旺社区两委牵头改造小区内的"问题"空间，促发居民对公共空间的"再认识"，在共同参与的过程中培养居民的主人翁意识，形成来自居民的推动社区美好人居环境建设的不竭动力。

1. 公共空间改造培育参与意识

　　兴旺广场中心公园水池建设的最初用意，是与小区公共绿地组合形成良好的景观。但由于日常维护成本高，水池因疏于管理而浑浊脏臭，久而久之变为无人过问的死角，成为周边流浪猫的"天堂"。在水池建设之初，该片区是小区幼童在家长陪同下玩耍的地方，如今却无人问津。居民多次向社区两委投诉物业公司收取管理费用却不尽责，希望社区出面改造景观水池的期望，但由于各自意见不一而迟迟未能成行。

美好环境共同缔造过程中，社区两委认识到，这一问题解决的关键在于居民共识的达成，因而在小区内发动与组织居民召开讨论会，确定水池改造方向。水池要改造为什么功能？是继续作为水池，还是小花园，亦或是休闲广场？居民代表畅所欲言。有居民提议将其填平，与其周边绿化地一样种上花草。而社区林女士却指出："我有时会和小区的住户聊聊天，家里有孩子的住户常常和我抱怨说，小区太小了，没有合适的地方让孩子玩耍。水池本来就是小孩子喜欢去的地方，只是后来环境变差和不安全才渐渐没了人气。我们可以把它利用起来，做成小孩子玩耍的场地。"这一提议得到大家的认可与支持。在初步确定将水池改造成儿童乐园后，社区两委委托规划设计单位，拟定了两套水池改造的方案。社区与海投物业公司合作，就具体方案入户问询，并在水池边摆设方案展板，广泛征集居民意见。有居民提出，将水池改造为下沉式的儿童乐园的想法很好，但可以进一步在广场内增设木台阶，这样不仅更能保证安全与便利，也可以作为休息的椅凳。规划师依据实际情况确定可行性后，采纳了居民意见，对方案进行修改。经过几番修改，方案得到大多数居民的认可而最终敲定。

2013 年 10 月 1 日，水池改造项目正式施工。居民在看见自己参与谋划与设计的成果就要实现后，纷纷踊跃参与到施工过程中。有的居民在茶余饭后到工地帮忙，或是抬木头，或是清理建筑垃圾，或是为工人送茶送水。20 多名居民主动找到社区，为项目建设捐献近万元资金。水池位于小区中心，项目施工难免会产生大量噪声，但整个施工过程中，社区未收到任何居民投诉。在大家的共同参与及支持下，在短短一个月时间内，水池改造项目进入收尾阶段。居民们表示，整个水池改造是居民参与讨论、参与修改、参与决策后确定下来的项目，就像自己一手培养的孩子，每个人都想为它的"成长"出点力（图 6-35）。

图 6-35　景观水池改造方案公示后，在居民积极参与下，原本安全隐患诸多的空间变为儿童乐园

如今，水池改造而成的儿童游乐园成为小区孩子们玩耍的好去处，这块位于小区中心的"问题"空间在居民共谋共建下，成为小区人气最旺的地方，为小区增添了更为浓厚的生活气息。小区居民在乐园内举办居民秀场活动，以此为舞台展示各自的才艺（图6-36）。更为重要的是，居民在参与过程中逐渐意识到，公共空间也是与自己的生活密切相关的场所，居民作为小区的主人翁，可以依托自己的力量改变自己的生活环境。这种主人翁意识，成为推动兴旺广场小区美好环境建设的精神动力。

图6-36 在儿童乐园内举办的居民秀场活动，吸引了诸多居民的观看与参与

2. 自发认养认管推进空间改造

"问题"空间的改造让居民对美好环境的建设从室内走向室外，一株鸡蛋花的故事，成为兴旺广场小区一系列居民自发推动的微空间建设的源头。

1）居民自发推动的绿地认养活动

小区由物业公司提供绿化养护的服务，但很多花草树木长势却不太好。一个偶然的机会，社区居委会工作人员发现广场有一株鸡蛋花与众不同，长势喜人。工作人员四下打听后了解到，这株鸡蛋花因为得到小区居民黄先生的细心照料，才长得如此繁盛。黄先生向工作人员解释道："我很喜欢这棵鸡蛋花树，虽然不是自家的，但是每次散步，我都会来看看它的长势。刚开始的时候它已经干枯了，我就常来给它浇水、除草，偶尔再施点肥料。看着它一天天长高长壮，我很开心，很有成就感。"

社区两委将黄先生的义举在小区内进行宣传，居民在赞赏黄先生所为之余，自己也跃跃欲试，小区内悄然发起了一场绿地认养的活动。小区居民相互商议，各自选择小区内自己喜欢的植株与绿地进行日常照料。社区两委了解后，积极支持居民的认养行为，将小区内能让居民认养的绿地花草树木划分出来，并在每块绿地前面树立一个印有植物名字的认养牌子，由居民自愿报名认养，在认养牌子上面签上姓名，签订认养协议，负责对认养区域的绿化管理、卫生督导和文明督导。与此同时，社区两委工作人员通过网上查找资料、请教物业绿地养护人员，对社区内的花草品种进行确认，在每个认养牌上加印花草的名字和相关知识，在社区居民中掀起了一股学习植物科普知识的热潮。在相互影响下，越来越多的居民主动参与到小区绿地养护中。认养绿地的居民会细心为植株松土、施肥等，没有参与认养的居民，也自觉约束自己的行为，不再攀折树木、踩踏草地（图6-37）。

图 6-37 兴旺广场小区居民认养小区内的公共绿地，为其除草、翻土等，进行良好的护养

通过居民认养，小区生长萎顿的植物逐渐焕发勃勃生机，且较物业公司的日常管理效果更佳。小区居民邓斌老先生，早年住在农村，一直以来对园艺有浓厚的兴趣。随子女迁居到小区后，老先生种养植株的空间有限，难以大展拳脚。认养活动开展后，老先生积极加入认养团队，在种植与养护之余，还为认养的海棠花修剪造型（图 6-38）。居民看见后，纷纷向其请教经验。绿地认养的微空间建设，在不知不觉中以绿地为载体，建立了居民交流与沟通的渠道。越来越多的居民愿意到小区公共空间内活动，小区融洽的生活氛围渐渐形成。

图 6-38 邓斌老人为小区海棠修剪的新造型

为保障绿地认养活动的长效性与可持续性，社区两委与认养团队成员共同商议，拟定《兴旺社区绿地认养义工队章程》，规范居民认养行为，并且引导认养团队逐渐成长为参与小区事务管理重要的社区组织。

2）居民共同参与的空间认管活动

在绿地认养推进一段时间后，很多居民发现采用这种模式管理小区环境有良好成效，不少篮球爱好者、乒乓球爱好者、店家等热心居民，向社区居委会提议，参照绿地认养做法，对小区的公共活动场所进行认管。经过讨论，社区两委将篮球场、乒乓球场、知心亭、小区道路等公共空间进行边界划分与编号，交由社区居民申请认管。

认管活动开展后，区直管部门、街道、企业、社区居民等主体纷纷参与进来，呈现出"全家上阵"、"一所多管"、"轮值轮管"的热闹场景。新阳街道邀请城市管理、民政等部门和城建集团等企业的领导专家为辖区居民上课，分享小区管理、设施维护、花草养护等知识；明达、安井等企业通过挂牌认管的方式参与场所建设，为亭子捐赠桌椅、为健身场地捐献器材等，并且在节假日组织员工集体开展清扫家园、美化家园的行动。由居民发动的认管活动，却吸引了来自政府与社会越来越多主体的支持与参与，形成政府与社会力量合作与互动的良好基础（图 6-39）。

图 6-39　兴旺广场小区居民积极签订空间认管协议

从绿地认养到空间认管的过程体现了共同参与过程中，小区居民共识的达成：依托自己的力量改变自己的家园。以表彰证书的形式给予认养者鼓励，以认管协议的形式赋予认管者责任，居民的目光从私人空间投向更为广阔的公共空间，成为小区美好环境的"监护人"，更为重要的是，绿地认养与空间认管，促发了居民、政府、企业间更为密切的沟通与联系。

3）同驻共建推动的微空间改造

在认养与认管活动的顺利推进中，社区两委认识到居民自治参与对于美好环境与和谐社会建设的重要意义。在居民参与自治的热情日渐高涨的情况下，兴旺社区两委与认养团队、认管团队、企业与居民代表，特别是居民中少数专业人才共同商议后决定，由参与讨论的主体共同建立"同驻共建理事会"。

兴旺社区同驻共建理事会主要由社区同驻共建理事会、社企同驻共建理事会及少数专业人才组成的工作组"两大一小"共三个组织组成。社区同驻共建理事会成员，由居民推荐代表及社区居委会领导组成的固定理事，以及根据理事会讨论议题，吸取热心报名参会的居民及专业人员组成的流动理事组成，主要负责提升美化社区环境、丰富社区文娱生活等方面的社区治理事务。社企同驻共建理事会成员，则由社区从辖内 1400 多家企业中筛选出的 20 家企业代表构成，主要负责企业员工"衣、食、住、行"、企业发展及社区建设之间的共性问题等。而专业人才工作组成员，则由社区居民及企业员工共同组成，7 个成员所涉及的专业包含法律、财税、环保、安全、质量认证、规划设计、项目投资等，属于社区居民及企业的智囊团，负责依据专业所长，为社区发展出谋划策（图 6-40）。

同驻共建理事会成员商议，决定通过每月至少走访收集意见一次以上，每季度召开一次理事会成员会议，在特殊情况下，可根据工作需要随时召开等方式，就社区建设与发展广泛征求各主体的意见和建议，及时发现社区存在的问题，并通过讨论与协商确定解决方案。

在一次理事会议中，有理事成员提到："在最近的意见征询中，许多居民反映兴旺广场小区青少年缺少体育锻炼的场所。鉴于小区内平整的公共空间较多，我们可以考虑增设适量的体育设施和场地。"这一提议得到成员们的支持与响应，大家围绕在小区何处建设

图 6-40　同驻共建理事会围绕发展的不同议题进行讨论

何种设施与场所展开激烈的讨论。在初步提出几个建设意向后，理事会成员向居民征集意见，最终决定在小区内建设乒乓球与羽毛球场。场地建设完成后，社区居民相约锻炼，并且自发对场地进行轮值与共管。

居民参与自治促发的微空间改造，将空间改造与空间管理的主体相融合，为美好人居环境建设奠定基础，由此过程促发的社会多主体广泛参与，则有效推动了和谐社会的建设，且有助于良好的社区治理体系的构筑。

3. 多方共同参与建设美好环境

在微空间改造的过程中，来自不同地区拥有不同背景的居民渐渐相识相知，成为亲密朋友，外来人口身处异地却感受到在家乡才能感到的熟悉感与温馨感。兴旺广场小区李丽真，本是漳州人，随丈夫工作调动来到海沧，在小区内开了间茶叶店。在积极参与小区各项改造项目的过程中，李丽真因其热情大方的性格，和许多居民结下友谊，社区居民都会到她的店内购买茶叶，生意越来越好，但问题随之而来。李丽真的茶叶店规模较小，没有另请员工，而出售的茶叶需要经过摘枝、分拣、包装等复杂的程序，她一个人渐渐支撑不下去。另请员工，支付工资后店内难有盈余，不请员工，茶叶店也难以经营。在了解到李丽真的苦恼后，小区居民在空闲时间纷纷自发到茶叶店帮忙，帮助其渡过难关。为表感谢并回馈社区，李丽真表示愿意为小区富余劳动力提供工作机会，只要有闲余时间的居民都可以到茶叶店帮忙，并可获得一定的报酬。李丽真的茶叶店也从普通商业门店，变为社区居民互帮互助的场所(图 6-41)。

图 6-41　社区居民在李丽真（右图右一）的茶叶店内挑拣茶叶

兴旺广场小区居民形成的邻里守望、相互关爱的互助精神，其影响力由小区逐渐扩大到社区，越来越多的居民参与到志愿服务中，长庚医院台胞太太团组建的"台胞志工服务队"则为此提供了良好的平台。

1）两岸志愿力量融合下的微空间建设

兴旺社区辖内诸多台企、台商、台胞聚集，长庚医院便为其中之一。长庚医院的台胞太太团在大陆生活的日子里，将台湾志愿者文化带入了兴旺社区。2005年起，便自发组建"台胞志工服务队"，为长庚医院提供导诊等志愿服务。所有志愿服务全凭自愿参与，逐步形成了一套运作机制和组织架构。

在兴旺社区美好环境共同缔造的过程中，社区两委逐渐认识到，这支服务队对于社区邻里互助生活氛围的形成有着重要意义。因而，在社区居民参与意识逐渐深化，需要依托更专业的平台参与更丰富的社区活动时，社区两委与"台胞志工服务队"积极展开合作，于社区内联合成立"兴旺社区义工培训基地"，邀请长庚医院志工代表入驻，共同制订招募计划和培训计划，通过一系列生动的课程培训，帮助有意愿参与社区服务的居民掌握参与社区服务必备的素养。在课程指导与培训之余，兴旺社区义工培训基地会发布关于志愿服务需求等信息，为居民开辟参与志愿服务活动的信息渠道。

在此背景下，兴旺社区逐渐形成"青年汇"和"火凤凰俱乐部"两个具有代表性的义工组织，在社区服务等方面发挥积极作用。2013年10月6日长庚医院举行"永庆杯路跑"活动，需要20名工作人员清晨7:30到位提供站岗、送水等服务，但在国庆节期间医院难以分出这么多人力。"青年汇"和"火凤凰俱乐部"得知此事后，分头发布信息，很快召集齐20名社区义工。是日，这些来自社区各处的居民或是搭公交、或是开车，不到7:00已全员到达服务场地，路跑活动在社区义工的支持下顺利完成。路跑活动后，医院还举办了"亲子互动活动"，这本不在志愿服务的计划内，但20名志愿者无一人回家休息，全部留下协助主办方完成相关工作。志愿者刘女士说道："参与志愿活动，为社会做一些力所能及的事情，本来就是我的心愿，之前苦于没有规范的平台，常常不能及时获得志愿活动的信息，现在这个问题解决了，我自当全力以赴。"（图6-42）

图6-42　兴旺社区义工积极参与长庚医院"永庆杯路跑"活动，为活动顺利举行提供保障

台胞志工与社区义工共同参与的志愿活动，如火如荼地开展。通过这些活动，台胞志工"赠人玫瑰，手有余香"的志愿精神逐渐影响到社区义工，社区义工也为志工服务提供

诸多支持，社区志愿力量间形成良好的互动与协作。同时，台胞与大陆民众在此过程中实现充分交流，台胞更好地融入了社区生活中。

在台胞志工与社区义工合作的基础上，兴旺社区向"希望社工"公司购买服务，构建"台胞志工＋社工＋义工"的志愿服务架构，并通过腾挪与改造社区办公场所，建设兴旺社区社工服务中心，为社区"台胞义工志愿行"活动提供场地。在这个服务中心中，三类志愿力量互补协作，举办了丰富多彩的社区活动。如通过编排与出演小袋鼠系列的表演剧，向社区居民，特别是小孩子们传递保护环境卫生、进行垃圾分类等信息，使社区活动富有教育意涵。

2）政府、居民、规划师三方参与下的微空间改造

兴旺社区新江小学南侧下穿翁角路地下通道，是包括学生、住户、通勤的企业工人等在内的社区多个群体日常通勤的主要通道，是社区内人流往来密集的空间。正因如此，地下通道也成为了摊贩摆摊经营的"天堂"，导致通道内人车混杂，对社区居民，特别是小学生与老人等特殊群体的出行带来不便与隐患。为解决这一困扰居民良久的问题，新阳街道与兴旺社区牵头，联合中山大学与台湾大学师生组成的规划师团队，基于改善人车混行现状、进行摊贩管理等目的，共同开展为期四天的参与规划工作坊活动。

规划工作坊开展的第一天，规划师在新阳街道缔造办的协助下，与新江小学校长进行洽谈，邀请小学生参与规划工作坊活动。在得到校长及老师的支持后，三年级到六年级美术班的同学成为此次工作坊活动的重要参与者。为使学生了解规划的前因后果，规划师通过故事的形式，向小学生讲述地下通道人车混杂的现象，并引导学生们分别讲述他们所了解的地下通道及周边空间环境存在的问题。规划师在对这些反馈信息进行整理的基础上，请学生们以图画的形式描绘他们心中所期望的地下通道的样子，以作为地下通道改造方案的灵感来源。

通过实地调研和居民反馈，规划师对地下通道的现状情况有了充分了解。在此基础上，新阳街道、兴旺社区两委与规划师牵头，组织社区居民围绕地下通道发展问题产生的原因展开讨论。各主体从不同角度阐述自己的观点，在社区居民反馈，社区工作者补充说明的基础上，规划师对讨论结果作出总结，得出地下通道秩序混乱、出行不畅的原因主要在于：①新江小学的学生放学时间与家长接送的时间不吻合，有三个空档时期，由于学校在非上课时间会清场，所以学生们只能在学校周边的街道玩耍，造成地下通道内常有学生逗留。②地下通道内的经营商贩，部分摊商在缴纳管理费后进入"小木屋"经营，但其他摊商只能在路边占道经营。占道经营的行为使得地下通道的空间缩减，为居民出行带来诸多不便。加之人车混行，给地下通道内的摊贩、学生及日常出行的居民带来安全隐患。

在了解与把握问题产生的根源的基础上，规划师积极探索解决问题的方法，鉴于社区工作人员更为熟悉社区工作流程以及管理涉及的责任方，双方共同讨论商议，梳理出改造可能涉及的相关部门的职责分配，以及推进地下通道改造的路径（图 6-43）。

初步得出解决方案后，在规划师的主持下，社区两委、规划师与居民代表对此进行讨论，并提出自己的修改意见与想法。综合多方建议，规划师得出修改方案，即不再允许在地下通道内摆摊；不再允许机动车驶入地下通道；通道初步以人行为优先，之后进一步考虑建设地下美术馆、地下通道艺廊或休憩空间；同时，考虑将通道外侧的空地停车场，改造成为摊贩集中经营的场所。

图 6-43　地下通道改造工作坊，规划师与社区居民、社区工作人员讨论初步方案

　　在得到凝聚多方共识的解决方案后，基于地下通道作为小学生课余活动空间的特质，为进一步美化地下通道的空间环境，规划师提议邀请将新江小学学生描绘的地下通道构想图绘制在通道内壁，增加地下通道的景观趣味性。这一提议得到社区两委、学校及学生家长的支持。为保证活动的顺利推进，社区工作人员与规划师共同合作，借来"雪糕筒"和警戒线，提前对场地进行围蔽保护。为借此机会进一步向社区居民征求地下通道的改造意见，社区两委与规划师还准备了一定数量的桌椅，用以开展现场的问卷调查。

　　完成各项后勤保障工作后，在活动开展的当天，集美大学的学生将小学生的画作现场临摹在通道内壁上，吸引大量社区居民驻足观看与亲身参与。大家或是帮忙递工具与颜料，或是在画者的指导下为图画上色，共同完成通道内景的改造。规划师与社区工作者也借此机会，向特意前来参与或是恰好经过的社区居民，就社区未来建设的意见与看法进行问卷调查与访谈，为社区未来发展收集群众意见（图 6-44）。

图 6-44　社区居民在工作坊活动现场填写问卷，接受访谈，共同绘制通道内壁绘图

　　兴旺社区地下通道改造工作坊活动的开展，融合社区多方力量，依托各主体间的相互协作，将原本杂乱无序、隐患重重的地下通道变为安全畅通的社区公共空间。地下通道改造作为政府、规划师与居民共同努力的成果，成为承载社区居民共建美好家园记忆的空间符号，让居民体会到自己不仅是社区的一分子，还是改变社区、参与社区发展出谋划策的

一分子,无形中增强了本地居民及外来务工人员对地方的认同感和归属感。更为重要的是,此次规划工作坊活动,将社区小学生也纳入参与主体中,使得参与活动具有了教育意涵,将参与意识的种子埋在了孩子们心中。

兴旺社区从"问题"空间的改造入手,发动与组织居民参与社区建设,并对其参与社区空间管理等行为予以引导和支持,搭建规范化、长效化的公共议事与公共参与平台,通过微空间改造与自治参与的社会空间互动,改善社区环境,促发居民融合,推动美好环境与和谐社会的发展。

6.3 乡村社区

农业文明时期,受生产力水平影响,人们必须依靠相互协作、共耕农事完成农业生产,并以此应对自然灾害的影响,农地成为人与人联系的重要纽带。因而,传统乡土社会强调协作共赢,在传统乡土社会中,人与人之间的社会关系网络稳定而密切。这种相互协作通常发生在同姓家族与邻近聚居的村落之中,促发象征集体的宗族文化与乡村文化的形成,即受血缘、地缘的影响,乡村社会实质是熟人社会。特定社会塑造特定空间,在集体性的社会结构影响下,传统乡村空间具有集体性。以公共空间为代表的村落空间,具有强烈的集体性代表意涵。如我国乡村常见的祠堂建筑与风水塘,既是宗族血亲的象征,同时也是宗族议事、惩戒、嫁娶、丧葬、教育等公共活动开展的场所;农业生产重要的灌溉水渠,其本身即由村民或村落间相互协商、共同建筑的集体性活动建成,其服务对象也是乡村集体。乡村公共空间的建设与维护行为需要集体行动同时需要共识支撑,因而更像是一种空间符号,成为乡村社会共识的代表。公共空间,特别是传统公共空间,是村民认同感与归属感产生与延续的重要载体。

在现代社会发展的过程中,伴随着生产类型转变与人口外迁流动,乡村本质的熟人社会解体,乡村空间不再是传统交往性的空间,人与人依靠空间互动而拥有的"黏性"逐渐消失,生产力水平提升等因素也导致相互协作逐渐淡化。乡村传统社会结构的破碎化,引至集体空间的破碎化。在传统社会结构逐渐解体、新社会结构尚未建立的分岔口,乡村发展陷入迷途。

然而,长期以来熟人社会的积淀纵是屡受冲击,但仍为乡村发展留下了宝贵的社会财富。乡村"尊老重贤"的传统得到保留,村内具有威望的长者与传统组织仍具有较强的号召力与动员力。传统社会关系网络破碎但尚未完全断裂,相较于城市社区,乡村社区在社会联系方面有着良好的基础,更易实现共谋、共建、共管、共评与共享。

故而,乡村发展的核心在于重构社会关系,重塑社会结构。在充分发挥乡村传统组织凝聚民心民力的基础上,结合乡村社会经济发展实情建设新型乡村组织。以乡村公共空间为载体,依托组织发动的集体性活动,促发村民更深入的交流与沟通,重新联结破碎化的社会关系,找寻回归与创新的平衡点,建立符合乡村当前与未来发展的社会结构。

海沧区西山社、院前村以及思明区的曾厝垵社的实践证明,以社区为城乡基本单元的美好环境共同缔造是促进乡村地区发展行之有效的方式,并较之村庄规划能更好地发动村民参与实施:从"蓝图导向出发"转向"问题导向出发",没有宏伟蓝图、规范式成果与图集,而是从问题出发，因地制宜，保留特色，通过规划解决社会问题。从"注重空间结构"转向"注重社会关系"，通过空间改善带动村民参与，重构乡村社区社会关系。从"编制物质规划"转向"商定行动计划"，不是外来的、千篇一律的、线性的规划，而是以村民为主体的、从身边小事做起的、富有弹性的行动规划。

6.3.1 西山社区

海沧区东孚镇西山社位于城乡结合部地区，紧邻天竺山森林公园西大门，自然景观优美。2013年户籍人口370人，流动人口60多人(图6-45)。村社以种植农作物为主，集体经济薄弱。青壮年劳动力大多外出务工，留守人口以儿童、妇女及老人为主。城市化与市场经济发展的渗透，影响到传统乡村社会的伦理规范与价值准则。乡村认同趋于消解，维系传统社会关系的公共空间不断被侵占，西山社面临着空间环境与社会关系破碎化的双重挑战。

传统乡村社会关系网络的维系，很大程度上依赖于乡贤长者的管理以及传统公共空间的建设。"美丽厦门共同缔造"中，西山社以重建由乡贤长者组成的传统乡村自治组织为着力点，以其推动下的村民共同参与传统公共空间改造入手，逐渐回归乡村社会与空间的集体性特质，重新联结村社断裂的社会关系网络，建立共同建设美好家园的共识。

图6-45　西山社区位图

1. 传统公共空间的改造

位于西山社村社中央的池塘，本为村内的风水塘，是代表传统乡村集体性的公共空间。但随着传统乡村社会关系的逐渐瓦解，风水塘缺乏管理，成为居住在周边的村民排放养殖污水之处。村民陈益兴家的猪圈紧邻池塘搭建，养猪的粪便与污水都直接排入面积本不大的池塘中，池塘底部淤泥沉积，气味难闻，村民叫苦不迭。村两委多次与陈益兴交涉，却常常被其以养猪是家庭收入的一部分为由拒绝，无果而终。村两委逐渐意识到，要想解决这个村民长期以来头疼的难题，单纯依靠村两委的力量难以实现。传统公共空间作为集体性空间，其改造更易凝聚村民力量，在村民共同参与下更易推动，特别是依托自古以来在乡村事务管理方面有较强影响力与领导力的乡贤长者。在此背景下，村两委根据工作经验，发动与组织村内德高望重的乡贤长者，组建由蒋水旺、吴水全、谢永良、李全成和蒋火奔五位老人组成的"乡贤理事会"，以乡村社会原生的自治力量，推动风水塘的改造。

在与村两委进行讨论后，乡贤理事会成员到陈益兴家中，向其表达搭建猪圈对村民生活的严重影响，劝导他出于对全村利益的考虑能够改造猪圈。在乡贤的牵头作用下，其他村民亦纷纷向陈益兴表达对改造猪圈的期望。陈益兴在大家的动员下渐渐意识到，因一家之利破坏属于村集体的公共空间环境于理不合，最终决定拆除猪圈，将猪圈空间让出，用于村内公共场所的建设。在陈益兴带着工人拆除猪圈的当天，许多村民来此帮忙，纷纷称赞陈益兴所为（图 6-46）。

图 6-46　村民一起动手，拆除陈益兴家于风水池边的猪圈

猪圈拆除后，如何利用好这块位于村中央的宝地，成为村民关注的问题。对此，村两委与乡贤理事会组织村民代表召开讨论会，针对这块空地功能与建设形式进行商议。有的村民提出，可以和周边一样，在空地上种上植被。但有的村民却认为这样没有太大意义，提出风水塘周边以前本为村民聚集活动的地方，现在也应当延续这一功能，且空地位于村子中央，代表着全村的形象，因而建议在猪圈原址上修建纳凉亭，与风水塘相得益彰。这个提议一经采纳与公示，便得到村民极大的认可与支持。大家动手清除风水塘底的臭泥，重新汇入清水，种荷养鱼，平整空地，为纳凉亭的建设做好前期准备。

在邀请规划设计团队依据村民建议制作并修改纳凉亭方案后，为保障纳凉亭顺利建成，乡贤理事会代表在村内发起捐资号召，当地企业与村民积极响应，共筹集资金 16 万元。在大家出谋出力出资的支持下，风水塘侧纳凉亭顺利建成。为表彰这些树立榜样的热心企业与个人，村两委与乡贤理事会及村民代表商议决定，在纳凉亭旁竖起石碑，将捐款额在2000 元以上的企业及捐款额在 200 元以上的村民的名字刻在石碑上，以作留念。

纳凉亭建设好后，村民有感于大家齐心协力实现"猪圈变凉亭"的过程，想以此来为凉亭取名纪念。村两委向乡贤理事会成员吴水全建议，邀请文人来拟名，但被吴老婉拒。吴老说道，不用邀请文人，自己与村民们已经为纳凉亭想好了名字，就取名为"和谐亭"，一来展现西山社村民风雨同舟、和谐美满的生活氛围，另一方面当有村民生活不顺心、生意不如意时，大家可以邀他们到亭内坐坐，一起话仙，以"和谐"之气疏解村民的烦闷（图6-47）。

图6-47　在猪圈旧址上建设完成的和谐亭成为村民活动的良好场所

西山社在引导传统乡村组织——乡贤理事会重建的基础上，从村内最具传统社会集体性意涵的公共空间改造入手，依托乡贤理事会及其带动的共同参与力量，使风水塘恢复往日澄澈，脏乱的猪圈变为人人喜爱的凉亭。更重要的是，在为村民创造承载互帮互助情感的场所之余，逐渐唤起村民心底传统的集体意识。

2. 私人微空间的改造

在"猪圈变凉亭"得以成功实施，并收获到意想不到的成效后，村民逐渐感受到共同参与空间改造为生活环境带来的变化，也意识到作为村社一员应为村社建设贡献力量。以村两委干部与乡贤理事会成员为代表的部分西山社村民，率先投入到房前屋后与公共微空间的改造活动中。

1）乡贤理事会成员牵头推进的房前屋后改造

村两委受云浮村落自治改造经验的启发，鼓励村民从房前屋后的微空间改造做起，共同改变村庄风貌。但由于缺乏具体方法指引，且无人牵头，村民大多持观望态度，迟迟未有行动。

在此情况下，乡贤理事会成员吴水全老人主动提出从自己家做起，进行房前屋后改造。老人将房屋围墙外围的沿街泥地用砖石围砌，将自家种养的盆栽从盆中移种，夹杂种植果蔬，使得原本光秃秃的土地变成了别具农家风情的绿化外墙。村民发现房前屋后改造无须耗费过多的人力、物力与财力，既可以美化自家环境，也可以改善村庄风貌。在吴老的带动下，村民纷纷加入到房前屋后改造中，或是拆除自家门前的旧猪舍，种植各种各样的花卉植物；或是清理门前堆积的杂物，开垦闲置空地，种上各色瓜果蔬菜。在村两委与乡贤理事会的建议与指导下，相关建设与改造活动顺利推进，家家户户房前屋后空间在整洁之余，更具生机（图6-48）。

房前屋后的改造实质上促发了村民在力所能及的范围内，从与自家利益相关的公共空间做起，逐渐参与到村社公共空间的建设中，在潜移默化之中调动村民参与村社建设的积极性，为更广泛的共同参与奠定基础。

图 6-48　房前屋后微空间改造美化村庄风貌

2）政府部门支持下的雨污分流设施建设

在房前屋后改造的过程中，村民向乡贤理事会与村两委反映，由于村社道路两旁是雨污混流的水沟，平日生活污水穿流过村子，总会留下水迹，散发异味，到夏天更容易滋生蚊蝇，影响生产生活。经过共同商议，村两委向镇政府与区政府反映了相关情况，希望能够在村内建设雨污分流设施。政府部门很快作出批复，相关职能部门在进村完成基本调研，拟定建设方案后，于村内统一建设用以排放污水的地下水沟，解决雨污分流的难题（图 6-49）。

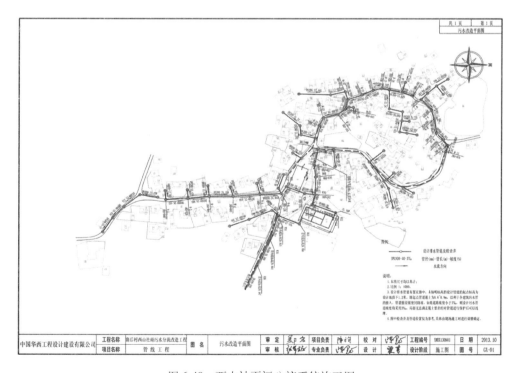

图 6-49　西山社雨污分流系统施工图

雨污分流设施建设完成后，村民想在房前屋后改造的基础上进一步美化村庄环境。在与村两委及乡贤理事会商议后，村民决定在自家门前用鹅卵石与砂浆将村道砌出路沿，统一在路沿与住房建筑的空隙间种上绿色植物。在改造推进中，村民或是筛砂，或是混浆，或是砌台，通过相互协作快速完成改造。

雨污分流设施的建设，让村民更为真切地感受到政府对村社建设的支持。微空间改造成为拉近政府与村民距离，实现良好互动的重要平台。

3）乡村企业者自发改造下的公共停车场建设

在乡贤理事会与政府部门积极牵头推进村社微空间改造的同时，村内部分企业家秉持惠及村民，为村社建设贡献力量的想法，也自发参与到村社空间改造中。

西山社村口 1000 余 m² 的停车场，本为村民董振江向村里租借供给自办企业使用的停车空间。有感于村民在美好环境共同缔造过程中，齐心协力建设家园的种种行动，董振江认为作为西山社的一员，自己也应当参与其中。因此，董振江主动提出将自家位于村口的停车场免费向全村开放使用，解决村内接送校车的停放问题。为向村民提供更好的停车场所，董振江更是自掏腰包，请人清理停车场内的杂草与碎石，重新平整停车场用地。

私人停车场变为公共停车场，体现了村民逐渐由个体回归集体，重归传统乡村社会的过程。也由此表明在空间改造的过程中，村民共识渐渐形成：美好家园的建设有赖于村民广泛的参与。政府与乡贤牵头推进的公共空间改造在凝聚民心民力，促发村民共同参与家园建设方面产生了明显的带动作用。在共识与榜样的触动下，西山社村民为促进村社建设展开了更为广泛的空间改造活动。

3. 共识下的广泛参与行动

村民间共识的建立，激发与鼓励着村民自发参与到村社的建设过程中，促发村民的改造活动从公共空间、房前屋后逐渐延伸到更广泛的私人空间。村民不再计较个人得失，为营造更为美好的人居环境，自发腾挪与改造私人空间。

1）拆除养舍"三部曲"

在拆除猪圈，支持村内风水塘改造与和谐亭建设后，陈益兴对参与村社建设的态度由最初抵触，继而参与，逐渐演变为主动发起，自力营造。陈益兴家门前原本搭建的鸡舍，不仅影响沿街美观，更是占据了村内道路岔路口的空间，不利于村民出行。意识到这一问题后，他自发拆除鸡舍，将地块用水泥砌平以拓宽村道，并在道路边沿摆上几盆妍丽的花卉，在提升家宅环境的同时，也提升了整条村道的景观风貌（图6-50）。

图 6-50 陈益兴拆除鸡圈（左），重新修整家宅空间（右）

在拆除猪圈与鸡舍之后，陈益兴发现自家围墙年久失修，墙体破旧斑驳，由于紧邻和谐亭，与周边环境显得格格不入，进而萌生重建围墙的想法。从拆除到重建围墙的过程中，周边的村民都自发前来帮忙。新的围墙建成了，村民向乡贤理事会和村两委提议，在新围墙上描绘陈益兴拆除养舍"三部曲"的过程，表达村民对其义举的感谢与赞许。村两委积极响应村民的提议，邀请专门的绘画工作者将陈益兴的参与点滴记录下来。如今，新的围墙与和谐亭交相辉映，成为西山社一道靓丽的风景线。

2）拆除围墙塑新颜

西山社村民谢永良因女儿治病需要以鳖为药引，20多年前承包村内土地自己养鳖，为防止鳖跑掉，他在鳖池四周砌起围墙。历经20年风吹雨打，鳖池围墙早已老旧，围墙下成为垃圾池，有碍观瞻。而在鳖池旁的百年榕树下，有一座古庙，庙前戏台是村民每逢佳节聚集聊天的场所。充满活力的公共空间与破旧的围墙形成鲜明的对比，透露着不和谐的气氛。

在共同参与重塑村社新颜的过程中，谢永良看到许多村民都积极参与其中，或是捐款捐物，或是进行房前屋后改造，认为自己作为西山社的一员也应出一份力。谢永良邀请村民一起拆除鳖池围墙，清理墙下垃圾，为庙前广场提供更大的活动空间。

西山社以代表乡村传统治理力量的乡贤理事会为村社治理的主力，从传统公共空间改造入手，有效调动与促发村民对村社建设的广泛参与。在政府与乡贤牵头推进村社空间建设的过程中，村民共建美好家园的共识逐渐形成，促发了更为广泛地自下而上推进的美好环境建设活动。在此过程中，传统乡村社会集体活动再度出现，在集体活动推动下的空间改造活动，促发村社空间由破碎化逐渐集体化。而由此达成的共识，则重新密切了村民间的相互关系，促发了西山社熟人社会中邻里互助、守望共生的社会氛围的再生。

6.3.2　院前社区

院前社为城边村，位于厦门市海沧区，村前为S201省道，北临著名景点慈济宫。目前有227户常住家庭，常住人口约754人（图6-51）。院前社从开台王颜思齐发源以来一直保有"闽台两岸文化窗口"的魅力，并形象地体现在古厝建筑景观、两岸民俗文化、农耕文化、传奇历史故事等的方方面面，拥有古厝、古巷、宗祠、寺庙等具有当地文化和历史意涵的建筑景观。其中，颜氏宗祠建于宋代末期，目前已有700多年的历史，分别在1916年、1996年、2010年进行了翻修，村内的百家宴在这里举行。此外，另有39座独具岭南特色的"燕尾楼"古厝，其

图 6-51　院前社区位图

中较具特色的有：大夫第、学宅程、中宣第、红砖宅角、新厝角、下底园等，历史悠久且每一座古民居都有自己的故事，或者是古代的大夫府邸，或者是过去村内的私塾，闽南文化底蕴深厚。

谈及院前社新社会组织的生长与乡村复苏，不得不提自清代而得以快速发展和传承的福建合同式宗族。合同式宗族是福建具有地方特色的宗族组织方式，互利互惠的原则和按股份组成的成文制度使得可以打破单一宗族的公共事务办置方式，使得异族人之间形成了互惠合作、相互信任和公平分配的传统。这为福建乡村和宗族的发展壮大提供了重要的文化保障，是福建乡村宗族协作精神的重要来源。再者，清末以来闽南侨乡的发展为乡村公共事务的办置和乡里团结起到重要作用。在厦门青礁慈济宫现存一通立于康熙三十六年（1697 年）的《吧国缘主碑记》，述及清初迁界时"庙成荒墟"，复界后乡人重建庙宇，"赖吧国甲必单郭讳天榜，林讳应章诸君子捐资助之"。在此次建庙过程中，海外华侨作为"援建主"出现，与主持建庙的"首事"——当地院前社的颜氏乡绅——共同筹建。与此同时，同安县文圃山龙池岩也在复界后重建，主持僧人专程前往海外各地，"募诸外国大檀越"（郑振满，1991）。可见海外华侨早已活跃于侨乡和寺庙等多种本地事务，为家乡的兴盛出一份力。

因此，从合同式宗族的传统到海外华侨致力于乡村事务的地方文化，均很大程度上体现了闽南乡村善于团结合作、共谋公事的精神品质，而院前共同缔造的地方实践也通过重构传统乡村组织和成立合作社的方式，很好地体现和传承了这一文化特质。

近年来，以海沧区建设医药博物馆征用院前社部分土地、院前社农地资源减少为开端，院前社村庄建筑衰破与失地农民寻求可持续发展的矛盾日益突出，劳动力大量外流，经济基础薄弱，村庄产业发展不景气是其中最重要的问题。同时，众多历史建筑被荒置甚至损坏，村社悠久的闽台文化历史的保护受到严峻挑战。面对这一系列问题，院前社通过传统组织调动村民积极性，拓宽道路，改善院前社整体环境；新兴的济生缘合作社组织为院前社集体经济发展注入新鲜活力，通过建设城市菜地和发展乡村旅游，起到活化古厝资源、盘活闲置土地、吸引村庄年轻人回流的作用。其中，一班富有活力的年轻人回到了乡村，通过创建济生缘合作社这一新社会组织，切实地改变了院前社逐步衰落的集体经济和村社环境，为社区的发展提供了重要的实践经验。

1. 院前社的理想空间与概念规划

每一个村落都有自己与自然对话的独特方式，与所处自然环境的山水之间的相互关系是一个村落文脉的重要表现，这将持续影响着村落的发展和繁衍生息。院前社也不例外。院前社位于慈济东宫所在地——文圃山前，虽然"院前"一名的由来仍未考证，但院前社与文圃山及其延伸水系之间却存在着紧密的联系。

山、水、村、田、海及其由山至海的延伸线构成了院前社的自然格局和理想空间，是院前人与自然和谐共生的自然基底（图 6-52）。院前社最早的古厝群集中分布于村中心池塘北侧，古厝群规整排列，背靠山体，面向海域，形成由山体经过院前社古厝群、延伸至南方海面的中心轴线。其中，东西两条溪流从文圃山蜿蜒而下，交汇于院前社中心池塘，继而双溪合流出海。院前社便在双溪环抱中依山傍水而居。另外，文圃山与院前社之间的密切关系从慈济东宫坐落文圃山体之上便可知晓一二——院前社先祖将对院前社名臣有救命之恩的保生三大帝从白礁村请来后供奉于文圃山之上，并逢年过节进行虔诚祭祀，以彰其功德。可见文圃山自古以来在院前社先祖心中便具有重要地位。

在充分尊重院前社自然基底和理想空间的基础上，院前社的乡贤与年轻人合力共谋，倡导规划先行（图 6-53）。在政府、专家的支持下，中规院厦门分院等多家规划设计单位通过与村民充分沟通，为院前社制定了院前社概念规划和近期行动计划。规划将院前社在空间上划分为城市菜地亲子园、特色餐饮区、农副产品展销区、文化创意街坊、田园滨水景观区、古厝文化展示区和商业配套区 7 大功能分区，并进行了街巷路网结构的调整，形成 2 街 7 巷 9 点的路网结构，使村社产业的整体空间布局和功能组合趋于合理和协调。规划中突出了水系梳理、庭院美化、建筑修缮、道路提升、市政改善等具体的专项整治计划。此外，还涉及了串联城市菜地、面线馆、大夫第、古厝群、中心水塘和凤梨酥工厂等重要节点的游览观光路线。在此基础上，合作社提出了具体的专项提升计划，包括重新梳理院前水系、美化民居庭院、引导和扶持村民发展古民居游、台湾农业种植有机蔬菜、民宿、特色小吃、农家乐和空间节点改造等多项具体工作。

图 6-52　院前社理想空间

图 6-53　院前社鸟瞰图

2. 传统村社组织的重构与空间整治

年轻人能够积极地参与到村社的发展中来，其中一个很重要的原因是村社基层自治框架的完善给予了年轻一辈更多的话语权和施展才华的空间。所以，在讲经济发展合作社之前，有必要先介绍一下院前社共同缔造中的环境整治，以及传统村社组织的重构。

正如许多传统乡村那样，在市场化潮流的冲击下，具有逾 700 年传统闽南文化的院前社也遇到了许多问题，乡村最为珍贵的公共空间失去了原本的朝气与活力，院前社出现了许多随意摆放废弃石材、木头的空间死角，以及自留地上"搭建"起来的鸡舍猪圈，外推的围墙和杂物使得部分道路难以通行，百年古树与杂草丛生成为随处可见的景象……市场经济下个体的逐步原子化固然是导致这一结果的根本原因，但传统的村委、老人会等组织权责不明确、议事机制不完善、缺乏有效的监督和约束等问题也是不容忽视的重要原因。

在意识到现有的传统组织制度无法有效推动村社可持续发展的情况下,院前社在政府引导下,通过传统组织再生,明确村两委—网格员、自治理事会、村民代表大会等的职责,完善村一级的自治理事会和社一级的监事会,明确村委、老人会等自治组织的职责范畴,从而开展房前屋后、道路退让、公共空间改造等活动,改善院前社的人居环境。

1) 理顺传统自治组织关系,构建共治合力

农村属于集体自治,因此传统的村两委、理事会等组织在村庄发展事务中具有重要作用。在海沧区政府引导下,院前社大刀阔斧开展了完善基层自治制度的工作。院前社的传统议事组织包括村两委—网格员、村民小组、老人会等,经治理体系架构调整为村民小组、自治理事会(含老人会)、济生缘合作社和群团组织四大组织,其中,济生缘合作社是新设立的主要由年轻人组成的新社区组织,四者职责上互有分工同时又有配合(图6-54、图6-55)。各组织通过成立临时性的自治工作小组,协商统筹村集体环境的整治和村社的发展,理清村委会的功能职责,并给予资金补助,有效地撬动了村社环境整治的进行,具体职责如下:

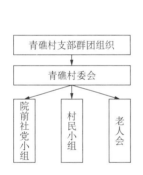

图6-54 共同缔造之前的组织架构

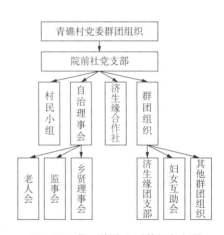

图6-55 共同缔造之后的组织架构

(1) 村两委—村民小组:主要负责宣传发动工作。村民白天大多在外地上班,村委便利用晚上时间入户发放宣传材料和征集意见,一方面向村民讲解"美丽厦门共同缔造"的含义,一方面询问村民对社区现状的看法,并针对问题召开两委会讨论,协调处理后进行反馈。

(2) 自治理事会:成员由本村比较有名望的党员、群众代表和热心公益事业的人员组成。村主任颜鸣秋担任理事长,村党支部书记颜文辉担任副理事长,厦门市颜子文化研究会秘书长颜水荣担任秘书长,共有29名理事成员。理事会主要负责决策和统筹工作。

(3) 济生缘合作社:作为新设立的社区经济发展组织,负责村集体经济发展事宜,并通过将盈利回馈给村社的环境管理、古厝修缮、传统节庆、赡养老幼,起到促进院前社可持续发展的作用。

(4) 老人会:作为村内具有威望的传统组织,主要负责关于宗功祖德祭祀活动事项;举办各类福利事业、敦亲睦族,促进繁荣事项;宗族各地之间的调查登记及文化交流联络事项;编辑本族家谱、历史事迹及族志会刊;协助小组长负责村落的红白理事会等。

在共同缔造的实际行动中,通过设置成立"自治工作小组"来实现决策、财务、宣传、实施等具体功能,保证以环境整治为核心的共同缔造行动有效进行。

一方面，通过成立工作小组形成统筹共同缔造的领导核心，其成员主要由村委、老人会等传统组织中的核心成员组成——颜鸣秋（村主任）被推选为组长，负责统筹大小事项，院前社1、2组组长颜天星、颜福财负责证明账目及派工、技术等；黄种明、颜忠民负责现场和进料、宣传等；陈文烟（院前社老人会会长）负责出账。

另一方面，为了保证项目的正常推进，同时应群众的需求，还设置了监督理事会，负责审查乡贤理事会公开的内容是否全面、真实，公开时间是否及时，公开形式是否科学，公开程序是否规范，并及时向村落群众会议或户代表会议报告监督情况。对不履行职责的成员，提交村落群众会议或户代表会议罢免其资格。组织村落乡贤理事会每期、每届的监督评议工作，协助"以奖代补"项目实施和执行。监事会由颜福财任会长，颜天星、陈文烟任理事。

2）以环境整治为动力，完善村社自治框架

院前社村民通过环境整治的具体实践，逐步设立完善了自治运转的一系列规则和秩序，促进了村落自治组织化、制度化和民主化。

院前社在共同缔造的具体实践中倡导全村上下齐心协力、共同行动，根据自治工作小组的分工安排和共同缔造行动的实际需要，细化了宣传、动员、出工和日常运作等分工事项，使得工作环环相扣，村民各谋其位。首先，村委会、老人会中具有威望的干部（包括村长、小组长等）和乡贤扮演了带领者和意见领袖的角色，在共同缔造之初积极走访每家每户，宣传共同缔造的好处和成功的先例，还叫来了大巴把每家每户的代表拉到长泰三重，同安德安古堡、顶上人家、华侨博物馆、芳都杨桃果园与东孚镇西山社等地，参观当地美好环境建设的成果，感受当地居民投身共同缔造的热情。其次，有威望的干部和乡贤老人还扮演了动员村民为美化公共空间而出地让地、投身整治工作的"催化剂"角色。最后，村民在队长的带领下，自发自觉地排班出工，只要施工途经的地方，周围的村民及亲戚都不约而同地出来帮忙，共同对房前屋后进行清理，或是协作接管，共同行动起来。启动缔造之初，有村民约60人次自发组织劳动，进行脏乱空间清理。据统计，"全社居民自愿并主动让出鸡舍、鸽舍、猪舍、厕所等场所，目前已有500多人次参与劳动。一期院前社提供场所的人次31次，场所数量27处；二期提供场所人次17次，场所数量18处。村民自愿让出土地（含空地、围墙角）2709m²、鱼塘1650m²、植被（含龙眼地）520m²、果树323棵、猪圈13座、厕所7座、鸡舍7座、鸽舍2座、牛舍1座，总价值约400余万元（含投工投劳）。"

村委会、乡贤理事会、老人会三大传统组织通过"自治工作小组"的实践，很好地完善了内部协调和共同决策的机制和方法。具体地，乡贤理事会是负责村落日常事务的主要机构，它如果要发起和运行一个项目，首先会与老人会进行沟通、协商，达成一致，接着跟村委会汇报，争取支持，村委会再跟街道办沟通，请求街道办给予指导和帮助等。其次，在梳理清楚后乡贤理事会向本村落村民汇报，征求意见，有书面告示栏、宣传栏，有口头征询，有开户代表会议讲解项目内容并征询大家意见；最终把居民意见收集整合后，再反馈给居民，如没有异议，提交村两委讨论，给予一定的指导，乡贤理事会就开始组织群众风风火火地行动起来。

除此之外，海沧街道对基层工作的支持也是自制框架得以顺利运作的重要一环。在环境整治中，街道在健全完善院前社排污、道路、卫生、休闲、养老、经济等村落公共服务以及指导村落建立乡贤理事会、监事会和完善老人会等自治组织上给予重要支持。也帮助院前社寻找规划公司、工程公司、监督公司，结合院前社乡贤们征集的群众意见，协助院前社乡贤敲定了村落改造实施方案等，村两委积极承担了街道和村落的沟通桥梁角色，指导乡贤及老人会组织活动，并给予大力的支持和配合。

3）共同实践使得村社空间有了新变化

在自治框架下，自治工作小组高效推动了退让围墙与拓宽道路、公共空间节点设计与改造等共同缔造行动，使院前社的环境有了新变化。

农村道路历来是村庄各项建设活动的重点。村庄道路宽度并没有明确规定，一般为划分宅基地时之间的距离。因而，部分村民会在宅基地边界范围建起围墙，形成自己的庭院。长久以往成为默认的划分村庄里公私空间的明确界线；也反映了在市场化经济下村庄集体的消失，村民越发变为独立的个体。

以围墙退让和道路拓宽为主的房前屋后改造掀起村民参与共同缔造的热情。院前社村民在清理改善村庄环境后，通过围墙退让和拆除鸡舍、猪圈拓宽村社道路，方便机动车通行。清理出来的空间除了有效拓宽道路外，还通过精致的公共绿化景观取代了私人使用的个体空间，充分体现了集体参与改造的空间价值。值得一提的是，村庄东侧道路本是村庄主干道之一，一侧为农田；道路狭窄，车辆、行人都需要小心谨慎，否则容易跌落到菜地。为了使村庄道路更加安全，此干道周边的村民主动放弃承包的菜地，让道路向菜地一侧拓宽 2.5m，并在路旁增种一些花卉，形成花卉道路与农田相互结合的良好景观（图 6-56）。

图 6-56　院前社村庄道路退让改造前后对比

对公共空间的整理和重新设计有效激活了其多样化的社会空间功能，满足了村民的日常生活需要。例如，古民居大夫第门前的空间本来被猪圈、小卖部、垃圾堆等大面积地占用，大夫第被隐藏在杂乱的空间后面，并不显眼。村民主张将其重新设计成为花坛，并在上面插上介绍大夫第历史文化和名人轶事的牌子，将原本封闭的空间重新激活。而门前原本为杂草的公共空间也被整理出来了，改铺上石砖表面，转身成为了可以停放车辆也可以聚集玩耍的广场空间（图 6-57）。在大夫第斜对面的农田边上原本是一片荒地，结合此处位于村落较中心的位置，并且村内缺少一个村民休息聊天的地方的需求，在以奖代补的资助下，乡贤理事会邀请工程队伍按照村民想法，建设了一个凉亭，充分利用原来的两棵龙眼树，铺设了石砖地面，为居民提供了良好的休憩空间（图 6-58）。

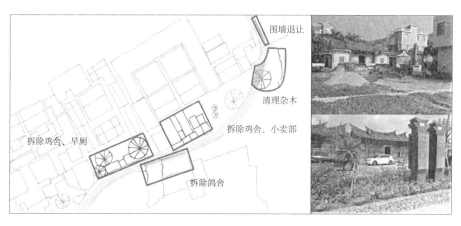

图 6-57　院前社大夫第门前广场空间改造方案及其改造前后对比图

图 6-58　院前社村内凉亭改造

以空间改造为共同主要内容的共同缔造行动并没有实际意义上的时间节点，它贯穿了院前的整个发展过程。以年轻人为主的村民利用空闲时间，共同商讨决定哪些空间需要美化和改造，然后在合作社或者政府以奖代补资金的支持下，一点一滴地开展着小范围、针对微空间的营造活动。例如，水面植物的营造、美丽庭院行动、木构水车，以及占地超过1000m² 的民宿木平台建设等（图 6-59）。

图 6-59　院前社的景观化改造
（资料来源：摘自《海峡导报·厦门视觉》）

3. 院前社的年轻人与经济发展合作社

1）年轻人回乡成立济生缘合作社

如果说环境改造中建立起来的自治框架是院前社三大传统组织协同共建下的智慧结晶的话，那么，在探索村社集体经济创新发展中取得的显著成效便是以年轻人为核心的新社会组织的卓越功劳。院前社的年轻人在老一辈的支持下，与由中老年人主持的三大传统组织协同分工，自发组织成立了院前社济生缘合作社，从召集村内年轻人加入建设城市菜地开始，逐步拉开了院前社创新发展村集体经济事业的序幕。

陈俊雄是院前社几百名年轻人中的普通一员，经过几年的艰苦创业，总算当上了小老板，很多人以为他会顺着事业继续在外面打拼，殊不知他最终还是回到了院前社，选择在这片养育他的黄土上继续他的梦想和事业，更令人意外的是，这也改变了整个院前社，使得更多年轻人回到自己所生所长的乡村土地上创业。1987年出生的颜永杰原本在外工作，听到家乡开始进行共同缔造，在几番与小时候玩得特别好的村兄弟沟通后，毅然放弃现在的工作，背上行囊回到阔别已久的家乡。而颜永杰并非第一个这么做的年轻人，现任济生缘合作社理事之一的讲解员林松华也从原来一个不折不扣的城里人变成了重新扎根院前社的乡村实践者。

"去年（2013年）3月份，我回家时青礁村颜鸣秋村长和我说起了'共同缔造'，并带着我去看海沧区西山社共同缔造之后发生的巨大变化"，"于是我想召集几个年轻人，把村里的闲置土地利用起来，一起去种菜，带着大家搞共同缔造，争取让我们村也成为试点村。"陈俊雄有了这个想法，并开始行动起来，他把那些在外地奋斗的"小伙伴们"都喊回来了。

陈俊雄最先叫了几个"铁哥们"到家里商量，大家一起出资出力，模仿"网上开心农场"的做法来做院前社的城市菜地，并成立"济生缘合作社"。如今，合作社成员已从最初的5人发展到如今的30人，而且有越来越多的村民踊跃报名，申请入社。以院前社大户109户来计算，目前已有近1/3加入，其中，各家各户几乎都鼓励家里的年轻人"自己作决定"，希望更加富有创造力和冒险精神的年轻人能够做到上一辈做不了的事情，让家乡变得更好（图6-60）。

图6-60 合作社成员讨论城市菜地建设事宜

济生缘合作社是股份制公司，通过立足于院前社丰富的历史文化和农田生态资源，与村集体经济相互绑定，发展涵盖城市菜地、乡村观光、农业教育、亲子互动和民宿餐饮等一系列的生产与旅游服务，转变传统依赖种菜和租房的经济模式，倡导可持续、绿色生态、保护文化的集体经济发展方向。合作社的经营性行为不但使得入股的村民获得可观的收益，还通过实际的基础设施建设、景观改造、农田整理和古厝保护行动，提高了村落空间的可观赏性和实用性，使之更加宜居宜业。

2）一期城市菜地的建设和运营

集合了首批 15 名院前青年的济生缘合作社最终于 2013 年 5 月 9 日正式成立，陈俊雄也顺理成章地成为了合作社的理事长。"我们首批招募了 15 个小伙伴，都是一些 80 后、甚至 90 后。"济生缘合作社的 15 个年轻人以土地、资金入股，投入 100 元万资金，通过腾挪土地与村内其他村民更换，最终拿出了 25 亩的土地作为试验启动区建设城市菜地。绝大多数的菜地原本是荒废已久的龙眼林，少部分是自家耕种的菜地。在初步确认了菜地选址之后，以陈俊雄为首的 15 位年轻人积极跟家里人商量，争取父母支持，有的劝说把原本的荒地拿出来整合成一片比较完整的土地，有的以资金入股，最终把土地和资金落实了下来。

从策划、采购、施工到汇报各项工作，由 15 个年轻人组成的合作社成员都亲力亲为、分工明确。两个月起早贪黑，当下雨无法进行工程施工时，大伙就到别的村汲取经验。5 月 9 日成立济生缘合作社，5 月 15 日开始对城市菜地进行规划布置，再到 7 月份，仅用了两个多月的时间已完成了菜地的道路铺设、菜地整理、灌溉设施安装等工作。

7 月 26 日，区委统战部部长、宣传部部长应邀参加开园仪式并为城市菜地揭牌，厦门日报、福建日报等媒体也纷纷出席。他们的参与在村民看来具有极大的鼓励作用，也进一步推动了村社集体经济的快速发展，越来越多的村民想以土地、资金等方式入股成为社员（图 6-61）。

图 6-61　院前社济生缘城市菜地开业运营

城市菜地的经营模式对于厦门的农村来说还是首次，它依托城乡居民之间越来越紧密的联系，大胆地转变菜地由村民承包耕种、收割售卖于市场的传统方式，构建起城乡一对一的"结对子"模式，将土地、蔬菜、劳动力和相配套的农业服务打包"销售"，不但提高了经济收入，还形成了稳定的市场关系，再也不用害怕因为天灾或者市场价格变动所导致的农业风险了。这对于农民来说是一种福音。城市菜地前期主要通过对接城市社区居民，盈利方式是收取菜地的年租、配送和托管费用。城市居民可以抽空带孩子来亲自播种施肥，采摘蔬菜回家烹饪，甚至还可以在菜地的活动大厅跟村里边的人一起烧菜煮饭，参加城市菜地举办的活动等。

● "济生缘城市菜地"资料

"济生缘城市菜地"目前首批开发 25 亩地做"城市菜地"，主打健康无公害蔬菜，已吸收会员 100 多人，提供三种方式成为"城市菜地"会员：

①地 20m² 出租，由市民自己来种，每年收费 2000 元；

②合作社帮市民种和管，周末有空时，市民自己来管，相当于"半托管"，每年收费 2400 元；

③菜地委托合作社代管，合作社定期配送，一个月送 40 斤左右，一年 500 斤，收费 3000 元左右。

3）城市菜地的拓展和集体经济新模式

城市菜地一期的成功运营和社会各界关注度的提高给济生缘合作社和院前社的年轻人们以莫大的鼓舞。由于切实提高了农民收入，更多的村民希望把自家的耕地腾出来入股，待业或者在外打工的年轻人也开始加入到合作社中，共同创业。这给城市菜地的拓展带来了源源不断的力量。

在取得更多人的支持后，济生缘合作社着手将这种经营模式在全村推广，让全村的 300 亩传统菜地实现"转型"。传统菜地每年每亩收益 2.5 万～3.5 万元，改为"城市菜地"后，按每 20m² 一年 2400 元的租金来算，预计每年每亩收益可达 8 万元。二期菜地项目还包含了科普教育基地，让中小学生有更多机会亲近自然，学习农业知识，体验当"农夫"的乐趣。至今，城市菜地已经发展了三期，面积超过 200 亩。

城市菜地的成功实践让合作社的理事们看到了更广阔的发展前景。以陈俊雄为代表的一班具有远见的年轻人看到了传统耕地之外的空置房屋、古厝以及整个村落空间的经济价值。

沿着旅游配套的思路拓展，合作社从科普教育基地开始，陆续开展亲子教育、乡村导游、闽南文化教育、农家乐、民宿、联欢晚会等一系列活动，极大地丰富了集体经济的范畴。每逢周末和节庆假日，依托城市菜地发展起来的摘蔬菜、磨豆浆、识农具、包饺子、烤地瓜等热门项目常常参加人员爆满。针对越来越多的少儿游客群体，城市菜地正与台湾同胞商讨筹建"大马蹄"两岸科普教育基地，寓教于乐，打造孩子们的乡村乐园，其中便有在 2015 年 5 月 24 日举办的专门为亲子家庭打造的院前"家年华"，让明星家庭参与到乡村体验活动中来（图 6-62）。同时，济生缘合作社与周边的中小学达成了合作协议，定期举办班级素拓、学生亲子家庭聚会、学校户外课程实践等活动，充分发挥了城市菜地的城乡互动功能和生态农业科普教育功能。

图 6-62　于城市菜地举办的首届院前社"家年华"

（资料来源：摘自厦门网）

　　按照院前青年们的思路，他们希望通过以合作社"整合并盘活院前社的菜地、古厝、历史人文资源，进行统筹规划运作，合理分配使用，避免恶性竞争，让大家共享共同缔造中'百姓富'的发展成果。"拥有古厝、自留地、耕地、房屋甚至是烹饪、手艺等方面技能的村民都可以通过与合作社相互绑定参与到以发展旅游为导向的集体经济当中来——村民们只需要提供自己的想法和相应的资源，合作社负责策划具体的实施方案，并对接外部资源，以起到盘活村落闲置资源的作用。

　　2014 年伊始，济生缘合作社相继成立了院前书院、凤梨酥加工厂、"乡约院前"民宿，举办了文学苑夏令营、凤梨酥制作课、国学讲堂等多样化的青少年教育活动，极大地丰富了科普教育基地的课程活动，另外还举办了"发现院前之美"环游院前市民骑行体验日、院前草根音乐会、院前摄影展、院前新年联欢晚会、百老宴等活动，不但丰富了村集体经济的表现形式，还有效促进了城乡互动和村居共融，更多的学生通过夏令营接触到不一样的乡村生活体验，同时也传承了闽南生态古村背后深厚的国学历史文化、农耕文化和美食文化。

　　值得一提的是，青礁村院前社历史上是个重教之地，曾出现过 4 位进士。在共同缔造工作中，村民们提议共商成立一个院前书院。通过对大夫第修旧如旧，将其打造成为社区书院国学讲坛的教室，以发挥其背后的历史文化价值。在大夫第内举办的国学堂吸引了超过 20 名城乡学子的参与，这里不但讲解国学知识，还教授闽南童谣、手偶剧表演、颜氏文化、手工制作、亲子故事会等 10 余项课程（图 6-63）。另外，通过与村民进行合作，济生缘合作社还将利用闲置的古民居发展咖啡馆、私房菜、民宿、文创工作坊、博物馆等，让这些闲置的古民居既能得到维护又能创造价值。

　　济生缘凤梨观光工厂在 2015 年 7 月 1 日正式营业，其所在地原本为村的老旧工厂，合作社通过与工厂所有者进行协商，成功磋商决定将其改造为凤梨酥观光工厂，以丰富院前社的旅游活动，同时也极大地弘扬了凤梨酥制作的传统手工艺（图 6-64）。观光工厂结合了台湾"凤梨博士"从台湾引进的技术及当地土凤梨，用传统工艺手工制作台湾名产凤梨酥。游客不仅可以观摩凤梨的制作过程，还可以品尝到刚出炉的香甜凤梨酥。合作社组织了超过 100 名中小学生前来参观并现场学习制作凤梨酥，开业以来不到半个月便接待了超过 1000 名游客前来观光。"目前，院前社已经发展的有城市菜地、果园、国学馆等，凤梨酥观光工厂作为其中一项重要的项目也很受孩子与家长的欢迎。"合作社理事长、济生缘凤梨馆总经理陈俊雄对凤梨酥观光工厂的成立和发展充满信心。

图 6-63　大夫第的国学堂授课　　　　图 6-64　院前社济生缘体验式凤梨酥工厂

2015 年 7 月 6 日，在济生缘合作社年轻理事们的共同努力下，仅用了 13 天时间打造出来的"乡约院前"民宿迎来了 21 名文学苑夏令营的孩子和 2 名外教老师（图 6-65）。他们将在院前住上 10 天，通过学习耕种、病虫防治、种菜、凤梨酥制作、国学讲堂等课程，深入体验乡村文化生活。"乡约院前"民宿的建设主要用于接待团队和亲子旅行的民宿，为院前乡村旅游和科普教育基地作配套支撑。民宿所在的房屋是属于住在村外的一名村民的，因为不常回来，就没有作太多的装修，合作社随后主动跟该村民接触，建议通过租用和改造这座房子，让夏令营的孩子和游客、家庭能够住进院前，丰富院前的教育和旅游活动，同时也可以为村民增收。该村民很快就同意了这个建议，使得民宿能够顺利营业。

2015 年 7 月 11 日，由合作社主办的"发现院前之美"环游院前市民骑行体验日活动吸引了超过 100 名城乡居民参与进来，并举办城市菜地百人户外大型烧烤。这仅是草根音乐节、夏令营等众多城乡互动项目中的一项（图 6-66）。合作社通过举办多样化的乡村活动逐步搞活了院前的旅游，使得更多游客和城市居民进入院前社，同时也使得更多村民能够从中增收。这正是济生缘合作社推动该集体经济模式转变的重要手段。

图 6-65　院前社济生缘民宿　　　　图 6-66　院前社大夫第新年联欢晚会

从 2014 年年底开始，合作社陆续通过上述模式开展了多种集体经济业务，围绕以合作社为主体的策划与运营，院前社的著名古厝大夫第得以作为闽南文化的展览馆而被重新利用，村民荒废已久的三层住宅得以被改造为院前济生缘民宿，村工厂也重新改造成凤梨酥工厂和农家集市，村集体的农家乐和游客中心也正在建设……越来越多的村民通过出租土地和房屋、本地就业的方式参与到集体经济当中来，涵盖乡村教育、餐饮、住宿和文化展览的旅游导向的集体经济模式表现出了极大的生命力（图 6-67）。

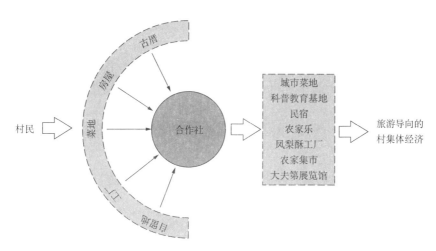

图 6-67　合作社带动的集体经济新模式

以年轻人为首的院前社共同缔造呈现出以往未有过的活力和行动力，新发展背景下对传统组织关系的重新梳理和自治框架上的创新，给予了院前社年轻一辈充分施展才华和抱负的空间，而济生缘合作社的成立标志着"年轻人攻关，中老年人护航"代际分工的形成。这是院前社基层自治区别于其他地方的特色所在。

在村委会主理上下部门沟通、提供公共服务，理事会主理村庄事宜决策和统筹、沟通村民，老人会主理传统宗祭事务，合作社主理集体经济，四者相互协调和沟通的自治格局下，院前社迎来了新的发展时期（图 6-68）。共同缔造期间，不但完成了村庄范围内的整体规划，还大刀阔斧地推动了脏乱空间的整治，将原有的废弃房屋和土地重新利用起来，建设了城市菜地、科普教育基地、院前济生缘民宿、农家乐、凤梨酥工厂、农家集市等一系列的村集体经济项目，为村民提供了优美的生活和创业空间，切实提高了村民收入。院前社共同缔造的优秀成果吸引了超过 60 位厅级以上干部前来参观指导，已然成为厦门共同缔造的一面金字招牌。院前社的自治模式具有非常强的生命力和极高的借鉴意义。

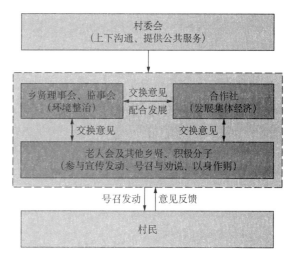

图 6-68　传统组织和新兴组织协作下的多元共建模式

6.3.3 曾厝垵社区

思明区滨海街道曾厝垵社区地处厦门岛内，背山面海，与大小金门隔海相望，邻近厦门大学、鼓浪屿等著名景点，是典型的城中村（图6-69）。近年来，依托社会力量，曾厝垵逐渐发展为"中国最文艺的渔村"，生活在曾厝垵内的每一个居民对其发展有着共同的愿景，即"面朝大海，春暖花开"。但伴随着快速发展，曾厝垵也面临难以攻克的发展难题，特别是村内多元主体间利益与关系的协调，为其发展带来挑战。面对愿景与现实间的矛盾，曾厝垵所处的思明区区政府、滨海街道办事处与曾厝垵社区，携手中山大学牵头的规划团队，于曾厝垵社区开展"美丽曾厝垵共同缔造工作坊"规划活动。

规划师以"美丽曾厝垵共同缔造工作坊"为议事平台，充分发挥引导与协调作用，促进政府、群众与规划师，以及村民、经营者与文艺青年等群众主体间的平等互动，通过与传统社区组织与新型社区组织间的交流合作，创造"多元共治、共谋发展"的良好社区氛围，拟定以问题为导向，凝聚共识的规划方案，促进曾厝垵社区从物质空间环境到社会治理结构的切实"更新"。

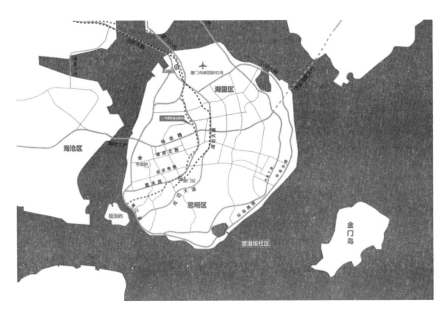

图6-69　曾厝垵社区区位图

1. 空间格局演变与现状功能

曾厝垵的空间格局素有"五街十八巷"之称。"五街"分指曾厝垵的国办街、中山街、文青街、教堂街、旗杆内街，构成曾厝垵的骨架网络；"十八巷"则是泛指曾厝垵内部众多的1～2m宽的巷道。曾厝垵的格局演变经历了从东西向拓展为主到南北向拓展为主的阶段变化（图6-70）。曾厝垵最先主要为组团式布局的古厝群，散布在五街。随着侨民回乡投资建设，围绕着古厝群发展起许多西式洋房，村民数量不断增多。当时曾厝垵外来人口少,土地及房屋出租比较少,保持了较好的农村风貌,建筑大多3～4层。

村民新建房屋都群居而建，呈现东西向拓展的空间格局。在 1997 年左右，厦门环岛路建设完毕，良好的交通条件、背山靠海的格局，以及较少的人口、充裕的空间、自由的创作环境吸引了厦大的文青、雕塑艺术家等前来，带动其他片区的建设与发展，也形成了曾厝垵"文艺渔村"的氛围；此时曾厝垵的空间拓展以南北向为主，从靠海向靠山延伸。

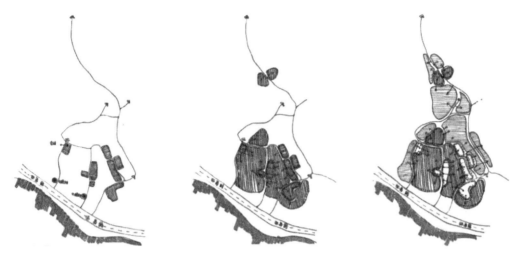

图 6-70　曾厝垵空间演变图

在 2004～2005 年，受鼓浪屿旅游热的较大影响，陆陆续续有客栈进驻曾厝垵，像阿雷的梦旅人等；特别 2010 年温州动车的开通，使旅客量激增，在鼓浪屿一房难求的情况下，曾厝垵家庭旅馆业井喷。更多的游客前来曾厝垵游玩，使曾厝垵内餐饮等商业发展势头强劲，土地价值不断上升，原本以居住为主的功能在商业化侵蚀下，形成了文青店铺、餐饮商业、客栈等不同功能高度混杂的格局。

文青店铺主要集中分布在中山街、文青街、旗杆内街沿街两侧；但随着曾厝垵地租不断上涨，而文创产业创作期长、短期获益不明显，部分文艺青年难以承受租金上涨的压力，迫不得已离开曾厝垵，商业逐渐呈现吞噬曾厝垵文艺氛围的趋势。餐饮商业沿着曾厝垵五街蓬勃发展，体现为"沿街一层皮"，这一空间特征有利于集聚游客等人群进行消费，从而带来可观的经济效益。在对利益最大化的盲目追逐中，商业侵蚀了曾厝垵的巷道、公共场所等空间，违章搭建现象严重，原本宜人的街道尺度遭到破坏，曾厝垵环境质量也不断下降。在过度商业化背后，潜藏着短期繁荣后的发展危机。与文青店铺与餐饮商业沿五街呈现线性布局不同，客栈主要分布在五街内部；然而，为了增加客房数量、开辟客房消防通道等，客栈不断加建扩建，侵蚀周边的公共空间。餐饮店、客栈等店铺相互间的侵占，导致曾厝垵缺乏足够的缓冲空间，也造成曾厝垵高度混杂的功能现状。目前，曾厝垵保存良好的开放场所主要有拥湖宫、基督教堂等宗教建筑，但也被密密麻麻的商业建筑包围。此外，曾厝垵的核心片区几乎没有本地村民的踪影，在北部偏离核心区的地方分布有村民住房。核心区的很多村民在利益驱动下，从"种地"变为"种房"，将自家房屋出租改做商业，自己在周边地价便宜的地方租房生活，通过"地价差"

赚取收入（图 6-71）。

居住区
客栈区
商业区
民俗文化区
公园绿地
公服区
市政设施

图 6-71　曾厝垵现状用地功能图

2. 社会组织推动空间建设

曾厝垵的整体景观经历了从边防小渔村、被侨民文化改造的城中村、被文艺青年和相关产业改造的"文艺村"到城市特色文化旅游度假区的连续变化。每次变化都有不同的主导力量，使社区空间格局不断被重构，形成不同的景观风貌。

1) 侨民投资改善渔村道路

1984 年以前的海边渔村，由于社区地处当时的台海海防"前线"，该地区处于政府的控制下，呈现的是居民适应自然环境而形成的居住聚落和生产方式。破旧的民居则反映出社区渔农业盈利能力低下，但如果与同时期国内其他边缘地区的乡村相比，该村的境况已经不算非常贫穷，原因是福建有向海外移民的悠久历史；海外亲友的支持一定程度上改善了居民的处境，也支持了 20 世纪 80 年代初期乡村民居的重建。20 世纪初，曾厝垵有大量村民下南洋谋生，曾厝垵成为名副其实的侨村。下南洋谋生的村民以曾氏家族成员为主，曾文杨、曾举荐、曾江水、曾国办、曾国聪等人在中国华侨史上都留下了浓墨重彩的一笔。20 世纪 20 年代，曾氏家族成为厦门四大家族之首。曾国办是曾厝垵内旅居菲律宾的著名华侨，归国后投资发展家乡的道路建设。1927 年，曾国办投资兴建了当时的环岛路，即曾厝垵到镇北关的一段乡村公路，后起名为国办路。国办路全长 5 里多，大小桥梁 7 座。为纪念曾国办为厦门建设作出的贡献，曾厝垵将其正门道路命名为国办街，并在拥湖宫侧旁立下石碑记载此事。

2）传统乡村组织推动的戏台改造

随着城市商业化发展，在曾厝垵从传统渔村发展为文艺村落的过程中，房屋租赁逐渐取代渔业，成为村民收入的主要来源，村民收入水平明显提高。但村民依旧保有传统的乡土观念，集资共建拥湖宫、戏台等。

曾厝垵国办路侧拥湖宫，修建于元代，为曾氏始祖建设曾厝垵的开山祖庙，是曾厝垵内地位最高、历史最悠久的宫庙，位列众宫庙之首。期间几经战乱，直到改革开放后，由海外人士与本村信众募捐，于2001年5月23日修复完工。拥湖宫对面的戏台，本为每逢佳节，村民聚集在一起聊天观戏之地，是每个曾厝垵村民心中集体生活的象征，却因长久失修而成为有安全隐患的建筑。

在此背景下，曾厝垵宫庙理事会向村民发出倡议，呼吁村民共同捐资翻建拥湖宫戏台。倡议一出，得到村民广泛响应，戏台的翻建费用很快筹集完毕。有村民向宫庙理事会提议，希望能够扩大戏台规模，便于村内举办活动使用。这一建议经过意见征询得到广泛支持。由于戏台扩建，原本紧邻戏台的3间门店需要拆除。当宫庙理事会成员正在想如何劝说相关店面的业主作出让步时，业主却主动向理事会表明戏台重建是造福于大众的事情，自己愿意无偿拆除店面。为顺利拆除店面，业主与宫庙理事会成员共同游说经营者搬出。其中一间店面尚有三个月的租期，业主自掏1万元作为赔偿，将三间店面腾空、拆除。如今，拥湖宫戏台已建设完成，成为曾厝垵大型活动举办的重要场所（图6-72）。

宫庙理事会牵头的拥湖宫戏台改造的顺利推进，表达出曾厝垵村民对曾厝垵的深厚情感，体现出曾厝垵发展过程中，在村民参与建设等方面有着良好的基础。宫庙和戏台的重建无疑浓墨重彩地增加了社区的乡土特色。正是这种特色吸引了文艺工作者和文化旅游产品经营者聚集，进而也吸引了某类游客聚集，渔村变为"文艺村"，呈现出外来商业资本和某类外来人口进入社区，并与社区原村民发展出商业共生关系。

图6-72 拥湖宫戏台改造中（上）与改造后（下）

3）新型组织推动的空间改造

曾厝垵优美的自然环境与廉价的租金，吸引了厦大的文青和雕塑艺术家的到来，特别是一群绘画写生的师生。他们在这里进行油画的创作，将作品出口销售，借此，曾厝垵的文创气息逐渐萌生，并开始集聚一批文艺创造青年。2011年，曾厝垵发展迎来高峰，身为业主的村民与商家爆发利益冲突；曾厝垵业态的转变和社区内公共管理的缺失越来越引起村内经营者忧虑。在曾厝垵经营的商户深感他们和业主之间的利益冲突以及业态的变化必须寻求改善方法，需要建立代表商户利益的组织以及一个能够与政府和业主沟通的平台。经过与主管街道办和居委会商议，他们选择挂靠厦门市文化创意产业协会成立社区分会，即曾厝垵文创会。其功能是代表店主利益，负责协调业主与店主之间的矛盾，保护商家利益，稳定市场秩序，通过微信、网站等形成商店对外联系的平台，承担起曾厝垵文创品牌创建与营销的工作。为此，文创会定期号召商家开会，拟定商店自治公约、卫生条款等条例。通过协商，有商户主动让出围墙位置，设立社区警务室；也有商铺腾让空间建设游客服务中心，并且全面整理、制作和安置商号和景点指示路牌，建构比较规范的文化旅游区环境。随着组织建设的深化，文创会职能逐渐扩展，承担起文创品牌创建与营销的工作，通过开办"曾厝垵文艺青年节"等活动，为曾厝垵赢得了"中国最文艺渔村"的美誉。

在此过程中，文创会积极发动、组织以文青为代表的各类商家，进行房前屋后微空间的改造与美化。有的商家在门前摆放文艺小品，有的商家在墙壁上涂鸦彩绘，有的商家则在店旁空地上摆放植栽、在围墙上种植爬藤，有的商家则将院内空间改造为别具风情的庭院等，为曾厝垵营造出了特有的文艺氛围。为了形成文艺特色，村内的房屋只能以尽可能保留其优美外观为前提（商户吸引游客的条件），整座租给小型旅游创意商户；而不是分拆为更小的空间，廉价分租给外来劳工或者大面积征地批租给大型商业。旅游业资本的特殊要求使村民自愿保持房屋的本来外观，正因为如此，曾厝垵得以在旅游业越来越兴旺的鼓浪屿对岸保持一定的乡村气息（图6-73）。

曾厝垵文创会成立运作之后，又进一步建立居民、业主、店主的多方沟通协商机制——曾厝垵文创村公共议事理事会，由三名社区干部、四名业主代表、四名店主代表共同组成。理事会公布了《曾厝垵文创村公共议事理事会议事规则》，明确议事理事会的职能在于对曾厝垵的发展决策、建设规划、日常管理、声誉形象等进行讨论、决议，理事会的议题需经业主协会、文创会分别初审后递交公议会讨论。这个由官方、资方、业主组成的议事会，大大促进了各方沟通和整改议题的实施。由于"文艺青年"活动活跃，村内家庭客栈很快兴起并生意兴隆，推动了曾厝垵从景点变为文化休闲区。

图6-73 曾厝垵别具一格的文艺气息

无论是文艺青年对物质空间与文艺氛围的营造，抑或是村民自发组织的公共空间改造，或者是业主、商家自主建立的传统或新型的社区组织，对社区事务的自我管理，都是曾厝垵得以从城中村蜕变为"中国最文艺渔村"的关键。这种群众通过组织建设，自下而上推进空间改造与自我管理的建设模式，是曾厝垵发展宝贵的动力源泉。然而，不同组织间的建设背景与相互关系却也体现出，虽然曾厝垵内有着由村民、业主、商家等不同主体组成的组织，但各主体之间，特别是业主与商家之间的相互关系却并不融洽。同一空间内的不同主体并未能达成共识，实现融合，这成为曾厝垵发展最严重的潜在障碍。

在此背景下，曾厝垵社区两委与各类组织代表共同探讨，结合曾厝垵发展现状，以"自治为主，政府管理为辅"的共识为核心，创新曾厝垵管理模式。即以业主委员会与文创会等本地组织为基础，建设公共事务管理公司，通过服务外包、公众共管等方式，统筹曾厝垵环境卫生、民宿管理、游客服务、商家评星、治安保障、设施管理等多项事务。街道通过购买服务支持公司运营，并对工作成果进行监督。基于此，多方联合政府相关职能部门，共同拟定客栈管理制度、违建管理制度、卫生管理制度等规定，明确各主体职能，构筑公众力量为主的完善的社区制度体系，促发自上而下与自下而上的协同治理（图6-74）。这种以社区组织为主体的自治模式，准确定位各主体角色，使其得以各尽所能，发挥所长。在深化公众参与、落实多方共识、保障规划实施之余，有效实现治理的规范化与常态化。

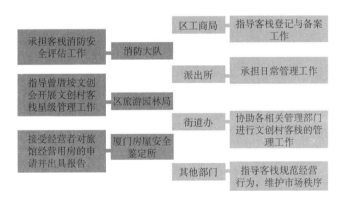

图 6-74　政府职能部门于曾厝垵社区治理中承担的职责

在良好的社区治理氛围影响下，曾厝垵内各怀技艺的社区能人投入更高热情，参与到更广泛的社区空间建设活动中。朵拉客栈吴老板，有感于社会组织推动下社区空间环境的变化，萌生对门前荒置的三角空地进行改造的想法。这块三角用地位于多家客栈交会处，由于无人管理，杂草丛生，是客栈经营者长期以来的共同烦恼。吴老板希望将其打造为融合渔村文化的建筑小景，就此主动与周边商家进行交流。这一想法得到周边经营者的一致认可与支持，相关利益协调工作顺利完成。同时，各经营者就空间改造向吴老板提出建议，共同确定以渔船为原型，将三角地打造为用以休憩交流的公共空间的主题。基于此，吴老板与设计公司合作，着手制订具体方案，并进一步征求社区居民的意见，精益求精地把握细节。几经修改后，最终方案得以确定，并在社区两委与公众支持下，很快投入建设实施，成为游客与居民休闲娱乐的良好空间（图 6-75）。

图 6-75　社区规划师渔船空间改造的效果图（左）、实施图（中）与建成图（右）

吴老板对社区公共空间改造的成功，激发了更多群众将建设想法投入实践的热情，社区两委把握此契机，引导社区热心群众成立社区规划师团队，着力培养社区基层规划力量。长期以来参与组织活动，让这群规划师本就具有了良好的协商技巧、策划能力与建设技能。其相较于专业规划师与政府工作者，工作时序更长，更了解地方发展的核心问题，更能把握地方公众的实际需求，更易与相关利益群体交流沟通，故其方案往往更接地气，实施性更强。为进一步支持团队建设，曾厝垵社区两委以"以奖代补"的形式，开展曾厝垵标识系统与公共空间节点设计竞赛，鼓励社区规划师充分发挥才智，为社区建设献计献策。目前，曾厝垵社区规划师团队工作已初具成效，推动着社区"L"形边角空地改造等社区环境改造项目的规划与实施。

3. 多元主体合作开展规划工作坊

社区组织虽然在群众自发改造曾厝垵的过程中，发挥了重要作用，但因未能切实达成各利益主体的良性互动与有效共识，使群众力量仍处于零散、破碎状态，难以应对强大的市场力量所带来的利益纠纷与空间问题。受利益驱使，大量诸如烧烤摊、大排档等获利快，付租能力强，但占据公共空间，破坏环境卫生的产业涌入。这些产业抬升房屋租金，促发违章搭建，挤占文青生存空间，导致曾厝垵文艺氛围淡化，空间环境脏乱，游客风评变差，发展不可持续。

而面对这些难题，政府也略显无措。首先，政府对城中村发展的约束力与决策权有限；其次，政府有心推进规范管理，但常因具体措施涉及村民与商家的部分利益，而未有成效；再者，政府客观上无法提供因时而异、事无巨细的管理服务。单纯自下而上与自上而下推动曾厝垵发展的两条道路，如今均难以通行。

在这种发展问题不断加剧，关乎其发展的各主体束手无策的情况下，曾厝垵当前最为重要的任务，是打破发展僵局，解决发展问题，形成可持续发展的新路径。这一目标的实现，依托于促发各主体更为广泛而深入的交流沟通，化解各主体间的矛盾与纠纷，明确共同的建设目标与方向，准确把握各自的角色与职能，凝聚群众与政府等多元主体力量。这正是规划工作坊的优势所在。

在此背景下，中山大学牵头，香港理工大学与厦门大学共同参与，融合专业规划师、社区组织、街道和居民，开展了"曾厝垵共同缔造工作坊"。

工作坊主要开展以下几项工作。

1）建立曾厝垵未来发展的共识

共识的建立是激发与实现长期化、可持续的社区参与的关键。在建立共识的过程中，各主体对曾厝垵发展拥有平等的发言权，群众意见同样得到重视与肯定，群众参与热情由此激发。同时，各主体间达成的共识，有助于凝聚各方力量，实现共同目标；有助于各主体明确各自的角色与职责，从而更广泛、更深层、更长久地参与到社区建设活动中。

曾厝垵建设跨路天桥的"渔桥"方案，即为各主体共识的结晶。讨论中，有商家指出，受环岛路分割影响，大海作为曾厝垵吸引游客居住、游览的重要因素，其巨大的潜力未被充分发掘，希望规划建设跨路人行天桥，开辟曾厝垵与大海直接联系的通道。其他商家与村民对此建议表示认同与支持，并为其方案设计出谋划策。基于上述讨论，规划师选定游客由曾厝垵前往海滩最主要的节点——中山街街口为起点，设计天桥方案（图 6-76）。

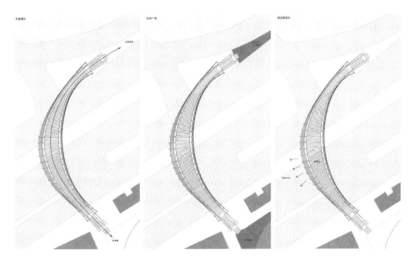

图 6-76 渔桥平面设计图

结合村民建议，规划师融入大海作为曾厝垵人长久以来生产生活的基础，而具有的特殊内涵，设计名为"渔桥"的节点方案。规划师借助传统渔船构造的灵感，巧用渔船的外观造型，利用渔网、鱼骨等渔村元素作为构造元素，以传统渔船的木板鱼骨架构为原型，构筑"鱼骨架"状的、异形钢桁架结构的天桥（图 6-77）。桥体仿照鱼身弧度外形，丰满的"鱼肚"空间被建设为瞭望台，巩固桥身之余，开辟了曾厝垵少有的观景通廊（图 6-78）。

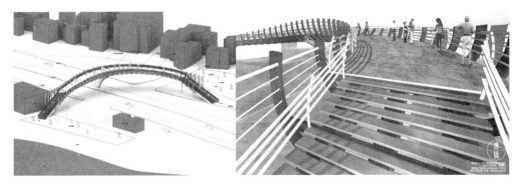

图 6-77 渔桥结构示意图　　　　　　　图 6-78 渔桥瞭望台效果图

深厚的文化内涵与独具匠心的实体设计相融合，使渔桥成为通海通道与观景廊道之余，也成为曾厝垵典型的地标建筑。作为由群众提议建设，共同参与设计完成的节点，渔桥方案不仅得到群众的广泛认可，也得到各级政府与相关职能部门的高度肯定，成为三方共识下的规划成果。目前，在政府出资，职能部门与群众群体的共同推进下，渔桥方案投入建设，于2015年年初投入使用（图6-79）。

图 6-79　建成的渔桥成为曾厝垵备受欢迎的景点

渔桥的建设，促发了各主体对曾厝垵文化的追溯与挖掘。"渔村时光空间"，作为集中展现曾厝垵渔村文化特质的空间，既是对此共识的回应，也是以社区组织为主力而推进的建设项目。

曾厝垵的前身是边防渔村，渔村文化是其最悠久、最引人怀念、最具代表性的文化，如今却遗失殆尽。基于此，文创会提出，应当选择保存良好、位于人流密集处的古厝，打造"渔村时光空间"，作为曾厝垵渔村文化博物馆。政府与规划师对此表示充分的肯定与支持。经过实地摸查与多番商讨，各主体决定由政府出资，租赁国办街青门古厝，建设"渔村时光空间"。

初步方案形成后，文创会主动承担展台布置、房屋装饰、运营管理等多项事务。并依照规划师建议，保持古厝原貌，广泛收集村民记忆中可以代表渔村生活文化的物件，以及曾厝垵渔村发展的影像资料。通过相关物件陈列、资料影印与视频播放，唤起曾厝垵人内心深处的地方感与归属感，同时向游客展示出曾厝垵深厚的历史文化内涵。

发展至今，"渔村时光空间"成为曾厝垵旅游的新亮点。但文创会并未至此止步，目前通过征集群众意见，尝试牵头制订新的"渔村时光空间"运营方案（图6-80）。

图 6-80　建成的"渔村时光空间"及内景

由此可见，各主体通过广泛的交流与讨论，对曾厝垵未来发展共识的建立，一方面，有助于制订多方满意、科学合理、实施性强的规划方案；另一方面，有助于各主体，特别是群众主体积累实践经验，形成参与意识，推进以社区组织为代表的群众力量，在社区建设中，发挥更为长远的作用。

2）以公共空间为抓手建设美好环境

公共空间，作为服务于公共休憩与交流的空间，在增进相互情感、构筑社会关系等方面有重要意义。然而近年来，随着商业化发展，曾厝垵内本就缺乏的公共空间被进一步挤占，破坏环境之余，引发诸多纠纷。基于此，规划团队以公共空间为抓手，建设美好环境，一方面服务于群众利益，为曾厝垵空间环境提升作出示范；另一方面，通过空间改造，解决空间与社会问题。工作坊先后设计了曾厝垵广场入口、曾氏宗祠广场、海螺广场以及音乐广场等公共空间，被接受下来的是曾氏宗祠广场。

曾氏宗祠广场设计方案，体现出规划师对公共空间建设内涵的把握。曾氏宗祠是曾厝垵内保存最好、装饰最为华美的闽南古厝，门前广场是游客经常往来之地，但其空间长期以来被售卖水果与小吃的摊贩占据，产生了大量的油烟与垃圾，造成环境破坏与景观冲突。从宗祠所处文青街、教堂街 T 字形交会区域来看，此区域缺乏停留空间以及可视、可玩的景点：北走抬头即为较大建筑体量的农商银行，西侧为围墙，与曾厝垵整体"文化创意"的氛围格格不入，游客不愿意久留。对此，结合政府与群众意见，规划师使用本地古厝风格的建筑构件，结合休憩空间与水环境的建设，制订曾氏宗祠广场设计方案，设想将曾氏宗祠门前空间建设成为文创广场，使其承载新的功能，举办文艺活动吸引游客，以此来置换先前的占道经营的摊贩（图 6-81）。

图 6-81　曾氏宗祠广场设计平面图

方案以红砖绿瓦作为主要建筑要素，建设古厝风貌的留言墙，与曾氏宗祠交相呼应，为游客提供留言、留影的场所。留言墙前安置椅凳，供给游客与居民休憩、娱乐与交流。每两列椅凳间以水池相隔，一取宗祠前"风水池"的吉祥含义，二来实现空间的动静结合，软硬融合，打造更为怡人的公共空间（图 6-82）。

原本被商业挤占的单一功能场所，变为承载丰富公共功能、环境美好舒适的公共空间。曾氏宗祠广场设计，化解因摊贩经营带来的诸多利益纠纷与冲突，为群众更深层交流沟通，构筑社会关系奠定基础。同时，也为村内有心进行空间改造的个体与组织提供参考案例。曾厝垵文艺青年，通过借鉴相关理念与手法，讨论制订利用街角空间，建设"文青角"的具体方案。社区参与通过公共空间改造方案的设计，在曾厝垵内得到延续与发展。

图 6-82　曾氏宗祠留言墙设计示意图

3）完善消防环卫设施，提升整体环境

曾厝垵日益增加的游客量远远突破了原有消防环卫设施的承载能力。设施的缺乏为游客带来诸多不便，同时导致曾厝垵存在严重的安全隐患。通过增设公厕、消火栓等设施，满足曾厝垵进一步发展基础设施的需要；并辅之以相应的管理措施，增强设施建设的有效性与长效性。

根据实地调查所获取的信息可知，曾厝垵内部部分厕所具备对外开放的条件，将这些厕所开放给游客，是在充分利用已有资源的基础上，满足游客需求的举措。根据日益增加的游客所形成的人流特征，结合现有公厕分布的状况，建议新增三处公厕。在此基础上，鼓励商家适当开放店内洗手间供游客使用，一方面满足游客需求，另一方面也可为店内带来人气，招来客流。店家在开放洗手间的店铺、房屋等外面可悬挂"厕所开放"的牌子引导游客使用。

在公厕的日常管理维护中，可以交由专门的公共事务管理公司负责，由其雇佣专门人员进行定时的卫生打扫与费用的收取。同时，发动商家参与共建美丽曾厝垵行动，以自愿为主要原则，开放店内厕所给游客使用。最后，对参与公厕轮值的商家予以适当奖励补贴等，进行表彰与鼓励。

根据实地调研的具体情况，参考消防设施的服务半径等标准，增设消防设施，特别是在人口密集、客栈集中的区域，应格外重视消火栓的设置，防止火灾带来的安全隐患。

在增设消防设施的基础上，通过合理的消防安全教育及管理制度的落实，方能达到较好的防火防灾的效果。设立消防安全守则，要求客栈与店铺内部放置灭火器，邀请消防队队员到曾厝垵，就灭火器的使用办法与防火灾的注意事项向曾厝垵群众，特别是客栈与店铺经营者进行讲解与示范。并请客栈与店铺经营者作为消防教师，对顾客进行消防教育。

与此同时，业委会可定期组织村民、志愿者对店铺防火设施配置情况进行检查，看是否存在未配置灭火器与灭火器过期等问题。并且定期巡查街道、巷道，看是否存在巷道不通而导致的生命通道受阻的情况。

曾厝垵工作坊为美好环境共同缔造下社区参与新模式的探索提供了重要的实践支持。规划团队在曾厝垵工作坊活动中，充分发挥"协商者"作用，以问题为导向，以三方共同参与的规划流程设计与实施为媒介，建立发展共识，建设美好环境，创新管理机制。充分激发各主体，特别是群众主体的广泛参与。

曾厝垵以规划工作坊为平台，借助规划师的协商组织能力与专业知识技能，以曾厝垵发展愿景为目标，以曾厝垵发展的实际问题为导向，通过政府、村民、业主、商家、规划师在规划过程中的广泛参与，在从空间环境改造与机制体制创新得出发展方案之余，充分利用曾厝垵传统组织与新型组织力量，并通过引导各主体共识的建立，拉近各主体间的相互关系，实现不同主体的融合。因而，规划工作坊在满足各主体经济发展需求的基础上，推动了曾厝垵美好环境与和谐社会的共同发展，由此形成扎根社区的基层规划力量，更为曾厝垵的未来发展奠定了坚实的基础。

第 7 章

城乡规划变革，建设美丽中国

7.1 推动城市治理能力与治理体系的现代化

党的十八届三中全会提出,"全面深化改革的总目标是完善和发展中国特色社会主义制度,推进国家治理体系和治理能力现代化。"习近平总书记对其内涵作出清晰阐述,即"国家治理体系和治理能力是一个国家制度和制度执行能力的集中体现。国家治理体系是在党领导下管理国家的制度体系,包括经济、政治、文化、社会、生态文明和党的建设等各领域的体制机制、法律法规安排,也就是一整套紧密相连、相互协调的国家制度;国家治理能力则是运用国家制度管理社会各方面事务的能力,包括改革发展稳定、内政外交国防、治党治国治军等各个方面,"并明确指出,"推进国家治理体系和治理能力现代化,是坚持和发展中国特色社会主义的必然要求,也是实现社会主义现代化的应有之义。"

立足于历史传承、文化传统、经济社会发展的基础,我国形成了总体良好的治理体系。然而,面对当前社会主义现代化的发展形势,这一体系仍需改进与完善,这要求我国在坚定制度自信、不固步自封的基础上,不断革除体制机制弊端,完善中国特色社会主义制度。良好政策制度的落实,要求我党立足国家整体利益、根本利益与长远利益进行部署,注意避免合意则取、不合意则舍的倾向,破除妨碍改革发展的思维定式。改革开放以来,面对新的发展阶段与发展需求,我党以全新的角度思考国家治理体系问题,强调以根本性、全局性、稳定性和长期性的视角应对领导制度、组织制度等问题。以治理体系完善推动中国特色社会主义制度更加成熟与定型,为党和国家事业发展、为人民幸福安康、为社会和谐稳定、为国家长治久安提供一整套更完备、更稳定、更实效的制度体系,成为社会主义发展的必然要求。

城乡规划作为综合性的学科,其涉及城市的政治、社会、经济、文化、生态等多个方面,是制定多领域共同协调发展的重要指引和工具,可在有效推进国家治理体系与治理能力现代化的过程中发挥重要作用。

7.1.1 城乡规划变革推动政府职能转变,建立"横向到边、纵向到底"的城市治理体系

改革开放以来,我国发展进入到经济和社会发展回归嵌入的新时期,单纯以经济发展解决问题的传统模式已无法适应社会发展的需求,解决问题的传统方法和途径已然失效。城市治理,从垂直体系角度看是转变政府与市场的关系,推进政府"简政放权";从水平体系角度看是政府与社会协同共治,通过培育社区组织与基层组织,以及发展工会、妇联、青年联合会、共青团等群众组织,形成社会治理的重要力量。

城市空间是实现国家治理能力与治理体系现代化的重要载体之一,各种治理举措需落实到空间以切实发挥效用,构建良好的治理空间成为城乡规划建设的新目标。因此,我国城乡规划应适应城乡治理要求下的各种变化,走出过去 30 年大规模物质空间规划建设的模式,从精英文化的象牙塔走向群众,将城乡规划的理想空间与群众愿景相融合,将城乡

规划的编制内容与群众共识相结合，将城乡规划的实施过程与群众行动相联系。这是以规划推进城市治理的有效途径，也是以规划促进"五位一体"全面发展的新路径。

厦门"美好环境与和谐社会共同缔造"的实践表明，城乡规划构建人与自然和谐统一的具体实践，回归"以人为本"的城乡规划理想，是开辟规划发展新局面的有效手段。美好环境与和谐社会共同缔造是对传统规划的变革，其改变了传统规划自上而下的编制与决策过程。更重要的是，当前我国城乡发展从扩张发展转向存量发展，美好环境与和谐社会共同缔造为扩张型规划向存量型规划转变提供了规划思路的重构，提供了有效的参考与借鉴。其强调城市空间的社会关系特性是城市发展中诸如旧城、旧厂和旧村等存量空间的内在属性，因而存量空间的规划与建设，不仅是城市环境空间再构的过程，更是社会关系的重建过程。存量规划的实质在于将城乡治理系统融入到具体的空间建设方案之中，这也决定了城乡规划不能脱离居民的共同参与。曾厝垵、院前社作为厦门城中村的代表，其正是在建立政府、村集体和文创会为核心的治理体系基础上，通过市场和文创力量的协商共治，开创了城中村改造的新模式，使旧村落重新焕发活力。

7.1.2　以人居环境建设为城市治理的抓手

以人居环境建设为抓手，推进城市治理，首先在于以人居环境为载体，重塑社会关系。长期以来，人们将空间视为僵硬的、静止的、物质的、自然的事物，将其视为社会之外的客观存在。但从本质上讲，空间并非单纯的物理空间与几何空间，而是具有情感价值的社会性空间。空间是人与自然产生密切联系的重要载体，也是人与人产生相互联系的重要场所。空间不仅被社会关系支持，也生产社会关系和被社会关系所生产。人们基于空间开展各项行为活动，都有利于新型社会关系的构筑。因而，在单位制消亡后，城乡规划从空间着手建设人居环境，从而重塑邻里关系，有效带动了社会关系的变化。

公共空间是以人居环境建设推进城市治理的首要抓手，其作为城市居民社会交往的主要场所，是居民集体意识的载体。从居民需求出发对公共空间的改造，使公共空间摆脱了严肃而表面的仪式性特征，回归到人的活动尺度，从而成为富有使用价值的空间。这不仅是场所精神的再造，更重要的是，其使居民在共同利益的驱动下，在共同劳动的过程中，逐渐摆脱现代化发展带来的社会集体破碎化等问题，重构集体的活动与社会的组织，在相互间广泛的交流活动中建立新的和谐关系。厦门的镇海社区、小学社区、海虹社区与兴旺社区，正是通过社区小广场等公共空间建设活动，在重构老社区和谐关系的同时，促进新社区的组织发展。

以人居环境建设推进城市治理的第二个抓手是房前屋后的空间。房前屋后是家庭私人空间转向公共空间的过渡地带，也是连接个人与社会的空间。房前屋后的空间直接涉及群众的自身利益，其改造与建设过程，更易于发动与组织群众，是通过集体行为将自身利益的强调与重视转化为对集体利益的贡献与分享，有效打破居民清晰的公私界限、突破居民内心社会隔阂、激发居民共同参与家园建设的热情与意识的过程。由此形成社会和谐共融的良好局面。从厦门实践可见，公共空间和房前屋后的环境改造可有效促发群众参与，激发群众的创造能力，是有效提高群众治理能力，形成治理持久动力的重要抓手。

7.1.3 "从群众中来、到群众中去"

城乡规划变革的目的是满足群众生产生活的需求。从群众需求入手，从群众身边的小事做起，转变规划的服务对象，是城乡规划推动城市治理的重要任务。

在传统规划过程中，也存在群众意见的征询过程，但由于缺乏有效的沟通渠道以及机制保障，规划的群众参与往往流于表面，群众在规划过程中更多扮演被动的角色，承担规划建设的各种结果。同时，规划师脱离群众需求，也使城乡规划越来越脱离实际，或成为"纸上画画，墙上挂挂"的作品，或成为房地产商谋利的工具。事实上，规划涉及群众的切身利益，服务于群众利益是其基本目标之一。这要求规划切实"从群众中来，到群众中去"。在厦门实践中，共同缔造工作坊就是群众路线下一种新的规划工作模式，其通过联系政府与群众，融合各类民间力量，培养社区规划师等方法，实现规划对多元主体共同利益的反映与保障。

动员与组织群众是社会治理的重要内容，"从群众中来，到群众中去"即要求规划从发动与组织群众入手，激发社会活力。城乡规划是一个政府、群众、规划师、企业、组织等多元主体共同协作完成的过程，多元主体在此过程中共同寻找发展问题，并寻求解决问题的途径。在美好环境与和谐社会共同缔造的过程中，找寻与发现社区组织的热心人士，是规划师实现与群众联结的重要一步。规划师可通过社区两委和居民推荐等方式，充分挖掘社区人才，通过开展与组织群众参与活动，解决群众需要解决的问题，并在城乡规划群众参与的平台上，重构基层社会组织，促进群众和社会组织成为城乡规划与城市治理的重要力量。

同时，"从群众中来，到群众中去"的城乡规划实践，可为政府主导下的群众组织建设注入新活力，赋予新职能，以此激活传统治理体系内未能充分发挥效用的环节。如将空间规划和建设与社区组织培育相结合，引导诸如兴趣小组、艺术团体、自治小组等多样的社区组织发展，以及推进老年活动场所和家庭综合活动中心等空间建设。其不仅为社区空间赋予社会内涵，也在丰富社区居民生活之余，使社会团体成为最贴近居民生活、最能吸纳居民参与的组织，从而将社会治理体系建设的末梢延伸到基层的末端。这是社会治理"纵向到底"的体现。

7.2 探索中国人居环境科学

7.2.1 建设"五位一体"发展的平台

城乡规划作为国民经济发展的政策工具，需要不断应对国家社会经济发展的重大问题和需求。当前，我国正面临经济发展成效显著但发展方式依然粗放，居民收入提高但社会矛盾日益激化，生活品质要求提高但生态环境恶化，城市建设迅速但防灾、抗灾能力减弱等一系列问题。然而，面对日益严重的城市发展问题，人们一时间难以找出解决问题的适当方法。对此，道萨迪亚斯提出，导致这一问题的原因在于人们主观上错误。城市急剧变化，但人们仍一成不变地抱守着已经过时的旧观念，企图用这种陈旧的观念考察和解决现代城市中的问题，其结果只能是在现代城市中迷失方向（吴良镛，2001）。

实际上，人类聚居是一个综合体，也是"生成整体"，这要求规划从整体与系统的视角认识城乡发展，进而推进城乡建设。

党的十八大后，吴良镛先生指出，十八大报告提出的政治、经济、社会、文化和生态文明建设全面发展的"五位一体"总体布局，是对规划转型与城乡发展方向的有效指引。"五位一体"将城乡发展问题视为政治、经济、社会、文化、生态文明建设方面的综合问题，表明城乡发展既包括物质层面的建设，也涵盖精神层面的发展。特别在生态文明方面，城乡规划不仅是对自然生态的保护，也是对人文生态、人类社会和谐等方面的建设。"五位一体"下的城乡建设理念，与人居科学的核心思想相一致。

现代人居科学是以人居为研究对象，研究人类聚落及其环境的相互关系与发展规律的学科。它针对人居需求和有限空间之间的矛盾，遵循社会、生态、经济、技术、艺术五项原则，以追求有序空间与宜居环境为目标（吴良镛，2015）。"五位一体"强调生态文明建设的根本地位，人居科学也指出人居文明应建立在生态文明之上。对此，吴良镛先生提出，美好人居环境的建设核心在于将生态环境的改造渗透到经济、社会、文化、政治之中，人居科学强调"以人为本"，从具体角度讲就是以国计民生为本。"五位一体"即国计所在，宜居为民生所在。

因而，"五位一体"为发展人居环境科学，开展中国人居环境科学的实践提供了具体方向。中国人居环境科学的发展是一个不断完善的复杂过程，不仅涉及在理论战略方面的探索，更为重要的是在微观层面，通过具体的工作，实践和完善人居环境科学。

厦门以空间为载体建设"五位一体"发展平台，正是推进人居环境科学发展的有效实践。首先，在"美丽厦门战略规划"指引下，推进"多规合一"规划平台的建设。厦门"多规合一"在落实发展规划项目用地，保障战略规划近期建设空间需求的基础上，对城市规划与土地利用规划的图斑差异进行梳理，划定建设用地规模边界、远景建设用地增长边界和生态控制线边界，并通过与林业、水利、环保、海洋等规划的深入对接，将各部门分管的林地、基本农田、水资源保护区、生态红线与风景名胜区等生态控制区进行梳理、统整与协调管控，以生态保护为规划编制的基本前提与原则，明确城市空间形态、容量与格局，对生产生活空间布局、城市基础设施承载力和宜居度进行规划安排，以协调空间及其组织秩序。

基于对"五位一体"发展的认识，在"多规合一"平台的基础上，厦门不断衍生出以"抓龙头、建园区、优环境、促创新"，推动产业集群化、高端化发展为目的的产业平台与创新平台；提升光纤网络、家庭宽带、无线网络覆盖范围与接入能力，丰富人民生活的信息化平台；促进智能产业升级和软件信息服务、电子商务与现代物流等贸易平台；以政务、社保、教育、医疗等信息资源为基础的一站式惠民平台与社区网格化信息平台等。多样化平台的建设，覆盖城乡发展经济、社会、文化、政治、生态方方面面，而不同平台间的协作与贯通，则形成五位一体全面发展的有机网络，构筑起五位一体的发展平台。

7.2.2 实现统筹规划与规划统筹的结合

城乡规划的变革在于不断寻求中国人居环境科学的实践方法。人居环境是一个复杂巨系统，这决定我们要从整体层面对其进行研究与分析，同时也决定我们要综合利用多领域、多学科的知识，对城乡发展与规划有清晰的认识。然而，诚如道氏所言，现代科学技术对专业划分越分越细，人类聚居研究的多门学科往往各自针对某一侧面进行问题研究，无法从整体上理解聚居问题，也就逐渐忘记综合的必要性，并从根本上忽略了问题的整体性，导致规划常常顾此失彼（吴良镛，2001）。这为规划提出新的要求，即依托五位一体的发展平台，从战略的高度出发，进行统筹规划。

统筹规划基于对发展要素、发展现状及发展需求等方面的综合分析，把握发展脉络与现状问题，进而明确发展方向、探索发展新路，促进资源与环境、城乡与区域、经济与社会、人与自然等多方面的协调发展。统筹是规划的核心体现，不仅体现在其统筹兼顾城乡与区域发展，结合各种优势条件，从整体战略的层面落实资源分配、空间布局等规划方案，更在于其对社会各主体力量的整合与协调。统筹规划达成的是各主体对城乡发展的共识，是一种共同的愿景，衍生出建设与发展的共同价值。在此推动下，规划常常从战略层面延伸至行动计划层面，进一步明确规划方案与实施主体，即实现让"该干什么的地方干什么"、让"能干什么的人干什么"，通过环境、经济、生态、交通、社会等多方面的具体行动，切实推进规划实施。《云浮市资源环境城乡区域统筹发展规划》和《美丽厦门发展战略》就是以市域空间发展规划，探索理想空间模式；通过区（县）主体功能扩展，明确实施主体；以美好环境与和谐社会共同缔造行动纲要，拟定行动指引，推进规划实施，从而实现以人居环境为载体，以共同愿景为目标的统筹发展。

统筹规划以一定的空间单元为基础载体，厦门实践以社区单元为载体，推进统筹进程。以完整社区为单位的统筹是以基层居民切身利益为基点，通过硬件完善与软件优化并举，建设完善的社区设施、宜人的公共空间、完整的服务与管理体系，具有认同感的有机城市的过程。在"大众创业，万众创新"的背景下，创新单元是促进生产要素、创新人才和企业、便利的生产生活服务配套等形成紧密的社会关系的基本空间，有利于促进产业转型升级、推进产城融合与产学研一体化的统筹发展。小流域是统筹城乡的一个自然单元，其具有完整的城乡空间，不仅是人们生产活动的生产空间单元，也是自然与生产条件等综合影响下形成聚落的生活单元。通过小流域综合治理，统筹规划将人的活动与生态发展有效整合与统一，进一步优化生态安全格局、再造山清水秀的田园风光，加快溪流沿线资源整合与有序开发，带动产业结构调整和经济发展方式转变，同时改善群众生产生活环境、带动农民就业增收，从而更好地促进城乡区域的统筹发展，更好地落实集约发展、绿色发展、差异发展、协调发展的要求。

以规划为核心的统筹是实践中国人居环境科学的重要方法。在推进"五位一体"统筹发展的过程中需坚持规划统筹，充分发挥规划的"龙头"作用。首先，规划统筹要坚持系统思维，统筹发展不是经济、社会、生态某一领域或生产生活某一方面的发展，而是五位一体与生产生活的同步提升。这要求我们在规划中既要考虑如何推动经济与社会发展，同时也要考虑如何实现城乡与区域协调发展、改善居民生活条件。也要求我们基于这样的思考，以系统的思想，通过相互联系串联发展的各要素，并以各要素统筹为基础延伸至各部门、各社会主体的统筹，注重规划网络与规划体系的梳理。因而，规划本身是目标也是手段，统筹规划要求我们统筹各类规划，以整合成"一张图"，以此发挥规划的统筹指导作用，强化规划对城乡建设发展的引领和约束功能，同时根据实践的发展，适时对规划进行恰当的优化与完善。而规划统筹则以"一张图"为基础，将各部门工作统整到统一的平台上，以统筹的思想与手段开展规划工作，建立健全"空间满覆盖、事权不重叠"的空间规划体系。

其次，规划统筹应坚持问题导向。无论五位一体发展平台的建设，抑或统筹规划，均强调从整体视角看待城乡发展，强调"融贯的综合研究"。对于这种综合集成的方法，吴良镛先生指出要"先把问题找出来，以问题为导向进行求解，在此基础上进行综合"。人类聚居的复杂性特征，决定规划无法面面俱到地对其进行解析，这从客观上要求我们把握城乡发展的症结与诉求，而城乡问题则是其最直观、最准确的体现，因而成为规划统筹、推进人居环境建设的主要切入点。面对城乡发展问题，吴良镛先生强调"复杂问题有限求解"的态度，强调以现实问题为导向，化错综复杂问题为有限关键问题，寻找在相关系统的有限层次中求解的途径，实际上就是在保留对象复杂性的前提下，进行综合提炼，寻找事物的"纲"，是规划统筹坚持问题为导向的进一步深化与补充。

其三，规划统筹应突出各自特色。城市于人，不是单纯的生存空间，而是能够"诗意地栖居"的人居环境。快速城市化带来城市发展的繁荣，同时也以牺牲传统文化与地方特色为代价，导致"千城一面"的城市景观，使社会归属感与认同感进一步消逝。因而，规划统筹应尽量保留城乡发展的自然脉络与山水特色，充分挖掘地方特色、延续传统文化，使城市更好地体现地域特征、民族特色和时代风貌。同时，规划统筹创造优美的城市轮廓、景观视廊、建筑风格与色彩，为每一个人提供丰富多彩的公共空间，凸显城市包容性与丰富多样的环境氛围。

7.2.3　探索规划师角色的转变

在城乡规划变革中，规划师的角色需随之转变。在传统规划中，规划师在市场或政府意识的主导下，被视为拥有专业技能与素养的"精英"，成为制定规划方案的主体，其所拟定的规划方案或是缺乏对实际情况的清晰把握，或是受到上层要求的影响，忽略群众的需求和意见，往往无法真正解决地方建设存在的问题，规划和建设"见物不见人"的空间环境。

在新的发展时期，规划师的角色需要从一个"执行者"向"协商者"等多元角色转变。作为学习者，规划师广泛进行实地调研、民意搜集、交流沟通等，听取群众的规划想法，增强实践能力；作为组织者，规划师把握规划活动整体流程与群众参与的各个环节，梳理片区发展核心问题，拟定行动计划，推进规划过程；作为宣传者，规划师采取建立模型、绘制意向图等多样方法，以图文并茂的方式，向群众解说规划设想与方案；作为沟通者，规划师通过各类讨论会议的开展，有效推进政府与群众"面对面"的交流合作；同时，作为引导者，规划师在广泛交流中，将相关的规划理念与技能传授给群众，引导其自下而上建设美好家园。共同缔造工作坊中规划师角色的转变，有效推进了新时期下的规划变革，真正将民意、民智融入到规划的多个环节中。

在厦门的实践中，以规划师为纽带的工作坊为城乡规划增添了新的方法和内容。规划师通过实地调研、走访座谈、问卷调查等多种方式，与居民、政府等主体共寻发展问题，确定工作坊突破点，推进社区"再认识"、切实了解居民意见与需求、促发居民对社区事务的关注。规划师将包含自然、人才、资本与文化等在内的社区资源，视为社区发展的有力支持，结合实地调研与反馈信息，充分挖掘社区资源，整合发展要素，引导社区结合发展实际，探索适宜的特色化发展道路。

事实上，美好环境与和谐社会共同缔造的愿景并非依托群众自愿即可实现，也并非规划师一厢情愿所能促成，而是需要政府与群众共识的支持。规划师可举办各种形式的工作坊，通过多样的讨论、咨询会议与丰富的参与活动，发动与组织群众参与，以此形成共识。更为重要的是，秉承自上而下与自下而上相结合的治理特征，规划师应充分发挥引导、联系与协调作用，通过多方交流会议与活动的开展，搭建政府与群众、社团的互动桥梁，促成多方共识与合作。

同时，工作坊的参与过程，使一批热心于社区事务的居民在潜移默化中掌握一定的规划常识。以此为基础，规划师通过课程培训、项目指导等方式，培育社区规划师，形成可持续的基层规划力量。工作坊要求政府、规划师、社会学者、群众等多方的共同参与，在规划过程中促使各方建立起良好的合作关系和沟通机制，并促成政府与群众、群众与群众之间的和谐关系，充分发挥各方的智慧，融合多方的价值观，从长远角度来看，将有效促进城乡规划的稳定实施。

规划师角色的转变，还在于城乡规划实践中融入多学科的思想。规划师将不局限于规划等单一学科，而来自社会学、建筑学、规划学、景观学、政治学、地理学、生态学等不同学科背景，同时包含本地规划力量与具有社区规划和建设经验的规划力量。因此在各项规划活动开展的过程中，规划师需依托不同地区、不同学科间的良好互动，为复杂问题寻求到关键问题。

美好环境与和谐社会共同缔造的实践表明，在"五位一体"总布局的指引下，规划需要从构建五位一体的发展平台做起，推进统筹规划和规划统筹的协调统一，以群众路线推进规划的制定与实施，同时基于政府职能与规划师角色的转变发挥其主导作用。规划依托空间改造与建设，构筑美好人居环境，创造良好的生活与交流空间；依托多元主体共同参与，重构社会关系网络，形成多元共治的良好基础；依托机制体制建设，构筑良好的秩序保障，形成"共谋、共建、共管、共评与共享"的持续动力，实现美好环境与和谐社会的共同发展。这是新时期以城乡规划为重要媒介与载体，以城乡规划的变革，建设美丽中国的有效实践。

参考文献

[1] Carlson K. Implementation of the integrated disinfection design framework[M]. American Water Works Association, 2001.

[2] Davidoff,J.G. and Reiner, T.A. A choice theory of planning[J]. Journal of the American Insititute of Planners.1962(28)(reprinted in Faludi,1973,op.cit.11-39).

[3] Davidoff, P. Advocacy and pluralism in planning[J]. Journal of the American Institute of planners，1965,31(4):331-338.

[4] Horelli, L. A methodology of participatory planning[J]. Handbook of environmental psychology，2002:607-628.

[5] Langton, S. (Ed.). (1978). Citizen participation in America: essays on the state of the art[M]. Lexington: Lexington books, 1978.

[6] Lefevre P, Kolsteren P, de Wael M P, et al. CPPE—Comprehensive Participatory Planning and Evaluation[J]. Brussels: Nutrition Unit, 2000.

[7] Mumford L. The neighborhood and the neighborhood unit[J]. Town Planning Review, 1954 (4): 256.

[8] More T. Utopia (1516)[M]. Scolar Press Ltd., 1966.

[9] Peter Hall. Great Planning Disasters[M]. Berkley：University of California Press,1982.

[10] Sherry Arnstein. A Ladder of Citizen Participation[J]. Journal of the American Institute of Planners，1969. 见：Richard T. LeGates，Frederic Stout .The City Reader（2nd ed）[M].London and New York：Routledge，2000.

[11] Susskind L E, McKearnen S, Thomas-Lamar J. The consensus building handbook: A comprehensive guide to reaching agreement[M]. New York Sage Publications, 1999.

[12] 阿尔多 . 罗西 . 城市建筑学 [M]. 黄土钧译 . 北京：中国建筑工业出版社，2009.

[13] 罗伯特 . 福格尔森 . 布尔乔亚的噩梦 :1870—1930 年的美国城市郊区 [M]. 朱歌姝译 . 上海：上海人民出版社，2007.

[14] 鲍世行 . 论"山水城市"[J]. 城市，1993 (Z1): 9-13.

[15] 彼得 . 霍尔 . 明日之城——一部关于 20 世纪城市规划与设计的思想史 [M]. 童明译 . 上海：同济大学出版社，2014.

[16] 蔡昉 . 城市化与农民工的贡献——后危机时期中国经济增长潜力的思考[J]. 中国人口科学,2010(1):2-10.

[17] 蔡昉 . 中国就业制度改革的回顾与思考 [J]. 理论前沿 .2008(11):5-8.

[18] 陈启宁 . 借鉴新加坡的经验，促进我国城市规划管理的制度创新 [J]. 城市规划 ,1998(5):14-17+59.

[19] 陈映芳，水内俊雄，邓永成等 . 直面当代城市问题及方法 [M]. 上海：上海古籍出版社 ,2011.

[20] 陈占祥 . 马丘比丘宪章 [J]. 国外城市规划，1979 (0): 001.

[21] 陈占祥 . 城市规划设计原理的总结——马丘比丘宪章 [J]. 城市规划，1979 (6): 75-84.

[22] 董鉴弘 . 中国城市建设史 [M]. 北京：中国建筑工业出版社，2004.

[23] 巩英洲 . 马克思自然观中的人与自然和谐思想 [J]. 社科纵横，2010(4): 036.

[24] 郭日生.《21 世纪议程》: 行动与展望 [J]. 中国人口资源与环境, 2012 (5): 5-8.

[25] 何海兵. 西方城市空间结构的主要理论及其演进趋势 [J]. 上海行政学院学报, 2005, 6(5): 96-104.

[26] 金莉, 熊宇. 乌托邦思想在城市规划理论中的价值论 [J]. 建筑设计管理, 2009 (4): 35-37.

[27] 金吾伦. 生成哲学 [M]. 河北: 河北大学出版社, 2000.

[28] 金吾伦. 从系统整体论到生成整体论 [J]. 科学时报, 2006 (1).

[29] 金经元. 再谈霍华德的明日的田园城市 [J]. 国外城市规划, 1996 (4): 31-36.

[30] 季美林. 东方文化知识讲座 [M]. 合肥: 黄山书社, 1988.

[31] 开彦, 赵冠谦. 中国住宅房地产 60 年发展历程与成就 [J]. 安家, 2009 (11): 132-133.

[32] 卡尔·波兰尼. 巨变: 当代政治与经济的起源 [M]. 黄树民译. 北京: 社会科学文献出版社, 2013.

[33] 林树森. 战略规划应该突出三个 "概念" [J]. 城市规划, 2011, 03:21-45.

[34] 林琳, 欧莹莹. 改革开放后广州市居住区演进特征分析 [J]. 规划师, 2004 (9): 66-70.

[35] 刘世锦. 在改革中形成增长新常态 [M]. 北京: 中信出版社, 2014.

[36] 刘晓明. 论绿道在中国的社会意义及发展策略 [J]. 风景园林, 2012(3):66-70.

[37] 刘燕, 万欣荣. 中国社会转型的表现、特点与缺陷 [J]. 社会主义研究, 2011(4):5-9.

[38] 刘易斯·芒福德. 城市发展史: 起源、演变与前景 [M]. 北京: 人民出版社, 1996:66.

[39] 刘易斯·芒福德. 城市发展史 [M]. 北京: 中国建筑工业出版社, 2005.

[40] 刘宛. 城市设计理论思潮初探 (之一) 城市设计——社会秩序的重整 [J]. 国外城市规划, 2004 (4): 40-45.

[41] 李郇. 中国城市化的福利转向: 迈向生产与福利的平衡 [J]. 城市与区域规划研究, 2012(2):24-49.

[42] 马万利, 梅雪芹. 有价值的乌托邦——对霍华德田园城市理论的一种认识 [J]. 史学月刊, 2003 (5): 104-111.

[43] 尼格尔·泰勒. 1945 年后西方城市规划理论的流变 [M]. 李白玉, 陈贞译. 北京: 中国建筑工业出版社, 2013.

[44] 施卫良等. 面对存量和减量的总体规划 [J]. 城市规划, 2014,11:16-21.

[45] 宋照青. 社区营造: 迈向情景社区的图像语言 [J]. 时代建筑, 2009(2):66-69.

[46] 孙施文. 中国城市规划的理性思维的困境 [J]. 城市规划学刊, 2007 (2): 1-8.

[47] 孙施文. 城市规划不能承受之重——城市规划的价值观之辩 [J]. 城市规划学刊, 2006(1):11-17.

[48] 王蒙徽, 段险峰, 田莉等. 广州城市总体发展概念规划的探索与实践 [J]. 城市规划, 2001(3):5-10.

[49] 王绍光. 波兰尼《大转型》与中国的大转型 [M]. 北京: 生活·读书·新知三联书店, 2012.

[50] 王媛, 张家安, 韦梦鹃. 广州开发区用地空间结构及发展策略 [J]. 南方建筑, 2002(1):91-93.

[51] 吴缚龙, 李志刚, 何深静. 打造城市的黄金时代——彼得·霍尔的城市世界 [J]. 国外城市规划,2004(4):1-3.

[52] 吴良镛. 北京旧城居住区的整治途径——城市细胞的有机更新与 "新四合院" 的探索 [J]. 建筑学报,1989(4):11-18.

[53] 吴良镛. 广义建筑学 [M]. 北京: 清华大学出版社, 1989.

[54] 吴良镛. "人居二" 与人居环境科学 [J]. 城市规划, 1997 (3): 4-9.

[55] 吴良镛. 人居环境科学导论 [M]. 北京: 中国建筑工业出版社, 2001.

[56] 吴良镛, 武廷海. 从战略规划到行动计划——中国城市规划体制初论 [J]. 城市规划, 2003(12): 13-17.

[57] 吴良镛. 人居环境科学: "科学革命" 与自主创新——我的学术探索回顾 [J]. 2007(1): 05-10.

[58] 吴良镛. 从人居环境看中国城市建设 [J]. 科技导报, 2008 (18): 3-3.

[59] 吴良镛, 吴唯佳. 中国特色城市化道路的探索与建议 [J]. 城市与区域规划研究, 2008(2): 1-16.

[60] 吴良镛 . 人居环境科学发展趋势论 [J]. 城市与区域规划研究 , 2010 (3): 1-14.

[61] 吴良镛 . 住房·完整社区·和谐社会 [J]. 住区 , 2011(2):18-19.

[62] 吴良镛 .《清明上河图》启示城市的新方向 [J]. 中国西部 , 2012 (5): 36-37.

[63] 吴良镛 . 中国人居史 [M]. 北京 : 中国建筑工业出版社 , 2014.

[64] 武廷海 , 鹿勤 , 卜华 . 全球化时代苏州城市发展的文化思考 [J]. 城市规划 , 2003 (8): 61-63.

[65] 武廷海 . 吴良镛先生人居环境学术思想 [J]. 城市与区域规划研究 , 2008 (2): 233-268.

[66] 武廷海 , 杨保军 , 张城国 . 中国新城 :1979 ～ 2009[J]. 城市与区域规划研究 , 2011(2):19-43.

[67] 吴维佳 , 唐凯 , 李郇等 . 美好人居与规划变革 :2013 年中国城市规划学会年会自由论坛的发言 [J]. 城市
与区域规划研究 , 2015(3): 167-183.

[68] 吴志强 , 李德华 . 城市规划原理 [M]. 北京 : 中国建筑工业出版社 , 2010.

[69] 吴祖泉 . 解析第三方在城市规划公众参与的作用——以广州市恩宁路事件为例 [J]. 城市规划 , 2014
(38): 68-75.

[70] 徐源 , 秦元 . 空间资源紧约束条件下的创新之路——深圳市基本生态控制线实践与探索 [A]. 中国城市
规划学会 , 2008:7.

[71] 杨保军 . 城市规划 30 年回顾与展望 [J]. 城市规划学刊 , 2010(1):14-23.

[72] 叶超 . 城市规划中的乌托邦思想探源 [D]. 北京 : 北京大学城市与环境学院 , 2009.

[73] 于泓 . DaVidoff 的倡导性城市规划理论 [J]. 国外城市规划 ,2000(1):30-33+43.

[74] 张分田 , 孙妍 . 儒家经典"庶人之议"的本质属性和历史价值 [J]. 人文杂志 , 2011(1):117-123.

[75] 张京祥 . 西方城市规划思想史纲 [M]. 南京 : 东南大学出版社 , 2005.

[76] 张京祥 , 罗震东 . 中国当代城乡规划思潮 [M]. 南京 : 东南大学出版社 , 2013.

[77] 张伟 . 大都市地区县域城乡空间融合发展研究——以苏锡常地区为例 [D]. 南京大学博士论文 , 2009.

[78] 赵大壮 . 桂林中心区控制性详规得失 [J]. 城市规划 , 1989(3):16-19.

[79] 邹德慈 . 品读柯布西耶的"现代城市"理想评《明日之城市》[J]. 中华建设 , 2009(8):122.

[80] 邹德慈 . 浅论山地城镇 [J]. 西部人居环境学刊 , 2014(2):1-4.

[81] 邹德慈 . 新中国城市规划发展史研究——总报告及大事记 [M]. 北京 : 中国建筑工业出版社 , 2014.

[82] 朱介铭 . 西方规划理论与中国规划实践之间的隔阂——以公众参与和社区规划为例 [J]. 城市规划学刊 ,
2012(1):9-16.